AF577565

Wolfram Osgyan

Rehwild Report

3. Auflage

Meinen Enkeln
Maximilian, Romeo und Fabian gewidmet.

Wolfram Osgyan

Rehwild-Report

Fakten und Konsequenzen aus 30 Jahren Rehwildmarkierung

Dritte komplett überarbeitete Auflage
320 Seiten
mit 421 Abbildungen

Bildquellen:

Fritsch, Roman: Seiten 20, 233 rechts oben, 249
Kettering, Thomas: Seiten 164, 27, 278 rechts, 297, 302
Osgyan, Wolfram: Seiten 11 unten, 12, 15, 16, 17 oben, 18 kleines Bild rechts oben, 18 unten, 19, 21, 30, 31, 36 oben, 42, 50, 52 oben, 61, 68, 92, 94, 95, 103 rechts oben, links unten, 104 rechts Mitte, 108, 112 unten Mitte, 115 unten, 116, 117, 120 rechts unten, 128, 130 rechts oben, 147, 151, 152, 153, 154, 157, 158, 159 oben, 162, 163, 176 unten, 190, 191, 192, 194, 210 links unten, 211, 214, 231, 244, 254, 260, 261, 262, 264, 266, 237, 271, 272, 273, 278 links oben, 284, 285, 286, 287, 288, 289, 290, 291, 295
Osgyan, Rudolf: Seiten 35, 36 unten, 37, 144
Rakow, Frank: Seiten 7, 8, 9, 18 oben, 22, 26, 27, 29, 34, 38, 39, 40, 41, 51, 52 unten, 53, 54, 55, 59, 69, 79, 91, 97, 98, 99, 103 links oben, 104 links Mitte, rechts unten, 104 oben und Mitte, rechts unten, 105, 106, 122 oben, Mitte rechts, 126, 127, 130 links oben, unten, 131, 133, 135, 137, 138, 139, 141, 143, 145, 155, 156, 171, 172, 176 oben, 177, 178, 182, 183, 186, 188, 193, 195, 196, 197, 200 unten, 202, 204, 206 links oben, 207, 216, 219, 221, 222, 224, 227, 228, 225, 229, 232, 233, 234, 236 oben, 237, 241, 243, 250, 251, 256, 267, 269, 280, 282, 298, 299, 303, 304, 305, 306, 307, 308, 309, 310
Richter, H.: Seiten 72, 73
Rieger, Franz: Seiten 11 oben, 13, 14, 17 unten, 40 links unten, 43, 44, 45, 49, 57, 64, 70, 75, 76, 77, 79, 80, 81, 82, 98 Mitte, links unten, 99 links unten, 103 rechts unten, 104 oben, links Mitte, links unten, 109, 110, 112, 115 oben, 119, 120, 122 links unten, 123, 125, 146, 148, 149, 159 unten, 160, 161, 165, 167, 168, 169, 170, 174, 175, 179, 180, 181, 198, 199, 200 oben, 206, 208, 209, 210 oben rechts, rechts unten, 212, 213, 215, 230, 235, 236 unten, 238, 239, 245, 246, 247, 248, 255, 258, 259
Strohhäcker, Ulrich: Seiten 25, 41 links oben, links Mitte, 47, 58, 62, 65, 66, 85, 86, 87, 100, 103 rechts oben, rechts unten, 121, 122 links oben, rechts unten
Winnsmann-Steins, Burkhard: Seiten 27, 263, 274, 278 links unten, 279, 293
Wettenmann, Heinz: Seiten 46, 48, 60, 89, 129

Die Aufnahmen sind häufig unter schwierigen Bedingungen in freier Wildbahn entstanden. Nicht alle entsprechen den üblichen Qualitätsansprüchen für Publikationen. Aus Dokumentationsgründen halten sie Autor und Verlag jedoch für unverzichtbar.

Impressum

ISBN 978-3-7888-2043-5

3. Auflage 2022
Printed in Germany

Erschienen in der Edition Jägerleben
im Auftrag des Verlages
J. Neumann-Neudamm

c/o NJN Media AG
Schwalbenweg 1
D-34212 Melsungen

info@neumann-neudamm.de
www.neumann-neudamm.de

Inhaltsverzeichnis

Vorwort ... 7
Vorwort zur 3. Auflage ... 8
In memoriam Franz Rieger ... 10
Markieren als Basis der Hege ... 13
Was benötigen wir zum Markieren? ... 14
Wie markieren? ... 18
Wann ist die beste Zeit zum Markieren? ... 24
Schadet Markieren? ... 27
Abgänge im frühen Kitzalter ... 28
Drohnen retten Kitz ... 33
Jährlinge und was aus ihnen wird ... 38
Knopfböcke ... 50
Die Hälfte verschwindet ... 61
Einstände: Wie viel Platz braucht ein Bock? ... 67
Drehscheibe Gehörn ... 80
Wann trägt der Bock sein stärkstes Gehörn? ... 83
Auf den Blickwinkel kommt es an: Alter Bock – guter Jäger? ... 91
Achtung, zweijährig! ... 93
Vom Ansprechen: Er hatte doch (k)einen Muffelfleck 101
Was uns die äußere Erscheinung verrät:
Er hatte früh gefegt ... 108
Jährlinge fegen als letzte ... 114
Augen auf im Februar! ... 115
Er war doch noch grau 116
Wiedererkennen von Böcken ... 119
Brunftbeobachtungen ... 131
Geschlechterverhältnis
1:1 – natürliche Utopie? ... 140
Die Guten müssen sich vererben 144
Beobachtungen an Gatterböcken ... 151
Feldrehe ... 153
Wie alt werden Rehe eigentlich? ... 157
Unzeitiges Brunftverhalten ... 165
Zur Fruchtbarkeit des Rehwildes ... 167
Geißenwohnräume ... 171
Sippenbildung ... 173
Geißen und Kitze ... 176
Über die Beobachtbarkeit des Rehwildes ... 181
Bezahlen die Rehe die Sanierung der kranken Wälder? ... 189

Die Hege mit der Büchse . . . 194
Je früher, desto besser – Schmalrehabschuss im Mai . . . 197
Nicht führende Geißen: Selektion im Mai . . . 201
Kitze im September . . . 203
Eins, zwei oder drei? . . . 205
Wie man sich täuschen kann . . . 208
Rot schieß tot! . . . 210
Wer schleicht durch die dunklen Wälder: Jagen und Jagddruck . . . 214
So kommuniziert Rehwild – Schreck(en) lass nach! . . . 218
Rehwild auf der Drückjagd . . . 221

Äsungsverbesserung als Säule der Hege . . . 227
Flächenbeschaffung . . . 229
Wildackerpflanzen . . . 234
Äsungsgehölze, eine preiswerte Dauerlösung . . . 242

Ohne Fütterung läuft nicht viel . . . 245
Fütterungsversuche im Gatter Schneeberg . . . 245
Futtermittel und ihr Gehalt . . . 250
Kraftfutter . . . 253
Auch Saftfutter ist wichtig . . . 254
Mast . . . 256
Waldsilage . . . 257
Wo füttern? . . . 257
Wann füttern? . . . 259
St. Capreolus, hilf! . . . 260

Altersbestimmung an der Trophäe . . . 265
Und wie sieht es mit der Nasenscheidewandmethode aus? . . . 272
Das Vermessen und Bewerten von Rehgehörnen . . . 275

Rares braucht Bares . . . 279
Beschiss mit Kalkül – Gold für Wasserdampf . . . 283

Im Bockparadies . . . 287
Puszta-Gold . . . 292
Schottische Schnäppchenböcke . . . 297
Sibirisches Rehwild: Der große Vetter im Osten . . . 303
Altersklassen des Sibirischen Rehbocks . . . 310

Literaturverzeichnis . . . 311
Sachregister . . . 314

Vorwort

Von allen Schalenwildarten Europas weist das Rehwild die größte Verbreitung auf. Es begegnet uns auf den Grasmatten der Vorberge, den Almen des Hochgebirges ebenso wie auf den Marschen Ost- und Nordfrieslands. Wir finden es an der alpinen Baumgrenze wie in den Fichtenwäldern unserer Mittelgebirge. Es hat seine Einstände in Flussauen und Parklandschaften und zieht seine Fährten in bäuerlichen Kultursteppen genauso wie in den von Stressgeplagten frequentierten „grünen Lungen" der Ballungszentren unserer Städte. Kurzum, wir treffen es überall an, nicht nur bei uns, sondern auch in nahezu allen Revieren unserer europäischen Nachbarn: von den Pyrenäen bis zu den schottischen Highlands, vom Schwarzen Meer bis zum Polarkreis.

Entsprechend seiner Häufigkeit nimmt es auch eine zentrale Stellung im Katalog des jagdbaren Wildes ein. Waidwerk auf Rehwild zählt eben nicht zum Privileg eines kleinen Kreises, ist nicht standes- oder einkommensabhängig, sondern steht prinzipiell jedem Jagdscheininhaber offen. 2,75 Stück streckt bei uns im statistischen Durchschnitt jährlich ein Jäger davon – und damit mehr als von jeder anderen Wildart.

Rehwild ist auch erstaunlich anpassungsfähig, gilt als Kulturfolger und hat jede Umstrukturierung seines Lebensraumes bislang schadlos überstanden. Weder die Wirren der Kriegs- und Nachkriegszeiten noch Motorisierung, Technisierung und Mechanisierung vermochten die Bestände langfristig zu schädigen.

Auch das, was man unter dem Mantel der Hege dem Rehwild angedeihen ließ, brachte keine tiefgreifenden Veränderungen mit sich, zeitigte aber auch nicht den erhofften Erfolg. Es haben uns weder der raue Schuss auf Trophäenträger bei gleichzeitiger Vollschonung alles

Rehwild kommt fast in jedem Revier Deutschlands vor

Welcher Jäger ist nicht von einem Bock mit starker Trophäe fasziniert?

Weiblichen entscheidend zurückgeworfen noch Reglementierungen und starrer Bürokratismus, minutiöse Planungen und Verwaltungsakte, Zählungen und Berechnungen vorwärts gebracht. Vorwärts im Sinne der qualitativen Verbesserung, der „Aufartung" – was immer man darunter verstand. Das ernüchtert angesichts der beeindruckenden Resultate bei Rot- und Damwild und allmählich auch beim Schwarzwild.

Zu sehr wurden die Denkschablonen, Erfolgsrezepte von dort auf das Rehwild übertragen, zu wenig dessen besondere Eigenschaften und Eigenheiten berücksichtigt. Eine Fülle von Einzelbeobachtungen förderte eine Menge Widersprüche zutage, Ungereimtheiten, mit denen sich nicht viel anfangen ließ, weil sie nicht in Schemata passten.

Dabei wollen wir doch alle dasselbe: gesundes, kräftiges Wild mit starker Trophäe. Jawohl, auch starke Trophäen! Der Kopfschmuck geht nun mal Hand in Hand mit Kondition und Konstitution seines Trägers und erfüllt somit Weiserfunktion.

Das heißt, nur ein kräftiges Fundament kann auch etwas Gewichtiges tragen oder: zuerst der Körper, dann das Gehörn. So gesehen, erscheint die Trophäe in einem anderen Licht, erfährt der Wunsch nach ihr seine Legitimation. Warum sollen wir uns nicht an dem erfreuen, was uns die Natur gleichsam als Sahnehäubchen beschert? Hege heißt angesichts der Bedrohung für Wald und Umwelt nicht mehr nur das Wohl des Wildes im Auge zu behalten, sondern die Ansprüche des Rehes mit denen der Forstwirtschaft in Einklang zu bringen, einen vernünftigen Kompromiss zu finden. Sonst zahlt die Zeche der Schwächere, und der steht momentan auf vier Läufen.

Vorwort zur 3. Auflage

Bekanntlich stirbt die Hoffnung zuletzt, doch sie siecht seit langem schon, und die derzeitige Situation lässt nicht die geringste Aussicht auf Besserung erkennen. Wir haben nun mal den Klimawandel, und seine Auswirkungen dokumentieren unsere todkranken Wälder. Zuerst erwischte es die Fichtenbestände. Buchdrucker, Kupferstecher und Kiefernspanner wüten in den von der Trockenheit geschwächten, dereinst auf Rendite gepflanzten Monokulturen. Flächendeckend braune Nadeln bis hin zu Baumskeletten sowie Windwürfe rufen rasche manuelle sowie maschinelle Aufarbeitung auf den Plan mit dem Ergebnis von riesigen Kahlschlägen. Schneller als gedacht griff das Verhängnis auf die Kiefernwälder über, dann ereilte es die Tannen. Binnen weniger Monate wurden 150-jährige bis 200-jährige Altbestände hinweggerafft. Fassungslos stehen die Waldbesitzer vor der Katastrophe, und ihre forstlichen Berater leisten mittlerweile den waldbaulichen Offenbarungseid, denn jeder empfohlenen Alternative machen die Oberhand gewinnenden Schädlinge schneller den Garaus als es sich die grün betressten Projektmanager aber auch die Hüter der Staatsforsten vorstellen können. Douglasienaufforstungen zeitigen nicht den beabsichtigten Erfolg, die als Heilmittel propagierte Buchenoffensive wird von Trockenheit, Pilzen, Buchenprachtkäfer sowie weiteren noch nicht exakt diagnostizierten Ursachen gestoppt, und die deutsche Eiche schlägt sich ergebnisoffen mit dem Eichenprozessionsspinner herum. Egal wie die Bäume heißen, ihre natürlichen Abwehrmechanismen werden sukzessive überfordert, und die immer schon vorhandenen Schädlingspopulationen laufen aus dem Ruder. Die Erkenntnis wächst, dass die Zeit der etablierten Koniferen in unseren Regionen abläuft, und der forstliche Blick richtet sich in mediterrane Gefilde, die bereits Jahrhunderte mit der Trockenheit zurechtkommen müssen. Was dort gedeiht, so das Credo, dürfte das wohl auch bei uns tun. Zedern-, Pinien-, Zypressen-, Steineichen-, Akazien oder gar Eukalyptushaine bzw. ein Mix aus ihnen, werden sie die Wälder von morgen bilden?

In einem Punkt sind sich jedoch alle Betreiber einig. Es gibt zu viele Rehwildäser, und die stehen einer erfolgreichen Wiederaufforstung mit importierten Pflanzen aus regionalen und externen Baumschulen im Weg. Sollen Wälder wachsen, muss der Verbiss drastisch gesenkt werden. Es leben in ihnen zu viele Rehe und die verhindern die notwendige Verjüngung bzw. Sanierung wird via Medien einer unkundigen Gesellschaft suggeriert. Also: Weg mit ihnen, schießen was hergeht.

Dass die moderne Landwirtschaft eine wesentliche Rolle bei der aktuellen Verbisssituation spielt, sollte endlich von maßgeblichen Entscheidungsträgern bei der Bewertung berücksichtigt werden. Fünf bis sechsmal rasieren mittlerweile flächige Mähwerke die Wiesen, und zeit-

Die Ausbreitung des Schwarzwildes beeinflusst Rehwildjagd und -jäger

nah verstänkert reichlich Gülle die potenziellen Äsungsflächen. Mit dem Ergebnis, dass die Rehe diese über die meiste Zeit der Vegetationsperiode meiden und gleichsam gezwungen sind, ihren Energiebedarf an Forstpflanzen zu stillen.

Gewachsen ist ebenfalls der Freizeittourismus mit all seinen Auswüchsen. Das alles trägt nicht gerade zum Wohlbefinden der Rehe bei und erschwert ihre Bewirtschaftung nicht unerheblich. Es steht außer Frage, dass auch die privaten Jäger gefragt und gefordert sind, so schwer es ihnen auch fallen mag, aber auch, dass bürokratische Hemmnisse wie die Fesseln des Abschussplanes fallen und flexiblere Jagdzeiten auf nicht führendes weibliches Rehwild eingeführt werden müssen.

Wo genossenschaftliche Jagdflächen an staatliche grenzen, geht es mit der klassischen, trophäenorientierten Rehwildhege bergab. Bei den im Sinne einer großen Strecke durchaus effektiven Bewegungsjagden wird nämlich inzwischen auf alles Dampf gemacht, was einen Spiegel trägt. Mit Schürze oder ohne spielt dabei in den meisten Fällen keine Rolle mehr. Hauptsache mit Erfolg geschossen.

Doch steht eine gute Bocktrophäe bei der überwiegenden Mehrheit bundesdeutscher Jäger nach wie vor hoch im Kurs, und wenn eine solche die heimische Scholle nicht oder nicht mehr hergibt, warum dann nicht den Blick über den Tellerrand richten und die Delikatessen dort suchen, wo sie noch locken. Diesen Aspekt berücksichtigt nunmehr die dritte Auflage des Rehwildreports. Desgleichen wird jener um ein Kapitel über sibirisches Rehwild aus der Feder eines profunden Kenners dieser faszinierenden Unterart bereichert.

Roth, zum Aufgang der Bockjagd 2022
Wolfram Osgyan

In memoriam Franz Rieger

Erfolgreich hegt also derjenige, der Wild und Wald dient, der etwas vorzuzeigen hat und nichts verstecken muss. FRANZ RIEGER aus Ellwangen zählte zu den modernen Pionieren. Neue Wege hatte er beschreiten, viele Hindernisse überwinden, Misstrauen beseitigen und Vertrauen schaffen müssen, bevor er am Ziel war. Seine Beobachtungen, Erfahrungen und Erkenntnisse bildeten Ansatzpunkt und häufig Grundlage für dieses Buch.

Fast zwei Jahrzehnte täglicher Kontakt – unabhängig von Witterung und Jahreszeit – mit dem Rehwild seines Reviers ließ Aufzeichnungen und Bilddokumente entstehen, wie sie in dieser Fülle und Lückenlosigkeit in freier Wildbahn noch nie gemacht worden sind. Und zwar ausschließlich von markierten Rehen! Die Marke im Lauscher erhebt nämlich jedes von ihnen zum Individuum, schließt Verwechslungen aus und gibt dem Zufall keine Chance. Mehr als 500 Kitze hatten RIEGER und seine Mitjäger dauerhaft gekennzeichnet und somit eine breite Basis für pragmatische Forschung geschaffen.

Erfolgreich hegen, heißt umfassend hegen. Dazu gehören neben der Markierung die Hege mit der Büchse, die Äsungsverbesserung und die rehwildgerechte Fütterung. Das Konzept ruht also auf vier Säulen, von denen keine vernachlässigt oder geschwächt werden darf.

Wenn die Trophäe Qualität und Lebensqualität des Rehwildes indiziert und das Bemühen darum den Interessen moderner Forstwirtschaft nicht zuwiderläuft, dann hat es mit der RIEGERschen Methode wohl seine Richtigkeit, ist der Erfolg plan- und nachvollziehbar.

Bereits zu Lebzeiten fand FRANZ RIEGER tatkräftige Unterstützung vor allem durch seinen Mitpächter HEINZ WETTENMANN. Seit 1994 bewirtschaftete der Malermeister aus Schwenningen alleinverantwortlich das von ihm gepachtete Revier und führte das Erfolgsrezept konsequent mit eindrucksvollen Resultaten fort. Für seine wertvollen Informationen sowie Bilddokumente sei ihm an dieser Stelle ausdrücklich gedankt.

Besonderer Dank gilt auch dem durch einen tragischen Unfall aus dem Leben gerissenen Mitstreiter in Sachen modernes Rehwildmanagement, ULRICH STROHHÄCKER.

Franz Rieger mit gestrecktem „Dreiecksbock". Jahrzehntelange tägliche Beobachtung markierten Rehwildes in seinem Revier brachte eine Fülle neuer Erkenntnisse

Ausbeute aus dem Revier von Franz Rieger. Tatsachen, die überzeugen und denen jeder Rehwildjäger gern in die Augen sieht

Heinz Wettenmann † mit einem Teil seiner Abwurfstangensammlung

Beobachtungen der von ihm markierten Rehe und daraus resultierende Erfahrungen flossen ebenso ein wie die eigenen. Gewonnen in den von mir gepachteten, betreuten und regelmäßig besuchten Revieren. Und zwar ebenfalls vorwiegend an Hand von markiertem Rehwild. Was all diese Rehe von anderen zu Forschungszwecken herangezogenen Populationen unterscheidet? Sie leben absolut frei, sind nicht gegattert oder aufgrund natürlicher Gegebenheiten auf ein bestimmtes Areal eingepfercht, können sich also grundsätzlich dorthin bewegen, wo immer sie wollen: Ein Gesichtspunkt, der in seiner Aussagekraft nicht hoch genug geschätzt werden kann.

Markieren als Basis der Hege

Für den Außenstehenden sehen in einer Herde zunächst alle Schafe gleich aus. Beim näheren Betrachten jedoch fallen gewisse Unterschiede ins Auge. Sie betreffen vorrangig Größe und Geschlecht, dann vielleicht individuelle Merkmale des einen oder anderen. Begegnen wir denselben Schafen einzeln, dürften wir mit dem Wiedererkennen unsere liebe Not haben. Anders der Hirte: Er kennt seine Schäfchen auch so, schließlich ist er der Kopf der Herde, lenkt sie, bewacht sie, teilt den Tagesablauf mit ihnen, war bei der Geburt dabei, hat Körperkontakt beim Beschneiden der Hufe sowie beim turnusmäßigen Scheren und weiß die Lautäußerungen zu differenzieren. Er hat einen Blick für das Ganze und merkt, ohne zu zählen, instinktiv, wenn ein oder zwei Mitglieder fehlen.

Rehe sind keine Herdentiere. Sie bleiben nicht einmal in Sprüngen dauerhaft beisammen, lassen sich nur zeitweilig und nur auf Distanz vergleichend beobachten. Selbst wenn wir wie Hirten auf einem Beobachtungspunkt den ganzen Tag verharren würden, bekämen wir nur einen Teil der im betreffenden Territorium lebenden zu Gesicht. Über einen längeren Zeitraum die einen häufiger, andere sporadisch und weitere vielleicht überhaupt nicht.

Natürlich würden wir versuchen, uns individuelle Merkmale einzuprägen, könnten die meisten Böcke nach dem Gehörn unterscheiden, lernten phänotypische Besonderheiten und Verhaltensauffälligkeiten kennen. Einige von ihnen mögen sich auch unauslöschlich ins Gedächtnis einbrennen. Aber nur einige. Denn: Die Böcke schon bringen wir meist in Beziehung mit einem bestimmten Territorium. Hier genügt oft ein kurzer Blick, um festzustellen: „Aha, du bist der." Der selbe Bock in einem anderen Revierteil durchs Glas betrachtet, mag uns schon vor Rätsel stellen. Erst recht tun es die weiblichen Rehe, denen die signifikanten Unterscheidungsmerkmale in aller Regel abgehen.

Wenn im Frühherbst das Rotbunt der Decke dem uniformen Feldgrau gewichen ist, wenn Wochen später die Böcke ihren Hauptesschmuck abgeworfen haben, sind wir mit unserem

17. September: Jung oder alt? Die Marke gibt uns Gewissheit – sechsjährig

Anfang Mai: Nur die Marke enthebt uns aller Zweifel – zweijährig

Latein am Ende. Wir vermögen sie nach Geschlecht und Körperbau anzusprechen, und damit hat's sich.
Das gilt natürlich erst recht für die adulten (erwachsenen) weiblichen Stücke. Im Frühjahr dann kramen wir wieder in unserem Gedächtnis, suchen nach bekannten Merkmalen, finden sie oder auch nicht. Graduell sind wir uns des Wiedererkennens sicher, glauben es zu sein, zweifeln. Kurzum: Mit der absoluten Bestimmung ist es nicht weit her.
Ein Fundament unserer Hege, nämlich der gezielte Eingriff in den Bestand, fußt aber auf dem exakten Ansprechen. Weil das jedoch so schwierig ist, unterminieren wir – ohne zu wissen und zu wollen – unsere durchaus tragfähige Säule. Wie sollte sie dann ein Gebäude stützen?
Aus diesem Teufelskreis führt nur ein Weg: der über das Markieren. Knopf, Scheibe oder Flügel im Lauscher vermögen jedes Stück Rehwild zu individualisieren, lösen viele Rätsel und machen Undurchsichtiges transparent. Die Strecke vom Glauben zum Wissen freilich ist lang. Sie beginnt im Kitzalter und weist mannigfache Hindernisse auf.

Was benötigen wir zum Markieren?

Aus verschiedenen Gründen hat sich das Markieren der Lauscher eingebürgert. Zum einen stellen sie neben der Trophäe die höchste Erhebung des Wildkörpers dar, sind also exponiert und am ehesten sichtbar, und schließlich ist das Haar dort besonders niedrig und überwuchert das Anhängsel nicht.

Ein Zuschneiden, Zinken oder Stutzen der Muscheln zum individuellen Kennzeichnen verbieten neben tierschützerischen natürlich auch pragmatische Gründe, denn nach zwei Jahrgängen müsste man sich ernsthaft Gedanken über die individualisierende Durchführung machen.

Prinzipiell benötigen wir zum Markieren nicht viel: Marken und eine Markierungszange zum Befestigen. Dass die Marke zweiteilig sein soll und die Zange eine Bohrung für den Markendorn aufweisen muss, versteht sich eigentlich von selbst.

Kopfzerbrechen dagegen bereiten schon Art und Ausführungen der „Clipse". Natürlich gilt auch hier der Grundsatz: Je auffälliger, desto besser, spricht alles für Signalfarben, hat sich

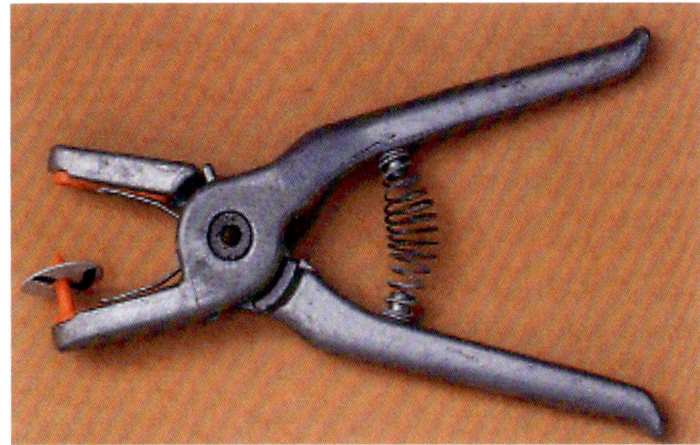

***Oben:* Die Beilagscheiben bieten Platz für weitere Informationen. Das erleichtert die Identifizierung des toten Stückes**

***Links oben:* Markierungszange mit der Dalton-Rototag-Flügelmarke**

***Links:* Herberholz-Zange, *rechts:* Dalton-Zange**

Kunststoff als Material durchgesetzt. Die ideale Marke darf aber weder verblassen, noch reißen oder gar zerbrechen.

Ihrer Größe freilich sind Schranken gesetzt, einmal vom Gewicht her und dann noch durch die Dimension des Kitzlauschers. Sie soll ja weder behindern noch Hindernissen aller Art irgendwelche Angriffsflächen bieten. Tut sie's nämlich, dürfte ihre Bleibe im Lauscher nicht von langer Dauer sein. Zu dünn ist der, und zu leicht schlitzt er aus.

Für die reine Altersbestimmung reicht ja an sich schon die Farbe aus: ein Farbton für zwei Jahrgänge; mal rechts, mal links eingezwickt. Kennen wir nämlich das exakte Alter eines Stücks, gewinnen alle unsere Beobachtungen an Wert. Schließlich sehen wir einen definitiv zwei- oder dreijährigen Bock mit anderen Augen an, lassen wohl auch bei überdurchschnittlichem Gehörn den Finger lieber gerade.

Natürlich will und wird kein verantwortungsbewusster Jäger eine starke, gesunde oder mittelalte Geiß der Wildbahn entnehmen, wenn er um deren wirkliches Alter weiß. Wie auch immer: Die sichtbare Marke vermag den Nimrod durchaus vor Torheiten zu bewahren. Er bedarf der Fehler nicht mehr, um klüger zu werden und wird sie auch nicht ein ums andere Mal begehen.

Solange sich immer nur einzelne markierte Rehe in einem bestimmten Revierteil aufhalten, solange Nachbarn nicht ebenfalls markieren, liefert allein das Vorhandensein einer Marke im Lauscher eine Fülle zusätzlicher Informationen. Genau genommen alle, die der Jäger wissen möchte.

Das ändert sich aber ab dem Augenblick, wo mehrere Markenträger gleicher Farbe und gleichen Geschlechts ihre Fährte ziehen. Mit einem Mal wissen wir nichts mehr von

Das Kitz duldet das Einzwicken der Herberholzmarke klaglos

den individuellen Lebensgewohnheiten, kennen die Geschichte, die Entwicklung nicht mehr mit Bestimmtheit, können nicht einmal mehr sagen, wo und von wem die Marke gesetzt wurde.

Natürlich würden einem eingeprägte Ziffern weiterhelfen, wenn man sie wenigstens mit dem Fernglas lesen könnte. Leider haben alle gängigen Wildmarken bei allen Unterschieden eines gemein: Ihre Ziffern sind zu klein. Zu klein sogar für die dreißigfache Vergrößerung eines guten Spektivs.

Das ist auch ein großes Manko der weitverbreiteten „Dalton-Rototag-Flügelmarke". Weitere sind die Bohrungsbereiche der Gegenlager für den Markendorn, die immer wieder einreißen, selbst mit einseitigem Drehpunkt und langen Schenkeln. Diese Form begünstigt nämlich das Herausdrehen der Marke aus dem Lauscher. Ein Umstand, der durch elastische Beilagscheiben nur zum Teil aufgefangen werden kann. Der positive Nebeneffekt der weißen Scheibe: Sie wirkt selbst auf die Distanz als Blickfang.

Auf den ersten Blick zeichnet sich die alternative „Rapid"-Marke der Firma Heberholz durch eine Reihe von Vorzügen aus. Ihre knapp zweimarkstückgroße Fläche leuchtet dem Betrachter regelrecht entgegen und bietet auch für individuelle Beschriftung mehr Platz. Bis zu fünf Buchstaben prägt die Firma auf Wunsch zusätzlich ein. Die stellen bei der Identifizierung des toten Stücks eine große Hilfe dar, lassen sich allerdings auf jagdliche Distanz ebenfalls nicht lesen.

Ein Herausdrehen der Marke schließt ihre kompakte Form mit dem mittigen Dorn weitgehend aus, dafür schlitzt sie umso leichter aus, und das bereits beim Markierungsvorgang, wenn die starke Haltefeder beim Wegziehen der Zange die Marke nicht sofort freigibt. Dass in einem Zeitraum von fünf Jahren fast die Hälfte der regelmäßig beobachteten Altrehe die Marke wieder verloren hat, stellt ihr kein gutes Zeugnis aus. Dabei scheinen sich Böcke ihrer

Die Ziffer auf der Beilagscheibe lässt sich auch auf größere Entfernung noch recht gut ablesen

leichter zu entledigen als die weiblichen Stücke.

Immer wieder liest man in den Jagdverbandsblättern Anfragen nach der Herkunft markierter Rehe unter Hinweis auf Geschlecht, Farbe und Nummer der Marke. Dieser große und oft genug frustrierende Aufwand müsste nicht sein, wenn man seitens des Herstellers anstelle des Bundeslandes die vom Autokennzeichen her bekannte Abkürzung des Landkreises einprägen würde; natürlich bei entsprechender Bestellung über die Kreisgruppe.

Weitere Daten könnten dann mit wasserfestem Folienstift dahinter vermerkt werden. So die Nummern der Hegegemeinschaft und des Reviers. Beispiel: RH 5 17. Ein Telefonanruf beim zuständigen Landratsamt würde dann die Herkunft der Marke klären.

Herberholzmarke mit individueller Prägung: Revier und Nummer

Damit freilich wäre noch lange nicht das Problem der Identifizierung lebender Markenträger gelöst. Franz Rieger praktizierte deshalb schon beizeiten eine zusätzliche Symbolmarkierung. Die Symbole, beispielsweise ein Kreuz, brachte er deutlich sichtbar auf der Beilagscheibe auf. Bei einem Bedarf von 40 bis 50 Marken pro Jahr bedeutet das allerdings auch entsprechend viele Zeichen, die selbstredend katalogisiert werden müssen. Einmal festgelegt, brauchen sie jedoch weder gewechselt, noch muss ihre Anzahl erweitert werden, wenn der Zyklus von Lauscher und Farbe bestehen bleibt.

Nichts spricht allerdings auch gegen eine Ziffer, wenn sie entsprechend groß und somit weithin sichtbar die Beilagscheibe ziert. Im Einerbereich gibt es damit auch keine Probleme, wohl aber, wenn die Zehnerstelle erreicht ist, weil sich dann zwei Ziffern den Platz teilen müssen. Zwar bieten auch die Innenseiten der Beilagscheiben und Gegenscheiben genügend Fläche für individuelle Eintragungen, wie Markierungsjahr und Revier, doch

Symbolmarkierung auf der Beilagscheibe

Jährling mit ausgeschlitztem Lauscher, siehe auch Detailaufnahme

haben sie nur statistischen Wert, weil die Informationen erst am toten Stück nutzbar werden.

Wie Markieren?

Bekanntlich ist aller Anfang schwer und begehen Anfänger eine Reihe von Fehlern. Einige aus meiner „Lehrzeit" sind mir lebhaft in Erinnerung geblieben.

Der 14. Mai 1978 war ein Sonntag, sonnig und verhältnismäßig windstill. Das Gras stand damals so hoch, dass ein Reh bis zur Kruppe völlig darin verschwinden konnte. Den ganzen Vormittag glaste ich vom Auto aus die den Wäldern vorgelagerten Wiesen ab. Endlich hatte ich eine Geiß mit Spinne gefunden, die sich kaum mehr als zehn Meter vom Platz bewegte. Sie ließ mich auf halbe Schrotschussdistanz heran-

Das Absuchen der Wiesen durch kundige Jäger (links Ulrich Strohhäcker) zur Vormittagszeit bringt die größten Erfolge bei geringster Beunruhigung

Auch der Einsatz von Schulklassen bietet sich an

kommen, bevor sie mit hohen Fluchten absprang. Lager entdeckte ich eine ganze Reihe, doch kein Kitz, so sehr ich das verfilzte Gras auch durchkämmte.

Gegen Mittag dann ein dunkler Fleck zwischen den Hinterläufen einer anderen Geiß. 300 Meter trennten mich von ihr. Die Gelegenheit. In der Rechten die Zange mit der eingesteckten Marke pirschte ich mich mit halbem Wind in der Deckung der Randbäume näher. Offenbar nicht perfekt genug, denn mit einem Mal zog die Geiß mit waagerecht vorgestrecktem Träger ins Unterholz, und das Kitz folgte. Auch hier blieb die Suche ohne Erfolg.

Beim Rückmarsch allerdings stolperte ich regelrecht über ein Kitz. Behutsam setzte ich die Zange in der Lauschermitte an und drückte die Marke ein. Ein kurzes Fiepen, und mit wackeligen Läufen flüchtete das markierte Jungtier tiefer in die Wiese. Worauf ich nicht geachtet hatte, war das Geschlecht festzustellen.

Am gleichen Abend noch gelang es mir, unbemerkt bis auf ein paar Meter an eine Geiß anzuschleichen, die zwei Kitze säugte. Im letzten Moment erst gewahrte sie die Gefahr und setzte zu einer hohen Flucht an, worauf sich die Kitze schlagartig duckten. Das Markieren des ersten, männlichen, klappte reibungslos. Schnell beschickte ich die Zange wieder und versuchte die zweite Marke zu setzen. Das Kitz jedoch klagte auf und flüchtete mit einem Markenflügel im Lauscher weg.

Des Rätsels Lösung: In der Hektik hatte ich nicht darauf geachtet, das Teil der Marke mit dem Dorn in die gegenüberliegende Backe der Zange zu klemmen. Weil ich keine weitere Marke mitführte, ließ sich die Panne auch nicht mehr beheben. Natürlich konnte sich das Kitz bald des lästigen Anhängsels entledigen.

Seither nehme ich grundsätzlich noch eine zweite Zange und wenigstens vier Reservemarken mit, wenn ich auf Kitzsuche gehe.

Ein Kitz, das sich nicht drückt, lässt sich im hohen Bewuchs deutlich leichter finden

Oft genug ist es schon passiert, dass das Kitz im Augenblick der Berührung aufsprang und wegflüchtete. Im Wald oder im niedrigen Gras bleibt dann dem Markierer häufig das Nachsehen. In der ersten Lebenswoche drückt sich nach meiner Erfahrung das Jungwild noch ziemlich fest, reagiert auf das Einzwicken der Marke nicht oder nur mit einem kurzen Fiepen und bleibt meistens im Lager. Ältere Kitze dagegen versuchen nach dem Markieren zu flüchten. Als Indiz für die Fluchtbereitschaft sehe ich immer an, wenn das Kitz beim Angehen schon das Haupt erhoben hat. Kitze, die die zweite Lebenswoche bereits hinter sich haben, wollen nicht mehr so recht halten; sie tun es allenfalls im hohen Gras und bei schwülheißer Witterung. In solchen Fällen kommt der Markierer nicht umhin, das Kitz während des Markiervorganges festzuhalten. Aus diesem Grund empfiehlt es sich, von Zeit zu Zeit die Hände kräftig mit Gras abzureiben, damit weniger von der menschlichen Wittrung am Wildkörper haften bleibt.

Das Geschlecht stelle ich immer fest, indem ich einen Hinterlauf mit dem Ende der Zange anhebe. Im günstigsten Fall habe ich also überhaupt keinen Körperkontakt mit dem Kitz. Der flüchtige Blick zwischen die Hinterläufe birgt allerdings auch Fehlerquellen, denn die winzigen männlichen Geschlechtsorgane werden leicht übersehen bzw. auch mit dem Nabelstumpf verwechselt. So trug dann manches als Bockkitz vermerkte Jungreh später eine Schürze und umgekehrt.

Natürlich unterlaufen derartige Ansprechfehler dem sporadischen Markierer eher als dem versierten. Doch nicht jeder Helfer verfügt über entsprechende Praxis.

In den ersten Jahren passte ich immer die Geißen ab, wenn sie zusammen mit ihren Kitzen austraten oder ihren Nachwuchs in den Wiesen aufsuchten. Das war dann meistens kurz vor Einbruch der Dämmerung der Fall. Das Annähern in ausreichender Deckung und bei gutem Wind, das überraschende Auftauchen, verbunden mit Händeklatschen, veranlasste das Muttertier immer zum Abspringen und das Kitz zum Drücken, war demnach vom Erfolg gekrönt. Zumindest dann, wenn es gelang, sich das Lager des Kitzes mit einiger Genauigkeit einzuprägen. Freilich geht in welligem Gelände und bei hohem Gras die Orientierung leicht verloren.

Dennoch bin ich von dem Vorgehen wieder abgekommen. Bei uns nämlich massiert sich das weibliche Rehwild zur Setzzeit auf einigen Wiesen, und das wiederholte Auftauchen des Jägers mit all seinen Begleiterscheinungen nahmen die Geißen übel. Sie begannen bald, schon auf geringste Störungen empfindlich zu reagieren.

Ein langsam fahrendes Auto in einiger Distanz, ein weit entfernter Spaziergänger hatten Schrecken sowie Flucht zur Folge. Und so geriet das gesamte Rehwild im betreffenden Revierteil auf die Läufe.

Besser schon eignet sich aus der Sicht der Beunruhigung der Morgenansitz. Oft genug lässt sich noch die Geiß beobachten, wie sie ihre Kitze säugt, später ablegt und sich ein Stück oder ganz von ihnen entfernt.

Taucht jetzt ein Mensch auf, fällt die Störung kaum ins Gewicht. Die Kitze sind nämlich satt, die Geiß ist leer getrunken und weiß ihren Nachwuchs in Sicherheit. Jetzt sind sie sowieso sich selbst überlassen, ruhen, geschützt durch Tarnfarbe, gedeckt durch Gras und aufgrund fehlender Wittrung auch für feine Nasen kaum wahrnehmbar, zusammengerollt in ihrem Lager, bis sie wieder von der Geiß gestillt werden.

Bezeichnenderweise legt die Geiß ihre Kitze höchst selten nebeneinander ab. Oft führt sie das zweite noch mehrere hundert Meter weiter. Ein Verhalten, das angeboren und als Schutz vor Beutegreifern zu deuten ist. Dazu eine Beobachtung vom 8. Mai 2006: Gegen 20 Uhr trat aus der Mindorfer Stirnseite des Hansloh eine Geiß mit ihrem wohl drei Wochen alten Kitz aus und äste. Das Kitz wiederum zog munter umher und begann fünf Minuten später zu saugen. Weitere zehn Minuten danach sprang plötzlich ein zweites Kitz hinzu. Es war zweihundert Meter entfernt nahe der Siedlung und damit genau entgegengesetzt vom ersten abgelegt worden. Dieses Kitz suchte schnurgerade den Weg zur Spinne und saugte dort gemeinsam mit seinem Zwilling.

Zwei abgelegte Kitze auf engstem Raum sind eher die Ausnahme

Oben: 17. Mai – das Kitz flüchtet mit der Geiß, verfolgt vom Autor

Mitte: Durch Händeklatschen wird es zum Niedertun veranlasst. Die Geiß verhofft

Unten: Nach geglückter Markierung flüchtet das Kitz der nächsten Deckung entgegen

1988 fand ich zum ersten und einzigen Mal drei Kitze auf einer Fläche von etwa zehn Quadratmetern rund 20 Meter vom Waldrand entfernt im windschattigen Teil einer Wiese liegend. Eines trug bereits eine Lauschermarke vom Vortag. Im Sommer stellte es sich dann heraus, dass es sich bei den dreien nicht um Drillinge handelte, ja es waren nicht einmal Geschwister dabei gewesen: Drei verschiedene Geißen hatten nämlich hier ihren Nachwuchs abgelegt. Das Zwillingskitz des einen markierte ich übrigens wenig später im Wald, das des anderen blieb gänzlich unentdeckt, und nur bei dem dritten handelte es sich möglicherweise um ein Einzelkitz. Ob als solches auch gesetzt, sei dahingestellt.

Ohne die Marken wären diese erstaunlichen Tatsachen natürlich verborgen geblieben, wären falsche Schlüsse gezogen worden.

Die geringste Beunruhigung bringt meiner Meinung nach das systematische Absuchen der Wiesenschläge zur Vormittagszeit mit sich. An den Lagern erkennt der geschulte Blick bald die bevorzugten Ruhestätten, und dort, wo sich die kleinen neben den großen häufen, sind meist die Kitze nicht weit.

Das Absuchen jedoch benötigt Finderwillen und Durchhaltevermögen. Beides mangelt vor allem Kindern. Deswegen darf man sich vom Einsatz ganzer Schulklassen keine Wunderdinge erhoffen. Mehr als ein halbes Dutzend markierter Kitze brachte eine derartige Vormittags-Großaktion nie, obwohl die ausgesetzten Prämien schon sehr lockten.

Zudem ist es nicht jedermanns Sache, bis über die Hüften nass, stundenlang im triefenden Gras zu waten. Hinzu gesellt sich das Problem des Trocknens von Kleidung und Schuhwerk. Daher: Wer solche Unternehmungen ins Auge fasst, sollte auch an Reservekleidung für Körper und Füße denken und entsprechende Maßnahmen in die Wege leiten.

Einen weiteren Nachteil dieser Methode möchte ich nicht verheimlichen: Die „Gänge“, also das niedergetretene Gras, wirken bei manchen Jagdgenossen wie ein Dorn im Auge – ungeachtet der Tatsachen, dass sich die Halme im Laufe der Zeit wieder einigermaßen aufrichten und moderne Kreiselmähwerke auch niedergetretenes Gras erfassen.

Erfolgsträchtig aus der Sicht des Markierers sind natürlich alle Rettungsaktionen zugunsten des Jungwildes vor der Heumahd. Daher dürfen Zangen und Marken in der Tasche des zweibeinigen „Kitzretters“ nicht fehlen. Eigentlich erübrigt es sich, darauf hinzuweisen, dass Jungwild nur eingepackt in Grasbüschel zur nächsten vor dem Mähbalken oder Kreiselmähwerk sicheren Deckung transportiert werden sollte, wie selbstredend ein Grasbüschel zwischen Hand und Wildkörper auch beim Markieren gute Dienste leistet.

Dass der Jäger in Waldrevieren oder Waldteilen seines Reviers ohne diesen natürlichen „Wittrungsschutz“ auskommen muss, dass das weiträumige Beobachten vor dem Markieren oft flach fällt, ist nur zu verständlich.

Natürlich gilt hier – wie überall – die Maxime, dass erfolgreiches Markieren sowohl eine möglichst genaue Kenntnis der Jungwild-Einstände bedingt als auch den Aspekt der geringstmöglichen Beunruhigung der Muttertiere Rechnung trägt.

Solange freilich einzelne Jäger mit Zange und Marke vor sich hinwursteln, bleibt das Ganze Stückwerk, stellt sich durchschlagender Erfolg nur selten ein. Tun sich dagegen drei oder vier Reviernachbarn mit ihren Helfern zusammen, gewinnt die Sache an Wert. Nicht nur, weil zwangsläufig mehr Markenträger zusammenkommen. Die Anstrengungen des Markierens und die Sorge um die Markierten schweißen zusammen: Wer selbst markiert, will sich nicht um die Früchte seiner Arbeit bringen und bringen lassen – auch oder gerade nicht an den Grenzen.

Mit einem Mal siegt das Interesse, erhält der Dienst an der Sache Oberhand über den Eigennutz. Man redet miteinander und tauscht seine Erfahrungen aus. Davon profitieren alle – auch das Rehwild. Zur erfolgreichen Hege gehört demnach auch das Gespräch mit dem Nachbarn. Und dass es nicht bei leeren Worten bleibt, kann ebenfalls ein Verdienst des Markierens werden.

Wann ist die beste Zeit zum Markieren?

Diese Frage bewegt natürlich jeden Markierer. Einmal nämlich möchte er ja möglichst viele Marken nutzbringend loswerden, zum anderen so wenig Zeit wie nur möglich aufwenden müssen. Bekanntlich fällt die Setzzeit mit der Hauptwachstumsperiode des Grases zusammen. Sie liegt also im Mai und erstreckt sich noch in den Juni hinein.

Im mittelfränkischen Revier Pyras beispielsweise setzen die ersten Geißen gewöhnlich in der ersten Maiwoche. In den Aufzeichnungen von 1977 bis 1987 datiert die früheste Markierung den 29. April. Im Nachbarrevier Eysölden fand der Beständer einmal schon am 15. April Zwillingskitze, und Hans Wittmann aus Nordstetten bei Gunzenhausen markierte am 23. April 1986 ein Kitz, das seiner Einschätzung nach wohl schon eine Woche alt war. 2003 berichtete mir ein jagdkundiger Spaziergänger, dass am 9. April zwischen Eysölden und Stauf eine überfahrene Geiß im Straßengraben gelegen habe und in der Nähe des Unfallortes ein Kitz gefunden worden sei. Der Größe nach zu schließen könne es nicht frisch gesetzt worden sein. Demnach musste der Setzakt bereits Ende März stattgefunden haben. Auch das Kitz, das am Abend des 24. April 2006 von meinem Mitjäger Klaus Arndt im Wald am Löffelhof/Pyras der Geiß folgend beobachtet wurde, war nach Aussage des versierten Markierers mehr als zwei Wochen alt.

Natürlich zählen die hier geschilderten Fälle zu den Ausnahmen. In Pyras bringt knapp die Hälfte der Geißen ihren Nachwuchs bis 16. Mai (ehedem Aufgang der Bockjagd) zur Welt. Zum Ende des Monats haben nunmehr ganz wenige Ricken nicht gesetzt. Auf die Tage bezogen, dürften in diesem Gebiet die meisten Setzakte zwischen dem 22. und 25. Mai stattfinden.

In der ersten Dekade des Markierens waren auch keine signifikanten Verschiebungen dieser Daten festzustellen, wohl aber 1988: Der späte Wintereinbruch, der erst am 28. Februar Schnee brachte, das nasskalte Frühjahr und ein trockener Mai mit permanent kaltem Wind verzögerte das Wachstum von Gras und Getreide merklich. Interessanterweise wurde das erste Kitz im beobachteten Terrain am 14. Mai gesichtet und am 16. Mai markiert, also gut zehn Tage später als die Jahre vorher, und in dieser Größenordnung verzögerten sich auch die anderen Setzakte gegenüber dem Mittel der abgelaufenen zehn Jahre.

Das andere Extrem folgte nur zwölf Monate später: Schneeloser Winter, mildes Frühjahr und warmer Mai bewirkten einen Vegetationsvorsprung gegenüber den Vorjahren um fast drei Wochen. Würden die Geißen entsprechend früher setzen? Am 30. April gegen 12.15 Uhr beobachtete ich bereits einen Setzakt.

Doch blieb er – wie sich später herausstellte – ein Einzelfall. In der ersten Maiwoche hatten nämlich nicht mehr Geißen gesetzt als im Mittel des Beobachtungszeitraumes, dementsprechend viele Geißen präsentierten sich zur Monatsmitte mit prallen Flanken.

In unserer Region wäre demnach die letzte Maiwoche der effektivste Zeitraum für das Markieren. Das gilt nicht für alle Gegenden Deutschlands, denn andere Markierer buchen ihre größten Erfolge Anfang Juni.

Dass es tatsächlich regionale Verschiebungen der Setzzeiten gibt, hat RIECK (1955) nachgewiesen. „Es wurden daher für größere Verwaltungsbezirke die Zeichnungsdaten gesondert zusammengestellt und der Hundertsatz der im Mai gezeichneten Kitze berechnet. Das Ergebnis zeigt eine von Südwesten nach Nordosten und von der Ebene ins Gebirge zunehmende Verschiebung der Setzzeiten in den Juni.

Die Extreme bilden Mittelfranken mit 61 % Maizeichnungen und 37 % Junizeichnungen und Kärnten mit nur 5 % Maizeichnungen, 71 % Junizeichnungen und sogar noch 21 % Julizeichnungen."

SÄGESSER (1966) kommt wiederum zu dem Schluss, dass sich Witterungseinflüsse insbesondere während der letzten Wochen der Tragzeit sehr wohl auf den Setzzeitpunkt auswirken können. Bezeichnenderweise wurde 1989 eine ganze Reihe auffallend früher Kitzbeobachtungen aus Revieren gemeldet, die traditionell späte Setztermine verzeichnen.

Besonders aufschlussreich sind in diesem Zusammenhang die Beobachtungen ELLENBERGS (1978) aus dem Gatter Stammham: „Gestützt auf die mittleren Brunft- und Setztermine lässt sich für das Rehgatter die mittlere Trächtigkeitsdauer für die einzelnen Jahreskombinationen berechnen. Die Brunftzeit unterliegt nur geringen, Tragzeit und Setzzeit aber bemerkenswerten Schwankungen von Jahr zu Jahr, die auf äußere Faktoren zurückgeführt werden müssen.

Dieses Stück wurde erwachsen gefangen, markiert und besendert

Frisch gesetzte Kitze sind am unkompliziertesten zu markieren

Als wesentlicher modifikativer Faktor kommt die Witterungsentwicklung in den einzelnen Frühjahren in Frage. Sie führt zu einer unterschiedlich raschen Entwicklung der Pflanzendecke, was sich z.B. am Austreibezeitpunkt des Buchenlaubes messen lässt. In dieser Frühlingszeit, etwa vier bis zwei Wochen vor der Geburt, steigt der Nahrungsbedarf trächtiger Geißen signifikant an und ist deutlich höher als der nicht-trächtiger Weibchen. Quantität und vor allem Qualität des Nahrungsangebotes sind in dieser Zeit wesentlich für die Mutter und für die Entwicklung ihrer Föten.

Das späte Frühjahr 1973 verzögerte die Geburt um ca. 14 Tage und verlängerte die Tragzeit um etwa 10 Tage, obwohl der Winter 1972/73 recht mild gewesen war. Das unterstreicht die Bedeutung der Frühjahrswochen für den Setztermin. Rehe sind offenbar in der Lage, ihre Trächtigkeitsdauer nahrungsabhängig modifikativ so zu steuern, dass ihre Kitze in die günstigste Jahreszeit hinein geboren werden. Diese zeichnet sich aus durch bereits relativ hohe Temperaturen, durch einen Überschuss an leicht verdaulicher Nahrung und eine schon weitgehend entwickelte Pflanzendecke."

Auf den effektivsten Markierungszeitpunkt bezogen, darf freilich der Zusammenhang mit dem Beginn der Heumahd nicht außer Acht gelassen werden, denn viele Jäger nutzen selbstredend die Wildrettungsaktionen gleichzeitig zum Markieren.

Für den Neuling mag die Faustregel: „Beginn der Heumahd im Revier minus eine Woche" eine gewisse Hilfe darstellen. Mittlerweile wird in nicht wenigen Revieren Grünfutter siliert. Hier erfolgt der Schnitt des jungen, eiweißreichen Grases oft schon vor dem Setzen der Kitze, so dass in Folge diese Wiesen als potenzielle Kitzlagerplätze ausfallen. Nach meiner Beobachtung muss nämlich eine bestimmte Wuchshöhe der Stängel bzw. Halme erreicht sein, damit das Gras als Deckung für das Rehwild attraktiv wird.

Schadet Markieren?

Wenn Sie die Frage an einen passionierten Markierer richten, wird er sie – wie könnte es anders sein – natürlich verneinen. Dennoch hält die Furcht, dass Jungwild durch derartige Manipulationen Schaden nimmt, manchen vom Markieren ab. Anderen wiederum dient sie als willkommene Schutzbehauptung, quasi als Feigenblatt für eigene Bequemlichkeit.

Von der Marke selbst geht prinzipiell wenig Schaden aus. Wird sie nämlich nicht mittig im Lauscher gesetzt (beispielsweise zu sehr am Rand oder im oberen Drittel) wächst sie aus oder sie schlitzt aus. Die Tatsache, dass ein solcher Umstand häufig erst am erlegten Stück bemerkt wird, beweist, dass der Schalltrichter in seiner Funktion nicht beeinträchtigt worden ist.

Sollte freilich das Kunstoffanhängsel am Lauscheransatz befestigt sein, besteht tatsächlich die Gefahr einer Behinderung durch Einwachsen oder Entzündung. Weil der Markierer aber das Risiko scheut, markiert er lieber zu weit vom Gehörgang weg als zu nahe.

Bliebe noch das Argument einer eventuell gestörten Mutter-Kind-Beziehung aufgrund des Markiervorganges zu beleuchten. Immer wieder passiert es, dass die Geiß im hohen Gras den Menschen gar nicht eräugt, dass sie regelrecht attackiert, sobald das Kitz klagt und erst im letzten Moment abdreht.

Ich selbst habe einmal vier Scheinangriffe einer Geiß erlebt, die aus drei verschiedenen Richtungen erfolgten. Nachdem ich beide Kitze – sie waren höchstens einen Tag alt – markiert hatte, zog ich mich zurück und beobachtete die Szene aus sicherer Distanz mit dem Spektiv. Aufgeregt zog die Geiß in einigem Abstand um ihren Nachwuchs, schreckte, macht

Wenn bei der Kitzsuche im Zuge der ersten Mahd Kitze gefunden werden, sollte die Chance zum Markieren stets genutzt werden

einige Fluchten und näherte sich wieder mit vorgestrecktem Träger. Das wiederholte sich einige Male. Schließlich wechselte sie in den angrenzenden Wald, und ich baumte ab. Das war gegen 7.00 Uhr morgens.

Mittags lagen die Kitze immer noch am Markierungsfleck. Sollte die Geiß sie nicht mehr angenommen haben? Am Abend fand ich die Lager leer vor. Natürlich machte ich mir Sorgen, dachte an den Fuchs. Doch zwei Tage später sah ich alle drei wieder, wie sie gerade den Weg überfielen, der Wald und Wiese trennte.

Ich selbst hatte noch keinen Ausfall zu verzeichnen, der in direkten Zusammenhang mit dem Markieren gebracht werden könnte, möchte aber nicht ausschließen, dass eine beim Setzen überraschte Geiß ihre Kitze verlässt, wenn sie diese noch nicht trockengelegt und gesäugt hat. Danach dürfte jedoch der Sozialkontakt so innig sein, dass er Störungen standhält.

Vom Annehmen eines markierten Kitzes durch die Geiß dagegen liegen zahlreiche authentische Berichte vor. Franz Rieger hat es oft von hoher Warte aus beobachtet. „Wenn ich Zeit habe, suche ich nach dem Markieren den nächstgelegenen Hochsitz auf und warte auf die Rückkehr der Geiß. Das kann mitunter einige Zeit dauern. Meistens spielt sich das Ganze nach einem bestimmten Muster ab. Die Geiß zieht mit gestrecktem Träger auf das Kitz zu, umrundet es mehrere Male, zieht oft auch wieder weg, um nach ein paar Minuten wieder aufzukreuzen. Dann beginnt das Ritual von vorne. Schließlich tritt sie doch zum Kitz, bewindet es ausgiebig und beginnt sofort mit dem Lecken am Lauscher."

Das Muttertier bemerkt also den Fremdkörper am Kitz sogleich, doch es akzeptiert ihn.

Wenn nun aber wirklich ein verendetes Kitz mit der Marke im Lauscher gefunden wird, darf diese Tatsache nicht einfach der Marke angelastet werden. Abgänge im frühen Jugendstadium sind nämlich durchaus normal. Die Natur kennt nun einmal kein Sanatorium für zu schwach gesetzte Individuen, die Witterung nimmt keine Rücksicht auf Jungwild. Deshalb müssen wir immer mit einem gewissen Prozentsatz an Mortalität rechnen – ob mit oder ohne Marke. Um letzte macht niemand Aufsehen, doch wehe, es sind erstere dabei. Schnell ist der Schuldige gefunden.

Natürlich verzeichnete auch Franz Rieger Ausfälle bei seinen markierten Kitzen, doch bewegten sie sich im Rahmen des Normalen. Verhielte sich das anders, wären ihm – wie allen anderen Markierern wohl auch – das Wohlergehen und Gedeihen seiner Kitze wichtiger gewesen als der Befriedigung des Forscherdranges potenzielles, wertvolles Wildbret zu opfern.

Abgänge im frühen Kitzalter

Die für den Jäger im wahrsten Sinne des Wortes schmerzliche Stunde der Wahrheit schlägt – regional verschieden – Ende Juni, Anfang Juli. Zu einem Zeitpunkt also, zu dem die Kitze regelmäßig der Geiß folgen, der Heuschnitt einen Teil der Deckung genommen hat und die zum Äsen aufgesuchten Wiesen mit ihrem jungen Gras ausgezeichnete Beobachtungsplätze ergeben. Spätestens dann stellt sich heraus, dass ein Teil der Kitze nicht mehr am Leben ist.

Einige Geißen führen nunmehr ein Kitz, bei anderen hat sich die Spinne wieder zurückgebildet. Sie sind demnach kitzlos. Ein Umstand, der schon manchem weiblichen Stück in der Schusszeit zum Verhängnis wurde, weil es – vorschnell – als „gelt" klassifiziert, Platz auf der Abschussliste fand.

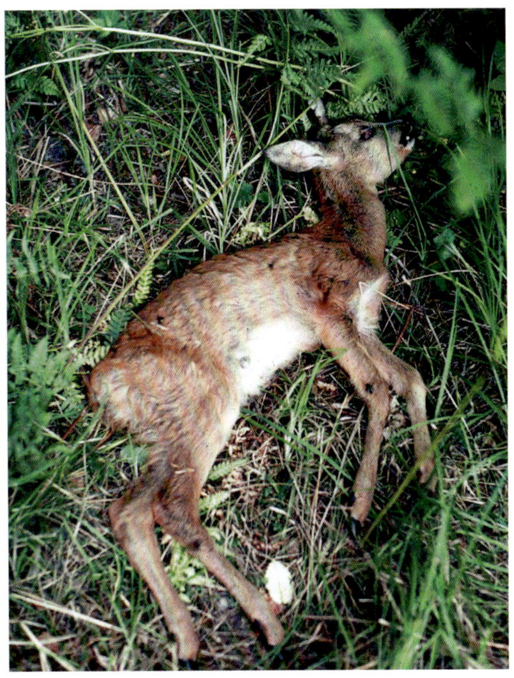
Nur selten lässt sich bei eingegangenen Kitzen die Todesursache feststellen

Die Abgänge in den ersten Lebensmonaten nehmen einen nicht unerheblichen Prozentsatz des Nachwuchses ein. WANDELER (1975) gibt die Kitzverluste bis zum Ende des zweiten Lebensmonats für ein Schweizer Untersuchungsgebiet mit 20 Prozent an, ähnliche Ergebnisse erbrachte die Auswertung der Rehwildmarkierung in Baden-Württemberg. Dort haben 200 Jäger im Zeitraum von 1970 bis 1986 etwa 8000 Kitze markiert. Diese wurden registriert und zentral erfasst. Die Rückmeldungen (1500) wiederum gewähren erstaunliche Einblicke.

Die Kitzverluste schwanken natürlich von Revier zu Revier und von Jahr zu Jahr, vor allem aber differieren die jeweiligen Ursachen. Wir dürfen diese bei der Witterung, bei den natürlichen Feinden und beim Mähtod suchen. In der frühen Phase des Rehlebens spielt nämlich der Verkehrstod noch nicht die Rolle wie später. Kälte- und Schneeeinbrüche sind im Hochgebirge keine Seltenheit und fordern ihren Tribut, weil die frisch gesetzten Kitze an Unterkühlung eingehen.

Herzog ALBRECHT V. BAYERN (1975) schreibt dazu: „Der überwiegende Teil der Geißen setzt zwei Kitze, von denen ein Teil im Säuglingsalter verloren geht. Bei krassen Wetterstürzen, oft mit Schnee in der Setzzeit, wurden mehrmals frisch gesetzte Kitze tot gefunden. Also muss das häufig vorkommen. Denn wie viele von den eingegangenen Kitzen werden in diesem unübersichtlichen Gelände schon gefunden, in dem es außerdem noch Füchse und Dachse und unzählige Aasraben gibt! Hält eine solche außergewöhnlich ungünstige Witterung über eine längere Periode in der Setzzeit an, ist der Zuwachs in diesem Jahr merklich geringer als sonst."

In den nasskalten Spätfrühjahren 1986, vor allem aber 1987 entdeckte ich einige Kitze mit Ausfluss am Windfang. Beim Menschen würde man so etwas als Schnupfen deuten. Ich weiß nicht, wie viele Kitze daran eingingen, doch musste eine Reihe von Abgängen konstatiert werden, wobei in den beiden Jahren der Mähtod kaum ins Gewicht fiel. Auch der ungewöhnlich nasskalte Mai 2006 hatte bei uns nicht wenige Kitzausfälle zur Folge, wie kurzfristiges Umfärben vorher führender, weitgehend grauer Geißen signalisierte und der Blick auf die zurückgebildete Spinne bestätigte.

Auffällig jedenfalls waren auch die erschreckend niedrigen Gewichte der im September erlegten geringen Kitze. Das niedrigste lag bei 4,5 Kilo. Es repräsentiert gleichzeitig die Tiefstmarke eines in der Schusszeit erlegten Stückes Rehwild. Bezeichnenderweise meldeten auch andere Reviere derartige Phänomene. Im Revier Pfaffenhofen/Ilm wurden sogar einige Kitze mit Ausfluss an Windfang und Lichtern eingegangen gefunden.

Wildretter, hier für den Mähbalken, haben einen hohen Wirkungsgrad

Die Rolle der Beutegreifer bei den Kitzabgängen in unseren Breiten richtig zu taxieren, fällt sehr schwer. Adler und Raben fehlen nämlich völlig, und der Uhu gibt allenfalls ein Gastspiel. An größerem Haarraubwild wäre bei uns in erster Linie der Fuchs zu nennen.

Natürlich haben wir vor Mutterbauen schon Köpfe und Läufe, auch Marken gefunden, die Kitze als Mahlzeit auf Reinekes Speisezettel auswiesen. Doch lässt sich anhand solcher Indizien nicht sagen, ob die Beute gerissen oder als Kadaver heimgetragen wurde.

Dass Füchse Kitze greifen, sofern sie ihrer habhaft werden können, ist unbestritten. Auch gibt es dazu zahlreiche Beobachtungen. Besonders beeindruckt hat mich die Schilderung eines Jagdfreundes, der Anfang Juni im Hochwald auf einen Bock ansaß:

„Vier Meter links von der Leiter befand sich neben dem Weg ein Reisighaufen. Gegen 20 Uhr schnürte ein Fuchs den Hang herauf, der unschwer als Fähe anzusprechen war. Sie hatte schon fast den Reisighaufen passiert, als sie plötzlich ruckartig stehenblieb und den Fang in den Wind hob.

Zweimal umschlug sie daraufhin mit hoher Nase den Haufen. Mit einem Mal sprang sie ein. Ich hörte das schrille Klagen eines Kitzes, und Sekunden später erschien die Fähe mit dem leblosen, immerhin schon recht großen Kitz im Fang und trug es weg. Interessanterweise stand auf das Klagen des Kitzes keine Geiß zu."

Ob allerdings Füchse in Wiesen mit taunassem Gras oder bei hoher Flora ihre Beute so leicht erwittern, wage ich doch zu bezweifeln. Insofern spielt wohl auch die Revierstruktur bei Raubwildverlusten eine gewisse Rolle. Dass sich das gehäufte Auftreten Reinekes höchst negativ auf den gesamten Niederwildbesatz auswirkt ist unbestritten. Mehr Beutegreifer bedeuten nun mal höheren Feinddruck. Und wenn nach einer Gesellschaftsjagd dreimal so viele Füchse wie Hasen auf der Strecke liegen, anderswo eigens angesetzte Fuchstreiben zweistellige Ergebnisse zeitigen, dann sollten die Alarmglocken schrillen. Wundert es da noch, dass es nunmehr heißt, man habe offenbar die Rolle des Fuchses als Kitzregulator sträflich unterschätzt? Dass Sauen Jungwild nicht verschmähen und bei entsprechender Massierung den Kitzbestand nachhaltig reduzieren, ist ebenfalls bekannt.

Dem Einfluss von Katzen und Mardern auf die Kitzsterblichkeit messe ich dagegen keine große Bedeutung bei.

Die einzige Beobachtung, die mir bekannt geworden ist, stammt von einem Jäger aus Lüchow-Dannenberg: Beim Abendansitz Ende Mai hörte er plötzlich nur 30 Meter entfernt am Rande eines schmalen Kiefernstreifens in einer ehemaligen Waldbrandfläche mehrfaches Kitzklagen. Die bis dahin unsichtbare Ricke stürmte daraufhin heran. Als sie den vom Sitz nicht einzusehenden Tatort erreichte, wischte auf der anderen Seite ein Baummarder in hohen Fluchten aus den Kieferkusseln. Kurz darauf zog die Ricke mit einem Kitz in die davor liegende Moor-Birken-Fläche und verschwand.

Ganz anders dagegen der Mähtod. Er rangiert in unserem Revier und in vielen anderen auch mit an erster Stelle. Dabei erfolgt bei uns – falls das Wetter mitspielt – in der Zeit von Maibeginn bis Maimitte der Silage-Schnitt. Für ihn benötigen die Landwirte nur zwei warme Sonnentage, und er erfasst einen immer größer werdenden Anteil der Wiesenflächen. Mit jedem Tag Verzögerung wächst auch das Risiko der Kitzverluste. Was Wunder, wenn die bearbeiteten Flächen, die Mähwerke und die Mähgeschwindigkeiten immer größer werden. Jungwild, das in einer solchen „Großeinheit" ruht, hat nicht den Hauch einer Fluchtchance.

Weit gefährlichere Ausmaße dagegen nimmt die Heumahd ein, die stabile Hochdrucklage bedingt und bei uns in der letzten Maiwoche beginnt. Am schlimmsten erwischte es uns im Jahre 1982. Aufgrund von Meldungen, hauptsächlich aber durch Befragung kristallisierte sich heraus, dass wenigstens 30 Kitze Kontakt mit den mordenden Mähwerken gehabt hat-

Trotz Blinklampe und Scheuche wurde das (sechs Wochen alte!) Kitz noch vermäht

ten. Die „glücklichere“ Mehrheit wurde wenigstens auf der Stelle zerstückelt, den anderen, die mit verstümmelten Extremitäten klagend das Weite suchten, blieb vielfach ein qualvoller Tod nicht erspart.

Dass die Mahd regelrecht zum Massaker ausartete, lag am Zusammentreffen mehrerer ungünstiger Umstände: Eine verhältnismäßig kurzfristig angesagte Hitzewelle mobilisierte alle Landwirte, die wiederum in kürzester Zeit so gut wie alle in Frage kommenden Flächen abmähten.

Die einen begannen noch nach Einbruch der Dunkelheit mit der Mahd, die anderen in den frühen Morgenstunden. An großräumige Rettungsaktionen war gar nicht zu denken, und die durchgeführten erwiesen sich als Tropfen auf den heißen Stein. Wohl mit aufgrund des schwülheißen Wetters drückten sich im teilweise hüfthohen Gras Altrehe, Hasen und natürlich die Kitze. Letztere häufig zu lange.

Ähnliches hat sich bis heute glücklicherweise in dem Ausmaß nicht wiederholt, was allerdings nicht alleine dem Einsatz von Wildrettern und Wildscheuchen gutgeschrieben werden darf. Bei deren Effizienz spielt nämlich eine Reihe von Faktoren mit: die Art des Mähers, die Höhe des Bewuchses, der Zeitpunkt der Mahd, die Wetterlage und natürlich die Bereitschaft des Landwirts, seinen Mähretter auch dann zu befestigen, wenn nur „schnell mal“ eine oder zwei Bahnen für Grünfutter geschnitten werden sollen.

Weil der „Duckreflex“ der Kitze in den ersten Lebenswochen so ausgeprägt ist, verlassen viele ihr Lager erst nach erfolgter Berührung durch die Zinken des Wildretters. Das setzt natürlich einen Kontakt mit dem Metall voraus. Dieser ist beispielsweise bei sehr hohem Gras nicht mehr gegeben. Die Kitze drücken sich dann nur noch fester in ihren Lagern und werden in der nächsten Bahn vom Mähwerk erfasst.

Außerdem sind Kitze in der ersten Lebenswoche noch relativ berührungsunempfindlich und werden selbst durch die Zinken nicht zum Aufstehen veranlasst. Das erklärt auch den höheren Anteil der jüngeren Kitze an den Mähverlusten. Selbstverständlich beeinflusst auch die Mähretterkonstruktion den Wirkungsgrad, wobei Zinkenlänge, -abstand, -material, Art der Befestigung und Stabilität des Gerätes den Ausschlag geben.

Einen hundertprozentigen Effekt jedenfalls dürfen wir von keinem Gerät erwarten. Doch 70 bis 80 Prozent sind realistisch und lohnen die Investition. Deren Höhe hängt freilich von der Anzahl der Landwirte ab, und wenn der Erfolg durchschlagend sein soll, muss jedem Bauern ein eigener Mähretter zur Verfügung stehen.

Natürlich würde auch eine Änderung der Mähpraxis einiges bewirken. Immer noch wird nämlich in aller Regel im Rondell von außen nach innen gemäht und dadurch sich drückendes Wild in der Mitte zusammengedrängt. Das umgekehrte Verfahren ist zugegeben etwas aufwendiger und auch zeitraubender, und so erliegt – wie so oft – der gute Wille anderen Zwängen.

Im Zeitalter der Kreiselmäher gehen zweibeinige Mähretter keineswegs mehr zu Schaden, dafür aber sehr wirksam zu Werke. Bei dieser Gelegenheit lassen sich zudem noch viele Kitze markieren. Allerdings sind Zeit- und Personalaufwand sehr hoch, darf der Informationsfluss seitens der Landwirte nicht abreißen, und es müssen (und das ist das größte Problem) jederzeit Helfer verfügbar sein.

Einen gewissen Nutzeffekt bringen auch die verschiedenen Wildscheuchen – gleichgültig ob es sich um den eingeschlagenen Pfahl mit übergestülptem Papiersack handelt oder um Blinkleuchten mit oder ohne akustischem Zusatz. Das gilt selbstverständlich auch für Verwittrungsmittel. Allerdings in allen Fällen nur dann, wenn dem Wild keine Zeit bleibt, sich an den Fremdkörper bzw. Geruch zu gewöhnen.

Natürlich wurden auch schon Kitze genau neben den Scheuchen vermäht. Das lässt manchen Zeitgenossen an deren Wirksamkeit zweifeln. Hier tut fortgesetzte Aufklärung des Jägers not. Meines Erachtens nämlich ist der wirksamste Schutz des Jungwildes die aktive, nimmermüde Bereitschaft des Landwirts, Verluste verhindern zu helfen.

Dass blindes Vertrauen in das Fluchtverhalten älterer Kitze fatal sein kann, beweist folgender Fall: Ende Juni mähte ein Landwirt einen Wiesenschlag, in dem er am Vorabend Blinklampen und Scheuchen aufgestellt hatte. Bereits in der zweiten Bahn erwischte das Mähwerk zwei Kitze. Das eine war auf der Stelle tot, das andere suchte mit drei abgemähten Läufen das Weite. Beide Kitze trugen übrigens schon sechs Wochen lang eine Wildmarke. Das größere, ein Bockkitz, wog immerhin achteinhalb Pfund.

Nach allen Erfahrungen hätten die beiden nicht mehr gefährdet sein dürfen. Allerdings war es an diesem Tag auch drückend heiß. Dass die Witterung die Bereitschaft des Wildes, sich zu drücken, beeinflusst, weiß jeder Jäger. Er braucht nur an die Such- oder Treibjagden zu denken und an das jeweilige Verhalten der Hasen.

Bis zur Jagdzeit auf Kitze bleiben natürlich weitere Verluste nicht aus. Sie gehen auf das Konto von Wildkrankheiten, können den Tod des Muttertiers zur Ursache haben oder auch den Zusammenprall mit einem Fahrzeug. Gelangt dann noch die Kugel zu ihrem Recht, bedarf es keiner prophetischen Gabe, um festzustellen, dass höchstens jedes zweite Kitz den ersten Geburtstag erlebt.

Drohnen retten Kitze

Drei Mähwerke, 12 Meter Schnittbreite, bis zu 40 km/h Geschwindigkeit. So brettern moderne Erntemaschinen durch hüfthohe Wiesen und rasieren in weniger als einer Stunde zehn Hektar Grasland. Bodenbrüter, Hasen, Kitze haben nicht die geringste Chance zu entkommen. Werden sie nicht auf der Stelle zerstückelt, sterben sie mit abgemähten Extremitäten einen qualvollen Tod. Oft bekommt der Landwirt auf seinem mächtigen Fahrzeug von alledem nichts mit. Wenn, dann beim Umschlagen des Schnittgutes. Vollernter hingegen pressen gar nicht so selten Grünfutter und Kadaver in einem Durchlauf zu Ballen und folieren diese. Die ruhen dann solange im Freien bis sie der Bauer zum Füttern braucht und in den Stall transportiert. Dass dann das eine oder andere Rind am kontaminierten Futter zugrunde geht oder dass zumindest ein Tierarzt bemüht werden muss, wird in den wenigsten Fällen in Zusammenhang mit der Ernte gebracht. Leider hat das Wohl von Wildtieren in der modernen Landwirtschaft so gut wie keinen Platz.

Als die Zahl der Landwirte noch hoch und die zu bearbeitenden Flächen überschaubar waren, gehörte es sich, den Jagdpächter vor der anstehenden Mahd rechtzeitig zu informieren. Die Heuernte Ende Mai/Anfang Juni bedingte eine stabile Wetterlage mit mehreren Sonnentagen am Stück. Da konnten sich die Beteiligten bis zu einem gewissen Grad auf die Situation einstellen, Vergrämungsmaßnahmen einleiten und die zu mähenden Schläge mit und ohne Hund absuchen. Heute werden die vergrößerten Flächen von wenigen bewirtschaftet und dank moderner Technologie in kürzester Zeit abgeerntet. Wohl den Kitzen, wenn der erste Silageschnitt in

Große Schnittbreite und hohe Geschwindigkeit der Kreiselmähwerke lassen dem Jungwild keine Chance

den April fällt und die allgegenwärtige Gülle die Äsungsflächen verstänkert, doch wehe, wenn die Vegetation nicht mitspielt und der Mähzeitpunkt mit der Hauptsetzzeit zusammenfällt. Der Entschluss zu mähen fällt oft sehr spontan. Aus Sicht des Landwirtes meist gar nicht längerfristig planbar. Vor allem, wenn Dienstleister mit ihren Vollerntern engagiert werden. Der Anruf: „Wir kommen in zwei Stunden", wird dann entweder gar nicht an den Jäger weitergeleitet und falls doch, hinterlässt er dort Hilflosigkeit bis hin zur ohnmächtigen Wut. Nicht jeder wohnt im Revier, die wenigsten sind auf Knopfdruck abkömmlich, und selbst wenn: Mehrere Hektar Wiese abzusuchen braucht Zeit, viel Zeit, und die fehlt. Sie fehlt auch, wenn die Landwirte den Jäger einen Tag vorher informieren würden und ihm die Bürde der Vergrämung überlassen. Um ein Hektar Wiese mit vier Wildscheuchen zu bestücken, ist man schnell eine halbe Stunde unterwegs. Zwanzig Hektar mit jeweils vier Scheuchen zu verstänkern schafft vom Zeitfaktor mal abgesehen ein nicht zu kleines Transportproblem. Es gilt nämlich die „Wenigkeit" von achtzig Vergrämungseinheiten irgendwo unterzubringen.

Hier stehen die Landwirte in der Pflicht. Wenn mehrere zeitgleich agieren, lässt sich durchaus einiges bewerkstelligen, und letztlich sind ja sie und nicht der Jäger die Verursacher von Mähtod und Mähverletzungen. Dass Scheuchen helfen können, sei unbenommen, dass sie es zu hundert Prozent tun, ist unwahrscheinlich. Ein unzureichender Wirkungsgrad, darf jedoch nicht als Alibi für Untätigkeit des Jagdgenossen herhalten. Ich erinnere mich noch lebhaft an eine Versammlung, bei der einer der Teilnehmer bläkte: „ Mir tun ja die Kitze so leid, aber die Jäger machen doch nichts." Da konnte ich es mir nicht verkneifen, ihn vor aller Ohren zu fragen, ob wohl die Jäger die Kitze an- oder totmähen, und ob er schon je den Versuch gestartet hätte, etwas zur Vergrämung zu unternehmen. Die Reaktion waren ein roter Kopf und betretenes Schweigen. Ein anderer Jagdgenosse bekundete in einem Vieraugengespräch ernsthaft, dass es doch keinen Unterschied mache, ob die Kitze durch das Mähwerk oder die Kugel sterben. Auch hier wies ich auf die Bedeutung des „Wie" hin und vergaß zudem nicht den wirtschaftlichen Faktor der Jagd zu erwähnen. So viel ist sicher: Der Landwirt steht in der Pflicht, denn er verstößt gegen den Tierschutz, wenn er Lebewesen verletzt bzw. tötet. Wie weit eingeleitete Schutz- und Vergrämungsmaßnahmen strafmindernd wirken, sei mal dahingestellt. Und: Sobald er ein Kitz angemäht bzw. getötet hat, müsste er von Rechts wegen die weitere Arbeit zumindest unterbrechen. Das macht so gut wie keiner. Denn: Zeit ist Geld.

Also tun viele, als ob nichts geschehen sei und hüllen sich in Schweigen. Wurden sie nicht in flagranti erwischt, glauben sie zunächst aus dem Schneider zu sein. Und selbst wenn, muss sich der Jagdpächter die Konsequenzen, die sich aus einer Anzeige ergeben, bewusst machen. Als Beständer in spe dürfte er zumindest bei seiner Genossenschaft ausgedient haben.

Selbst bei durchaus vorhandenem gutem Willen schränkt der Wandel in der Landwirtschaft den effektiven Handlungsspielraum der Vertragspartner stark ein. Doch es gibt ein Licht, das mehr ist als ein Silberstreif am Horizont. Das Zauberwort dafür heißt Drohne. Von vielen zum Freizeitvergnügen eingesetzt und mittlerweile zu Recht Restriktionen unterworfen, haben die unbemannten Spione aus der Luft einen Wirkungsgrad, der alles Bekannte in den Schatten stellt.

Der Oberpfälzer Jagdpächter Michael Kraus ist ein engagierter Drohnennutzer mit Führerschein im Dienst der Jagd. Ihn darf ich im Einsatz begleiten. Zwei Termine hat er sich an diesem Morgen aufbürden lassen und eine Stunde Startverschiebung für den zweiten Drohnenflug ausgehandelt. Sieben Hektar Wiese stehen fürs Erste an. Michael macht sein Fluggerät startklar, bestückt es mit einem voll aufgeladen Akku und programmiert sein Steuerelement. Nachdem er sich die Karte per Google Earth auf den Bildschirm geladen und die abzusuchende Wiese markiert hat, legt er Grenzpunkte, Flugrichtungen, Überlappungszonen sowie Flughöhe fest. Auf Knopfdruck hebt das sechsarmige Fluggerät mit noch hörbarem Summen ab und schlägt den festgelegten Weg eigenständig ein.

Mit einem Mal taucht auf dem Bildschirm eine Wärmequelle auf. Der Steuermann speichert sie einschließlich ihrer Koordinaten, schickt einen Begleiter samt Kiste los und weist ihn ein. Rasch ist das Kitz gefunden und im hölzernen Behälter verstaut. Dann wird dieser aus der Gefahrenzone transportiert. Das Kitz kommt erst frei, wenn die Wiese gemäht ist, ansonsten bestünde die Gefahr, dass es zurück in die vermeintliche Deckung flüchtet. Beim zweiten Kitz in diesem Schlag wird ebenso verfahren. Nach zwölf Minuten ist alles vorbei und Zeit für den Akkuwechsel. Michael fährt zum nächsten Einsatz an diesem Morgen. Dessen Kühle muss er nützen, denn sobald die Sonne den Erdboden erwärmt, spricht die Wärmebildkamera der

Die Holzkiste bietet vorübergehend Sicherheit

Drohnen-Michi und sein Helfer in Aktion

Drohne zunehmen schlechter an. Damit schwinden die Erfolgsquoten rapide. Selbst für sein professionelles System aus Drohne und hoch auflösender Kamera zum fünfstelligen Preis.

Mit dem „Spielzeug“ für wenige hundert Euro hingegen, wäre man schlichtweg von vorneherein aufgeschmissen, weiß er aus Erfahrung. Am 2. Einsatzort erwarten ihn zwei Helfer samt Kisten. Nur so kann unter extremem Zeitdruck effektiv gearbeitet werden. Fehlen helfende Kräfte, bleibt ihm nichts anderes, als die Koordinaten der Fundorte per Handy dem Maschinenführer zu übermitteln. Übrigens können die Landwirte im Vorfeld zuarbeiten, indem sie dem Drohnennutzer die benötigten Daten vorab per Handy schicken. Sie sind mit den elektronischen Hilfsmitteln aufgewachsen, im Umgang damit geschult und wissen deren Dienste bestens zu nutzen.

In Gras gepackt und im Korb gelagert nimmt das Kitz kaum fremde Witterung auf

Wieder haben die Beteiligten Glück, denn in den zehn Hektar Grasland werden drei Kitze aufgespürt und in Sicherheit gebracht. In der laufenden, kurzen Saison sind es die Nummern 63 bis 65. 65 Kitze vor Verstümmelung und Mähtod gerettet zu haben ist die eine

Seite der Medaille. Ein potenzieller Wert von mehreren tausend Euro, der für die Jagd erhalten bleibt, die andere. Der „Drohnen-Michi“, wie er mittlerweile heißt, ist ein gefragter Mann und krebst nach einer Woche schier am Zahnfleisch, denn er muss in aller Früh raus, und danach seinem Beruf nachgehen. Da sind die 15 Euro pro Akkuladung, die er für seinen Einsatz verlangt, weniger als ein Taschengeld.

Eigentlich sollte jedes Revier einen Drohnenstützpunkt bilden mit geprüftem Piloten. Doch wer übernimmt die Kosten? Sie dem Revierinhaber aufzubürden, das würden die Besitzer und Pächter großer Flächen natürlich allzu gern. Aber das ist nicht redlich. Bei der Jagdgenossenschaft Zustimmung für den Erwerb zu erwirken, dürfte nicht einfach sein, denn die Nutznießer sind nur die wenigen, die die Flächen bewirtschaften. Sie aber stehen in der Pflicht und sie sollten in erster Linie herangezogen werden.

Kleine Kitze verhalten sich in der Kiste ruhig und versuchen nicht auszubrechen

Grünes Rettungspaket. Lieber etwas mehr Gras verwenden als zu wenig

Hier ist auch der Gesetzgeber gefragt, es müssen Zuschüsse gewährt werden und Mittel aus der Jagdabgabe in die Kitzrettung fließen. Die Drohne stellt das zur Zeit effizienteste Mittel zur Kitzsuche dar. Und wer sucht, der findet. Übrigens eine herausragende Gelegenheit geborgenes Wild auch gleich zu markieren. Aber der programmierte Flugspion bietet mehr: Hasenzählung aus der Luft beispielsweise im Frühjahr oder Spätherbst liefert verlässlichere Ergebnisse als Sichtbeobachtung vom Boden. Und Schweine im Getreide oder Mais damit aufzuspüren, ist ein Kinderspiel. Dorthin wo sie bestätigt sind, kommen auch Schützen gerne und im Erfolgsfall wieder. In Revieren, wo hingegen auf Verdacht agiert wird, machen sich in Zukunft Gäste rar, wenn außer Spesen nichts gewesen ist.

Jährlinge und was aus ihnen wird

Bei allen Überlegungen und Bemühungen, einen qualitativ hochwertigen Rehwildbestand aufzubauen, spielen die Jährlinge eine Schlüsselrolle. Ihre Konstitution und Kondition nämlich lässt wertvolle Rückschlüsse auf den lokalen Bestand zu und liefert Fingerzeige, ob sich Standort, Biotop, Äsungsangebot und Wilddichte im Einklang befinden oder nicht.

Sie sind wichtige Indikatoren für Erfolg oder Misserfolg eingeleiteter Maßnahmen im Sinne der Hege. Im Schnitt starke Jährlinge beweisen nämlich, dass der eingeschlagene Weg zum Ziel „gesundes, starkes Rehwild“ führt, umgekehrt setzen schwache erste Alarmzeichen für einen gegenläufigen Trend.

weiter Seite 42 ☞

Durchschnittliche bis hervorragende Jährlinge aus guten Biotopen. Doch das Jährlingsgehörn allein sagt noch wenig über die weitere Entwicklung aus

Wer seine Jährlinge anzusprechen vermag, wer ihr Verhalten richtig einzuschätzen weiß und daraus gewonnene Erkenntnisse umzusetzen versteht, hat bereits große Hürden auf dem Weg zum Erfolg überwunden.

Absolut gesehen, schließt der Begriff „Jährling“ beide Geschlechter ein, indem er das einjährige Stück umschreibt. Die Waidmannssprache differenziert jedoch zwischen „Schmalreh“ und „Jährling“. Wenn also künftig von letzterem die Rede ist, bezieht das sich ausschließlich auf das männliche Geschlecht. Das bedeutet keinesfalls die Abwertung des weiblichen. Auf seine Rolle werde ich später zu sprechen kommen.

Den Jährlingsbock als Weiser heranzuziehen, liegt auf der Hand. Zum einen nämlich zeigt er ein auffälligeres Verhalten, zum anderen individualisiert ihn der Kopfschmuck. Dieser, sein Markenzeichen, wird gemeinhin als „Personalausweis“ seines Trägers angesehen. Solche mit geringem Gehörn gelten als abschusswürdig, was mehr als lauscherhoch „auf“ hat, zählt zu den unbedingt zu schonenden Hoffnungsträgern. Wie weit das zutrifft, werden wir im Folgenden sehen.

Zunächst scheint mir aber ein kurzer Streifzug über die Entwicklung vom Kitz zum Jährling angebracht: In den ersten drei Lebensmonaten lassen sich die Geschlechter der Kitze aus der Distanz nur sehr schwer ansprechen, denn Bockkitz und Rickenkitz unterscheiden sich weder durch Größe noch durch Färbung voneinander. In dieser Zeit sind auch die primären Geschlechtsmerkmale noch nicht weithin sichtbar ausgeprägt.

Hinweise ergeben sich in erster Linie beim Nässen, wobei das Geißkitz tief in die Hocke geht, das Bockkitz aber mit gegrätschten Hinterläufen die Abwärtsbewegung des Hinterteils weniger ausgeprägt vollführt. Auch das Spielverhalten von Zwillingskitzen mag der erfahrene und aufmerksame Beobachter deuten.

Höcker auf der Stirn Anfang September sind ein Kennzeichen starker Bockkitze

Bockkitze agieren temperamentvoller und auch aggressiver als weibliche, lassen im dritten Lebensmonat Droh- und Überlegenheitsgebärden wie Aufreiten und waagerechte Trägerhaltung erkennen und dominieren zunehmend gegenüber dem weiblichen Geschwister. Dennoch bewegen sich auch hier die Resultate vergleichender Beobachtung noch im Rahmen der Wahrscheinlichkeit, keinesfalls der Sicherheit.

Im vierten Monat bilden sich auf dem Stirnbein des Kitzbockes die ersten Geweihanlagen. Die Stellen sind durch zwei Haarbüschel gekennzeichnet, die sich hinsichtlich der Färbung vom anderen Haar abheben. Beim starken Bockkitz sieht man mit dem erheblich vergrößernden Spektiv ab Mitte August zwei niedrige Höcker und beim Geißkitz die noch winzige Schürze.

Von Woche zu Woche ragen die Höcker sichtbarer aus der Stirn, so dass zu Beginn der

Schusszeit, also Anfang September, ein gut entwickeltes Bockkitz ohne weiteres mit dem Fernglas angesprochen werden kann. Schwachen Bockkitzen dagegen fehlt zu dieser Zeit noch dieses Identifizierungsmerkmal.

Nach dem Haarwechsel, Anfang Oktober, präsentieren sich die geschlechtstypischen Unterscheidungsmerkmale optisch sichtbar: die Schürze beim weiblichen, der nierenförmige Spiegel, der Pinsel und die mehr oder minder starke, vom Bast überwallten Knöpfe des männlichen Kitzes. Beim gut entwickelten sind sie bis Mitte November daumenstark und bis zu drei Zentimeter hoch. Sie wachsen in Folge nicht mehr weiter, sondern werden im Winter verfegt.

Das ist auch das sichtbare Zeichen des Wachstumsabschlusses. Dieses Stadium jedoch erreicht ein Teil der Bockkitze nicht. Bei ihm stagniert das Wachstum während der Notzeit und wird erst wieder ausgangs des Winters fortgesetzt. Dabei entwickelt sich das Erstlingsgehörn durchaus verschieden. Es kann Knöpfe, Spieße, aber auch Gabel- oder Sechser-, in absoluten Ausnahmefällen sogar Achtergehörne bilden. Charakteristisch aber sind die fehlenden Rosen.

Der größere Teil der Jährlinge mit dem Erstlingsgehörn rekrutiert sich aus schwachen, weil spät gesetzten, kümmernden, führungslosen, im Wachstum zurückgebliebenen, unzureichend gesäugten Kitzen. Vereinzelt befinden sich jedoch auch im Wildbret starke darunter, bei denen innersekretorische Vorgänge die Reife des Gehörns verzögerten.

Ihr Folgegehörn unterscheidet sich in aller Regel nicht von dem „normaler" Zweijähriger, obwohl doch ein Stadium der Entwicklung übersprungen wurde: Es hat ebenso ausgeprägte Rosen und nicht minder hohe bzw. wuchtige Stangen. Auch steht es bezüglich der Endenfreudigkeit nicht nach.

Die nachfolgenden Bildserien verdeutlichen, dass sich Jährlinge durchaus unterschiedlich weiterentwickeln. Links: ein braver Jährling. Mitte: zweijährig mit Durchschnittsgehörn. Rechts: auch als Dreijähriger nur Mittelmaß

Als kapitaler Jährling (links oben) schob er zweijährig ein gutes Gehörn (Mitte links), das dreijährig nur geringen Volumenzuwachs erkennen ließ (Mitte rechts). Das vierte Gehörn scheint auch das beste zu sein (unten links). Fünfjährig wurde er erlegt: 460 Gramm Gehörngewicht (rechts unten)

Allerweltsjährling (links). Zweijährig mit überdurchschnittlichem Gehörn (rechts). Im dritten Jahr gewaltiger Wachstumsschub (Mitte links). Gewisse Stagnation im vierten Jahr (Mitte rechts). Fünfjährig deutlicher Volumenzuwachs des „Hudellochbockes" (unten links). Sechsjährig erlegt: Gehörngewicht knapp 600 Gramm (unten rechts)

Oben: Der zweijährige Maxbock beim Treiben

Mitte: Als Zweijähriger

Unten: Dreijährig. Er wurde in dem Jahr gegen den Willen des Beständers erlegt

Oben: Der Mohr als Jährling
Unten links: zweijährig
Unten rechts: dreijährig. Ein Gehörn mit einem Bock!

Klosterbock II

Er legte ständig zu:

Links oben: zweijährig

Rechts oben: dreijährig

Mitte rechts: vierjährig

Mitte links: fünfjährig

Unten: sechsjährig

Der „Ruhrbock II"

***Oben links:** Als sehr guter Jährling.*
***Oben rechts:** Als hochkapitaler Zweijähriger, dessen Abwürfe vom 11./12. Dezember 1988 immerhin 400 Gramm wogen.*
***Unten links:** Als dreijähriger absoluter Spitzenbock.*
***Unten rechts:** Im Juni 1989 erlegt. Gehörngewicht: 660 Gramm, 173 Internationale Punkte*

Knopfböcke

16. Mai, 19 Uhr: Bockjagdprolog. Nahezu windstill ist's auf meiner hohen Leiter, und die Sonne macht die Jacke beinahe überflüssig. Plötzlich knackt leise ein Ästchen hinter meinem Rücken. Falllaub raschelt, und schon zieht, nein, kriecht ein Bündel struppiger Decke und Knochen mit zwei winzigen Höckern zwischen den Lauschern unter der Leiter heraus, sichert merklich lange und schickt sich an, den Graben zu überfallen.

Zwei verwachsene Stumpen anstelle der Hinterläufe hemmen den Bewegungsdrang. Das ist kein Bekannter, kein Auserkorener. Den hat hier noch keiner gesehen. Ein typischer Fall von Mähverletzung. Die Antwort auf die Frage, wie er sich in dem an sich übersichtlichen Revier aller Blicke entziehen konnte, wie er über den Winter gekommen ist, kennt keiner.

Ruckartig wirft das kleine Haupt auf, sichert nach links. Eins, zwei, drei, vier Jährlinge trollen auf die Wiese, und ein fünfter folgt nach. Alle tragen sie noch den Bast. Vier lassen eine Vereckung der etwas überlauscherhohen Stangen erahnen, nur der letzte – im Wildbret kaum schwächer – hat das Klassenziel bei weitem nicht erreicht. Sechs Jährlinge, davon zwei Knopfer.

Ein im Sinne der Hege krasses Missverhältnis. Die angestrebte Doublette gelingt. 5,3 kg wiegt der schwächere, 14 kg der andere. Ersterer repräsentiert die absolute Untergrenze aller gewogenen Jährlinge, letzterer liegt deutlich über dem Durchschnitt.

Zwei Tage später kommen am gleichen Platz nochmal zwei Knopfböcke zur Strecke. Stille Reserven, von deren Existenz niemand geahnt hat. Das frische Grün zieht sie offenbar von weit her an. Doch die Begebenheit liegt nun schon einige Jahre zurück.

Das Knopfbockthema zu Beginn der Jagdzeit beherzt angehen

Genau hinschauen: Beide haben etwas zwischen den Lauschern

Damals gab es Reviere, die den zugewiesenen Bockabschuss mühelos mit Knopfböcken erfüllen konnten. Weil jedoch auch mehrjährige Böcke erlegt werden sollten, wurde später einfach ein Teil der Knopfer als „Bockkitze" in der Abschussliste verbucht. Zurückhaltung beim Abschuss der männlichen Kitze – das Geschlechterverhältnis musste ja optimiert werden – produzierte wieder einen Überhang, und so drehte sich das Karussell alljährlich: Es wurden viele Knopfer geschossen, und es wuchsen viele nach.

Zum besseren Verständnis der Situation sei vielleicht noch vermerkt, dass in genossenschaftlichen Revieren Wilddichten von 50 Stück auf 100 Hektar Waldfläche (nicht Revierfläche!) keine Seltenheit waren.

Noch viel krasser gestaltete sich die Angelegenheit in besonders äsungsarmen Waldrevieren mit hoher Wilddichte. Dort wogen Jährlinge kaum mehr als anderswo ausgewachsene Hasen, und den Kopfschmuck musste man fast mit der Lupe suchen. Halblauscherhohe Spießer galten als gut veranlagt – hegewürdig –, und ein Gabelgehörn mutete beinahe als Sensation an. Es war die Zeit, wo jedermann – und nicht nur in unserer Region – über das Knopfbock-Problem jammerte.

Ein Blick auf die Wildbretgewichte in den Abschusslisten spricht Bände: Einstellige Kiloziffern selbst bei erwachsenen Stücken stellten nicht die Ausnahme dar, und dünnstangige, schwach vereckte Kronen waren die Norm. Phänotypen des Hungerrehs: Schwach gesetzt, unzureichend ernährt, wenig gewachsen und schwach geblieben. Auffällig jedoch, dass in Revieren mit Eichenmischbeständen nach einer Mast der Anteil der Knopfer unter den Jährlingen geringer ausfiel, dass die Jährlinge insgesamt mehr „auf" hatten, dass zweijährige Böcke im Schnitt bessere Gehörne schoben.

Bemerkenswert auch, dass von Menschenhand aufgezogene Bockkitze, die aus klassischen „Knopfbockbeständen" stammten, durchweg ordentliche Jährlingsgehörne schoben und

Der Knopfer und der Sechser sind Zwillinge, jedoch beide im Wildbret schwach

keine Knöpfe. Erwähnenswert ferner, dass nach strengen Spätwintern mit hoher Schneelage selbst dort vermehrt Knopfjährlinge auftraten, wo sie sonst nur spärlich vorkamen.

Der Anteil der Knopfböcke an der Gesamtstrecke reduzierte sich in unserer Region in dem Maße, wie die Wilddichte gesenkt wurde. Dabei spielte die intensivere Nutzung der Bestände in verkleinerten Revieren eine gewichtige Rolle: Es stieg nicht nur die Zahl der Jäger auf gleichgebliebener Jagdfläche, es kletterte vor allem die Anzahl der Jagdpächter, weil die Mindestgröße für Gemeinschaftsjagdreviere gesenkt wurde, weil gestiegene Pachtpreise den Unterhalt mehrerer Reviere durch eine Person erschwerten.

Kleinere Reviere wiederum bekamen auf die Fläche bezogen höhere Abschussquoten bewilligt wie vordem große; im Laufe der Jahre wurden diese allgemein erhöht. Das alles führte zu einer Reduktion des Rehwildes. Vom Knopfbock-Problem sprach bald keiner mehr. Mit der Senkung der Wilddichte aber stiegen die Wildbretgewichte an und zugleich auch im Schnitt die Qualität der Trophäen.

Nur bei gutem Licht erkennt man die Knöpfe

Auch in Schweden, im Land der Weltrekordböcke, gibt es Knopfer

Wo ausreichend Platz für das Individuum zur Verfügung steht, wo man sich nicht ständig die Artgenossen vom Leibe halten muss, wo die Äsungskonkurrenz zurücktritt, bleibt dem Einzelnen mehr – mehr für das Körperwachstum und mehr für die Trophäe.

Das zeigte sich ganz deutlich in einem angepachtetem Rehwildrevier mit stark ausgedünntem Bestand und zunächst äußerst zurückhaltender Bejagung. Die im Revier gesetzten Bockkitze schoben schon als Jährlinge Gabel- und Sechsergehörne, und es dauerte fünf Jahre, bis wieder einmal einer mit einem Knopfgehörn zur Strecke kam.

Entscheidend für gehäuftes Auftreten von Knopfböcken aber ist nicht die Wilddichte allein, sondern die Wilddichte bezogen auf das Äsungsangebot. Wo reichlich Äsung zur Verfügung steht – sei sie natürlich, in Form von Wildäckern oder Fütterungen – „produziert" auch ein hoher Wildbestand nur einen Minderanteil an Knopfgehörnen. Gänzlich ausbleiben werden solche wohl nirgends. Es liegt nämlich im Rahmen des Natürlichen, dass auch eine starke, gesunde Geiß einmal ein schwaches Kitz setzt, dass von Zwillings- oder Drillingskitzen eines kümmern kann. Wir dürfen uns auch nicht der Illusion hingeben, dass wir trotz bester Absicht und großen Zeitaufwandes alle konditionell schwachen weiblichen Stücke samt ihrem Nachwuchs erwischen.

Wie oft kommt es doch vor, dass wir uns eine Familie zur Sommerzeit bereits vorgemerkt haben, die dann zum Aufgang der Jagdzeit vom Erdboden verschluckt scheint. Manchmal mogelt sich die eine oder andere recht alte Geiß über die kritische Zeit hinweg, indem sie aufgrund „schlechter" Erfahrung zu „klassischen" Ansitzzeiten einschlägige Plätze meidet.

Auch selektiert die Stoßstange des Autos nicht. Wenn dann eine Geiß mit tropfender Spinne auf dem Asphalt oder im Straßengraben liegt, fehlt den Kitzen die zur Entwicklung notwendige Milch, zudem in jedem Fall die für das optimale Überleben notwendige Erfahrung des Muttertieres. Krankheiten im Jugendstadium hemmen das Wachstum, und schließlich darf auch der Einfluss der Witterung im frühen Kitzalter auf das Wohlergehen des Nachwuchses nicht unterschätzt werden.

Warum sich ein strenger Spätwinter mit hohen Schneelagen direkt auf die Entwicklung des Jährlingsgehörns auswirkt, liegt auf der Hand. Anders als der ausgewachsene Bock schiebt der Jährling in einer Zeit des Nahrungsengpasses und gleichzeitig in einer Phase des wieder erhöhten Energiebedarfs. Energie, die der wachsende Körper verlangt. Wenn dessen Ansprüche kaum saturiert werden können, bleibt für das Gehörn noch weniger übrig, zumal dann, wenn Parasiten noch an der Substanz zehren.

Genau hinschauen, manchmal …

Mit der Selektion unter dem Rehwild im Herbst ist das auch so eine Sache. Jeder will seine schwachen Kitze nach Möglichkeit mit der Geiß aus der Wildbahn nehmen, aber nicht schon Anfang September, wenn die Kitze klein und schwer an den Mann zu bringen sind. Nach dem Verfärben tut man sich mit dem Ansprechen ungleich schwerer, das Rehwild stellt sich in die Wintereinstände um, die Abschusserfüllung brennt mit einem Mal auf den Nägeln, und schließlich rangiert Zahl vor Wahl …

Tonnenweise Futter ins Revier zu schleppen, sichert noch längst nicht jedem Stück Rehwild den gefüllten Pansen. Futterautomaten mit großem Fassungsvermögen, vielleicht auch raffiniertem Spendermechanismus helfen zwar die Arbeit erleichtern, werden eifrig angenommen und regelmäßig geleert und wirken als Magneten für das Wild, das von weit her anwechselt – am Trog aber wird es eng.

Dort bedienen sich ranghohe Stücke zuerst und lassen womöglich andere gar nicht an die Futterquelle. Den letzten jedoch bleibt unter Umständen nur die Wittrung, und das sind in aller Regel die Kitze rangniedriger Geißen. Eine Reihe von Erklärungen also für ein Phänomen.

Ohne Zweifel tragen die schwächsten der Schwachen immer ein Knopfgehörn. Bahnfertig wiegen sie meist unter zehn Kilo. Nach HEINZERLING (1922) sind Knopfböcke 5,5 bis 11 Kilogramm, meist 8,5 kg schwer, während normal entwickelte Jährlinge je nach Gegend 12,5 kg bis 16 kg aufgebrochen auf die Waage bringen. Auch betragen die reinen Schädelgewichte im Mittel nur wenig mehr als die Hälfte derer „normaler" Jährlinge.

Die Verkaufsgewichte der von mir erlegten Knopfböcke schwankten zwischen 5,3 kg und 15,5 kg, das Durchschnittsgewicht liegt bei 10,3 kg und damit um zwei Kilo niedriger als das anderer Jährlinge. Allerdings kam das Gros der Knopfer bereits zu Beginn der Schusszeit, also im Mai, zur Strecke.

Schade um die schweren Knopfer, wird mancher sagen. Unter den „besseren" Jährlingen befanden sich auch einige, die man gewichtsmäßig durchaus den übrigen Knopfböcken hätte

... helfen auch primäre Geschlechtsmerkmale beim Ansprechen

zuordnen können, deren Gehörn jedoch Gabel- oder Sechserbildung andeutete. Wieder würden viele sagen: Schade drum. Fehlabschüsse?

Einer von ihnen trug als Zwillingsbruder eines Knopfbockes sogar ein Sechsergehörn. Weil ich beide häufig beobachten konnte und das ständige Beisammensein Vergleiche hinsichtlich der Körpergröße erleichterte, wurde nach langem Abwägen auch seine Erlegung vollzogen. Der Knopfer wog knapp über 10 Kilo. Das deckte sich mit allen meinen Erfahrungen. Der „bessere" Zwilling brachte gerade 1000 Gramm mehr auf die Waage. Welch geringer Unterschied also gemessen am Gehörn der beiden.

An anderer Stelle und bei getrenntem Auftauchen wäre der Knopfer wohl überall der Kugel anheim gefallen, der Sechser dagegen nirgends geschossen worden. Zu sehr ist man immer noch dem Denkschema verhaftet, das da lautet: Knopfgehörn = schwacher Jährling, Gabel- oder Sechsergehörn = starker.

Was die Knopfer angeht, gibt die Statistik sicherlich recht. Das aber erklärt auch – so paradox es zunächst klingen mag – , dass Knopfböcke mit 15 kg überhaupt zur Strecke kommen. Bei ihnen sind wir nicht auf derartige Gewichte programmiert, und wenn der direkte optische Vergleich fehlt, erliegen wir leicht dem Trugschluss. Umgekehrt hat die an den Tag gelegte Vorsicht manch anderen Jährling vor der gebührenden Kugel gerettet.

Schon in Revieren mit sehr hohem Knopfbockanteil bei den Jährlingen waren mehrjährige Knopfer selten, was beweist, dass das Minigehörn kein lebenslanger Begleiter sein muss. Dort, wo Knopfböcke seltener auftauchen, werden sie auch mit Selbstverständlichkeit erlegt. Wenn wirklich einer das erste Lebensjahr übersteht, wird ihn im zweiten niemand mehr als den Knopfer des Vorjahres erkennen. Daher sind gesicherte Fälle der weiteren Entwicklung sehr selten.

Elssmann (1971) führt das Beispiel eines markierten, im Wildbret starken Knopfjährlings an, der zweijährig mit einem Sechser-Bastgehörn, gut lauscherhoch, am 23. März beobachtet wurde, dreijährig als ungerader Achter 22 bis 24 Zentimeter hohe Stangen trug, vierjährig ein niedrigeres, aber massigeres Sechsergehörn geschoben hatte, fünf- und sechsjährig dieses Niveau beibehielt und siebenjährig mit einem schon schwächeren, zurückgesetzten Gehörn 800 Meter vom Zeichnungsort entfernt mit einem Wildbretgewicht von 16,5 kg am 1. August 1968 gestreckt wurde.

1976 entdeckte ich im Revier Pyras einen Knopfbock, bei dem der obere Teil des rechten Lauschers abgerissen war. Daher ließen wir ihn zwecks Beobachtung am Leben. Ein Jahr später beendete er sein Dasein unter den Reifen eines Autos. Er hatte inzwischen ein schwach vereckte Sechsergehörn geschoben und wog 16,5 kg.

Im Nachbarrevier entzog sich 1982 ein dreiläufiger Knopfer zunächst allen Nachstellungen. Dann einigten sich die drei Pächter auf seine Schonung. Im Jahr darauf trug der Bock ein braves Gabelgehörn, ein Jahr später folgte eine Sechserkrone, die zu den besten im Revier zählte. Leider verließ er während der Brunft das Revier und kam in der Nachbarjagd zur Strecke. Das Gehörngewicht betrug knapp 300 Gramm.

Einmalig ist sicherlich die Dokumentation über die Weiterentwicklung eines Knopfbockes aus Franz Riegers Revier Schrezheim/Ellwangen: „An Himmelfahrt (12.5.) 1983 markierte ich zusammen mit meinem Mitpächter Heinz Wettenmann in der unteren Erle-Wiese das Bockkitz der „Erle-Geiß". Wir verwendeten die Daltonmarke G 1172 mit weißer Zusatzscheibe. Diese hatten wir mit einem Kreuz als Symbol versehen. Unsere intensive Suche nach einem zweiten Kitz blieb erfolglos.

Vier Wochen später präsentierte sich die „Erle-Geiß" mit dem markierten Kitz und einem unmarkierten weiblichen. Die Kitze gediehen in der Folgezeit prächtig, doch Anfang August lag die Geiß mit praller Spinne überfahren im Straßengraben. Eine zeitlang konnten wir noch beide Kitze beobachten, dann ging das Geißkitz ein.

Erstaunlicherweise überlebte nicht nur das Bockkitz, es entwickelte sich sogar recht gut, so dass wir von einer Erlegung absahen. Was ich aber insgeheim befürchtet hatte, bewahrheitete sich übers Jahr: Der Kreuz-Jährling trug ein Knopfgehörn. Natürlich wollten wir seine weitere Entwicklung verfolgen.

Zweijährig schob der im Wildbret nicht schwache Bock ein ordentliches Sechsergehörn. Am Brunftgeschehen beteiligte er sich übrigens rege. Was würde er nun im dritten Jahr schieben? Er legte wiederum zu und setzte ein ungerades Achtergehörn auf.

Im vierten Jahr überraschte er uns wieder mit einem ungeraden Achtergehörn. Doch diesmal befand sich das vierte Ende an der anderen Stange. Wir vereinbarten, ihn im fünften Jahr zu erlegen. Wieder präsentierte sich der ehemalige „Kreuzknopfer" als ungerader Achter; diesmal mit dem Spross an der ursprünglichen Stelle. Bahnfertig wog der reife Bock 21 Kilo, das Trophäengewicht (trocken) betrug 370 Gramm."

Ganz ohne Zweifel waren in dem Kitz entsprechende Anlagen vorhanden, und es konnte sie – widrigen Umständen zum Trotz – zur Entfaltung bringen.

Auch Herzog Albrecht wartet mit einem ähnlichen Beispiel auf: „Einer – mit Wildmarke – war sogar der miserabelste Knopfbock im Revier und wurde nur wegen der Wildmarke nicht geschossen. Im zweiten Jahr war er ein sehr starker Achter-Bock und wurde mit sechs Jahren einer unserer besten."

Oben links: Nur die Lauschermarke bewahrte diesen Knopfbock vor der Kugel. Oben rechts: Ein Jahr später schob er eine gute Sechserkrone. Unten links: Im dritten Jahr überraschte er mit einem ungeraden Achtergehörn. Unten rechts: Auch im vierten Jahr zeichnete sich eine Stange durch vier Enden aus

Vom Knopfbock zum Achter, wenn das nicht Wasser auf die Mühlen aller derjenigen ist, die Knopfböcke am liebsten laufen lassen möchten, weil ja auch aus ihnen etwas Brauchbares werden kann. Gemach, gemach. Ich mag es mir nicht verkneifen, einige Wermutstropfen in den Freudenbecher zu gießen.

Von 15(!) weiteren in einer Dekade markierten Knopfböcken im Revier FRANZ RIEGERS schob zwar keiner als Folgegehörn wieder Knöpfe, es erreichte aber auch keiner den guten Revierdurchschnitt. Nicht im Gewicht und nicht in der Trophäe: mäßige Gabler oder Sechser. Schlechte Anlagen hier oder einfach Behinderung der Entfaltung des genetischen Potenzials durch die Umwelt?

Nach Kenntnis der lokalen Verhältnisse bin ich geneigt, ersteres zu vermuten, denn die Paradebeispiele positiver Entwicklung gleichen den Schwalben, die bekanntlich noch keinen Sommer machen. Was spricht also dagegen, jeden Knopfbock zu erlegen, der vor die Büchse kommt? Nichts! Wenn wir nämlich schon bei den Knopfböcken mit dem Abschuss zaudern, wie gehen wir dann mit denen um, die „oben" mehr herzeigen?

Viele Reviere haben Ecken – meist in Grenznähe – , wo die Abschussrichtlinien etwas lockerer gehandhabt werden, wo – aus welchen Gründen auch immer – mit den Böcken weniger Federlesens gemacht wird! In einer solchen beobachtete ein Jäger am 4. August 1987 einen Bock beim Brunftbetrieb: stark im Gebäude, stark der Träger, dunkel und knuffig das Sechsergehörn. Zu dieser Zeit und in diesem Revierteil ein echtes Schnäppchen.

Ein kurzer Blick, ein rascher Griff zur Büchse, und draußen war die Kugel. Da lag er nun mit seinen fast 21 kg Wildbretgewicht und einem Gehörn, das mit ganzem Oberkiefer 420 Gramm, ein halbes Jahr später kurz gekappt immer noch 310 Gramm wog: ein Jährling! Im

Mit fast 21 kg Wildbretgewicht und einem Trophäengewicht von 310 g wurde der „Herkules" in der Brunft als „Mehrjähriger" erlegt

Keine Frage, dass solche Jährlinge erlegt werden sollten

Blaubeurer Revier als „Herkules" wohlbekannt, war er noch zwei Tage vorher in seinem fast zwei Kilometer entfernten Einstand beobachtet worden.

Nichts, rein gar nichts deutete bei diesem Bock auf einen Jährling hin. Allein nach der Trophäe würde man ihn als „mittelalt" taxieren: starke, nach außen gestellte Rosenstöcke, kräftige, „angedachte" Rosen, reiche Perlung, spitze, elfenbeinfarbige Enden. Und doch war es ein Jüngling, denn die Wildmarke unterband jeden Zweifel.

Ich möchte nicht wissen, wie viele „Herkulesse" zwischen Füssen und Flensburg so ihr Ende gefunden haben, wie viele in gutem Glauben als mehrjährig eingestuft aufs Brett gesetzt wurden, nur weil sie nicht markiert waren, wie viele in Kisten verschwanden oder mit falschem Unterkiefer einer Bewertungskommission untergejubelt wurden. Wahrscheinlich gar nicht so wenige.

Dabei unterstelle ich keinem Jäger, dass er einen solchen Bock als „Jährling" erlegen würde oder gar erlegen möchte. Man kennt schließlich seine Jährlinge; besser, man glaubt sie zu kennen. Sie besitzen doch eine jugendliche Figur, einen kindlich-neugierigen Gesichtsausdruck, sie tragen das „typische" Jährlingshaupt auf dünnem Träger und noch wenig zwischen den Lauschern: Spieße, Gäbelchen, und wenn's ganz dick gewachsen ist, auch angedeutete Sechser.

In der Tat springen von allen denen in unseren Revieren genug herum: meist sind es die schwächeren. Ihnen gilt unsere ganze Sorge, bei ihnen wird stundenlang gestritten, ob Streichholz- oder Zigarettenlänge der knöchernen Männlichkeit die Richtschnur für Sein- oder Nichtsein-Dürfen bildet. Der berühmte Zentimeter entscheidet nicht selten über Lob oder eine Zigarre.

Was nicht in dieses vorgefertigte Schema passt, will auch nicht in die Köpfe einiger Leute hinein: So starke Jährlinge gibt es nicht, jedenfalls nicht bei uns – basta! Und doch muss es sie geben. Denn seltsamerweise tauchen überall dort (wenn auch unterschiedlich gehäuft) solche Prachtexemplare auf, wo markiert wird.

Die Marke im Lauscher war für diesen Knopfbock der Lebensretter

Soviel jedenfalls gilt als gesichert: In keiner Altersklasse ist die Bandbreite des Phänotyps so groß wie in der der Jährlinge, nirgendwo variieren also Stärke und Aussehen mehr als hier. Muffelfleck oder keiner, dunkle oder eisgraue Maske, kurzes oder langes Haupt, dünner oder dicker Träger, erhabene oder fallende Kruppe, große oder kleine Brunftkugeln … möglich ist bei Jährlingen alles.

Von Knopfböcken mit rosenlosem Gehörn einmal abgesehen, existiert zwischen Körpergewicht und Trophäe oft ein krasses Missverhältnis. Da gibt es „Leichtgewichte" mit vereckter Wehr und Schwergewichte mit kurzen Spießen neben denen, die bereits im ersten Jahr das herzeigen, was wir uns von einem adulten Bock erhoffen. Der eine investiert eben nur in den Körper, der andere auch in das Gehörn und der dritte, vielleicht frühreife, blendet gleich mit allem, was in ihm steckt.

Weil Jährlinge immer noch wachsen, ändern sie unter Umständen vom Mai bis zum Hochsommer auch ihre Proportionen. Während der eine seine Jugend weithin optisch nicht verbergen kann, hat sich der andere äußerlich bereits der Altersklasse angeglichen. Ein anders gefärbter Grind, ein verändert wirkender Gesichtsausdruck, ein anderer Einstand, und schon tun wir uns mit dem Wiedererkennen recht schwer, es sei denn, das Gehörn hätte markante Charakteristika.

Den wenigsten von ihnen sieht man an, was aus ihnen später wird, ob sie Grenadiere bleiben und als solche fallen oder ob sie den Marschallstab aus dem Tornister zaubern. Es existieren nämlich genügend Beispiele, dass „hervorragende" Jährlinge hinsichtlich ihrer weiteren Entwicklung enttäuschten, dass aber körperlich starke, dafür im Gehörn geringere überdurchschnittlich gute Kronen schoben und dass wiederum kapitale Vertreter später die hoch gestecken Erwartungen erfüllten.

Bei aller Vorsicht bezüglich der Gehörnprognosen weist vieles darauf hin, dass Höhe und Vereckung im Jährlingsalter weniger Bedeutung beizumessen ist als einer kompakten Basis: Besser kurz und dick als lang und dünn auf einem Fundament, das gute Kondition heißt.

In keiner Klasse ist die Variationsbreite so groß wie in der der Jährlinge: Vom Knopfgehörn bis zur 340 g-Krone ist alles möglich

Aber zerbrechen wir uns nicht zu sehr den Kopf über ungelegte Eier? Wir überlegen nämlich hin und her, was gut und was schlecht ist, was bleiben darf und weg muss und vergessen dabei, dass Rehwild vieles auf seine ganz eigene Weise löst. Wildlebende Tiere folgen ihren Trieben und Instinkten, werden von Mechanismen gesteuert, die uns verborgen bleiben, für deren Auswirkungen wir aber nach Erklärungen ringen.

Die Hälfte verschwindet

Das „Hansloh", ein lang gezogenes Waldstück von etwa 40 Hektar Fläche, erstreckt sich von West nach Ost und ist einer der wichtigsten Wintereinstände im Revier. Auf den vorgelagerten Wiesen massiert sich im April das Rehwild. Zehn Jährlinge und mehr sind eigentlich jedes Jahr dabei, einige davon tragen eine Lauschermarke. Ende Mai sind es schon merklich weniger, doch zu dieser Zeit bietet die üppige Vegetation überall im Revier – auch im Feld – ausreichend Deckung. Das erschwert die Beobachtung.

Einer der Jährlinge begegnet mir am 25. Juni wieder, einer mit noch nicht lauscherhohen Spießen. Gut eineinhalb Kilometer vom Wintereinstand entfernt, tritt er im Feldteil aus einem Roggenschlag aus. Bis zur nächsten Straße sind es etwa 300 Meter. Zur Freude über seine Entdeckung gesellt sich noch die über den vermeintlich sicheren Einstand.

Am nächsten Morgen traue ich meinen Augen nicht: Gut einen Kilometer weiter westlich teilen sich die Weizenhalme und heraus zieht – mein Bekannter von gestern. Er ist es auch, der am Abend jenseits des mordenden Asphaltstrangs vor den Enden eines vierjährigen Sechsers Reißaus nimmt und ihn brauche ich vier Stunden später nicht mehr aufzubrechen. Platt wie eine Flunder liegt er nämlich auf dem Teer: zusammengewalzt von den Reifen eines Lkw.

Seinen ebenfalls markierten Zwillingsbruder erblicke ich am 3. September zum ersten Mal seit Auflösen der Wintersprünge und gleichzeitig zum letzten Mal im Jagdjahr. Drei Kilometer weiter östlich fällt in der Brunft die Kugel einen Dreistangigen. Ebenfalls ein Jährling und auch vom Hansloh. Sechs aber treiben sich nach wie vor in der Nähe des besagten Waldes herum; zwei Sechser sind darunter.

Im Frühjahr darauf beobachte ich dort neun Jährlinge, einen zweijährigen Gabler, zwei vermutlich zweijährige Sechser, den markierten dreijährigen Gabler mit der geteilten rechten Stange und einen mindestens fünfjährigen recht mäßigen Sechser. Folglich fehlen wenigstens vier der vorjährigen Jährlinge sowie drei Zweijährige. Wo sind sie bloß geblieben?

Ein Phänomen, das nicht nur für einen bestimmten Teil, sondern für das ganze Revier symptomatisch ist: viele Jährlinge, doch vergleichsweise wenig Zweijährige. Doch nicht nur uns geht es so. Auch andere gut besetzte Reviere beklagen den alljährlichen Jährlingsabgang.

Jährlinge wandern. Vermutlich nicht gern und schon gar nicht freiwillig. Im benachbarten Feldrevier tauchen jedes Jahr Anfang Mai welche auf. Es sind in aller Regel Gabler und Sechser und alle von guter Kondition. Die Wildbretgewichte – soweit von Verkehrsopfern und gelegentlichen Abschüssen bekannt – liegen dort an der Spitze: 15 Kilogramm und mehr sind die Norm.

Ein hoffnungsvoller Jährling – bleibt er oder wandert er ab

Diese Jährlinge plätzen, schlagen und legen somit territoriales Verhalten an den Tag. Sie sind es auch, die dort die sich ebenfalls einstellenden Geißen beschlagen, und sie verschwinden zusammen mit ihnen, sobald die letzte Deckung im Herbst abgeerntet wurde in die zum Teil mehrere Kilometer entfernten Wintereinstände.

Im Frühjahr freilich hat sich im besagten Revierteil noch nie ein mehrjähriger Bock eingestellt. Die überlebenden Jährlinge des Vorjahres kehrten also – anders als ein Teil der weiblichen – nicht mehr dorthin zurück. Niemand vermag zu sagen, woher die Jährlinge kommen und wo sie später abbleiben. Natürlich liegt der Schluss nahe, dass das vorjährige Bockkitz an den Ort zurückzieht, an dem es aufwuchs. Aber unter dem Nachwuchs befanden sich nicht jedes Jahr Bockkitze. Folglich müssen die Zuwanderer auch aus anderen Gefilden stammen.

Wenn auch Jährlinge körperlich noch lange nicht ausgewachsen sind, so zeigen sie – zumindest ein Teil von ihnen – eindeutig männliche Verhaltensweisen mit ernsthaften Absichten, territoriale Verhaltensweisen.

Sie imponieren, plätzen, schlagen, versuchen sich in einem Gebiet zu etablieren, melden Ansprüche darauf an. Dieses Verhalten wird bei ihnen – wie bei den erwachsenen Böcken – hormonell gesteuert und zwar durch das Testosteron im Blutplasma.

Durch eben dieses Verhalten fordern die Jährlinge die adulten Böcke heraus, die ebenfalls Ansprüche geltend machen. Stellt sich der Jährling aber, bekommt er regelrecht Prügel vom älteren, stärkeren und muss weichen. Infolge meidet er seinen Bezwinger, den er durchaus an seinen Duftmarken erkennt. Insofern kann man von einem Lernprozess sprechen.

Aber schlechte Erfahrung unterdrückt nicht die hormonelle Steuerung. Der Jährling probiert es woanders wieder. Mit negativem Erfolg, wenn er es mit einem etablierten Widersacher zu tun kriegt. Das wiederholt sich solange, bis er eine ihm zusagende Bleibe gefunden hat. Das können freie Territorien im Revier sein, solche in einem der Nachbarreviere oder einfach Plätze, die den Bedürfnissen eines souveränen Bockes nicht genügen.

Nun muss sich aber die hormonelle Steuerung graduell verschieden auswirken, denn wir können sowohl Jährlinge als auch mehrjährige Böcke mit unterschiedlich ausgeprägtem Aggressionsverhalten beobachten: Der eine stellt sich jedem in den Weg, der andere nicht. Der eine Platzbock fegt jeden – auch den geringsten Jährling – aus seinem Territorium, der andere duldet welche. Wäre es anders, gäbe es bald keine Jährlinge mehr in den für Rehwild interessanten Teilen des Reviers. Ein wichtiges Ergebnis der Symbolmarkierung war jedoch, dass es sich bei den Jährlingen, die vom Platzbock in seinem Territorium geduldet werden, durchweg um solche der eigenen Sippe handelt.

Je früher nun der Jährling territoriale Verhaltensweisen an den Tag legt, desto größer ist die Wahrscheinlichkeit, dass er mehr Prügel bezieht, denn die hierarchische Phase, also die der höchsten Aggressivität, erstreckt sich über den Zeitraum vom Auflösen der Wintersprünge bis zum Ende der Setzzeit. Hier werden die Kämpfe um die Territorien ausgefochten. Früh verfegende Jährlinge wären demnach eher betroffen als solche, die sich mit dem Verfegen Zeit lassen.

„Der dänische Wildforscher STRANDGAARD hat in seinem Versuchsrevier Kalö erstmals einen Zusammenhang festgestellt zwischen der körperlichen Entwicklung und dem Wandern von Jährlingsböcken.“ (U. WOTSCHIKOWSKY, 1981) In dem etwa 600 Hektar großen Wald-Feld-Revier wurde nicht gejagt; der Rehwildbestand hielt sich über die Jahre bei rund 100 Stück. Mehr hatten nicht Platz. STRANDGAARD fing die Rehe jeden Winter, markierte sie mit

Halsbändern, wog sie und ließ sie wieder frei. Es stellte sich heraus, dass die leichtere Hälfte der Jährlinge im Revier verblieb, während die stärkeren abwanderten.

Die wiederum hatten übrigens im Schnitt deutlich besser geschoben als die körperlich schwachen, zeigten im Frühjahr schon territoriale Verhaltensweisen. Die geringen dagegen benahmen sich unauffällig. Sie drückten sich im Revier der Platzböcke herum, ohne durch Plätzen oder Schlagen Revieransprüche anzumelden. Allerdings mussten sie mit den ungünstigeren Ecken vorlieb nehmen: äsungsarme Stangenhölzer, deckungsarme Altbestände.

Dieses Abwandern setzt natürlich rehleere Räume, in denen die jungen Böcke verschwinden können, und hohen Populationsdruck – hohe Dichte – im Kerngebiet voraus. Bei STRANDGAARD war die unbejagte Versuchsfläche von Revieren umgeben, wo sehr scharf gejagt wurde. Das öffnete Räume, die dann von Jährlingen oder schwachen Zweijährigen besiedelt wurden. Die erwachsenen Rehe aber wanderten praktisch nie aus. Hatten sie einmal ein Territorium erworben, so blieben sie dort, bis sie starben. Erst dann konnte sich ein nachrückender Bock etablieren.

Abwanderung setzt also immer auch ein Bestandsgefälle voraus. Je größer dieses ist und je mehr potenzielle Territorien das dünn besiedelte Gebiet aufweist, desto mehr Jährlinge werden sich dort einfinden. Das bestätigt nur die Binsenweisheit unserer Altvorderen, dass sich ausgeschossene Reviere von selbst auffüllen und dass bei sehr scharfer Bejagung das Durchschnittsalter der erlegten männlichen Stücke rapide sinkt.

Wie weit nun Jährlinge wandern, hängt sehr von den lokalen Verhältnissen ab. Meistens jedoch ist die zurückgelegte Entfernung gar nicht so groß. So hat der dänische Wildbiologe J. ANDERSEN (1972) 20 markierte Stücke eingefangen, die älter als zehn Monate waren. 16 davon hielten sich in unmittelbarer Nähe des Markierungsortes auf und standen nicht weiter als 600 Meter davon entfernt. Je eines wurde bei 2,1 km und 3,3 km wieder eingefangen. Ein

Einer der besten Jährlinge im Revier besetzte ein durch frühzeitigen Abschuss freigewordenes Territorium

einziges Schmalreh wanderte über die beträchtliche Distanz von 17,5 km ab.

Nach RIECK (1955) betrugen die weitesten zurückgelegten Entfernungen bei einem einjährigen Bock 120 km, 60 km bei zwei zweijährigen Böcken und einem dreijährigen Bock, 50 km bei zwei dreijährigen Böcken, 40 km bei zwei einjährigen Böcken sowie zwei zweijährigen und einem Schmalreh.

Abgewandert und als begehrenswerter „Abschussbock" erlegt: Jährling, 260 g, 18 kg

Solche Zahlen mögen im ersten Moment ernüchtern, doch die Masse der 1361 Markierten verhielt sich ganz anders: Immerhin 41 Prozent, also fast die Hälfte, wurde aus einer Entfernung von weniger als einem Kilometer zurückgemeldet, 86 Prozent hielten sich nicht weiter als fünf Kilometer entfernt auf. Die Anzahl der Weitgewanderten dagegen war verschwindend gering.

Diese Aufstellung differenziert allerdings nicht nach Geschlechtern. Es wird ausdrücklich darauf hingewiesen, dass Böcke mehr zum Abwandern neigen als Ricken.

Auch FRANZ RIEGERS Jährlinge wanderten. Zu dreiviertel aber nicht weiter als einen Kilometer. Doch auch hier bleiben „Ausreißer" nicht aus. Ein Bock, der als Zweijähriger dem Straßenverkehr zum Opfer fiel, war 1979 als Kitz sieben Kilometer vom Unfallort markiert worden, ein anderer wurde am 25. August 1982 im Raum Abtsgmünd, also elf Kilometer vom Zeichnungsort Rotenbach entfernt, zweijährig erlegt. Von weiter weg erfolgte noch keine Rückmeldung.

Freilich, so tröstlich es klingen mag, dass die Rehe doch standorttreuer sind als zunächst angenommen, so wenig hilft es dem einzelnen Revierinhaber weiter. Ein Kilometer Wanderung ist wahrlich keine Entfernung, und doch entzieht sich das Individuum nur allzu häufig dem Blickfeld des Markierers.

Ein einfaches Beispiel dazu. Nehmen wir ein Revier von 314 Hektar an und geben wir ihm, weil es sich bequem rechnen lässt, eine kreisrunde Form (die in Wirklichkeit nirgends existiert). Lassen wir nun das Stück exakt von der Mitte aus einen Kilometer wandern. Es befindet sich dann genau auf der Kreislinie, der Grenze zum Nachbarrevier. Verschieben wir den Einstichpunkt des Zirkels in Richtung Kreislinie, ist das Stück schon unerreichbar entfernt.

Übertragen wir das auf unsere meist bizarr geformten Revierflächen und auf die Verteilung der Einstände, bedenken wir auch noch, dass sich die Siedlungen selten am Rande des Reviers befinden, sondern mehr oder minder in dessen Mitte, dann befindet sich unser Wanderer nicht mehr im Nachbarrevier, sondern bereits im übernächsten oder vielleicht sogar noch weiter.

Wenn aber jedes Revier einen Jährlingsüberschuss hätte, dann könnte die Jugend auch nicht mehr weg. Es würde ja an Freiräumen mangeln. Weil dem jedoch ganz offensichtlich

Kein mehrjähriger Sechser, sondern ein „frühreifer" Jährling lag auf der Strecke

nicht so ist, drängt sich der umgekehrte Schluss auf, dass irgendwo noch regelmäßig Platz für Zuwanderer geschaffen wird, und dass diese wiederum ihren Platz in Küche und Gefriertruhe finden.

Demnach wandern die stärksten Jährlinge nicht fort zum Überleben, sondern ein Teil von ihnen wandert in den Topf. Das kann doch nicht der Sinn der Hegebemühungen sein.

Zum Glück verbleibt mit den Sesshaften im Revier – der schlechteren Hälfte – doch genügend Potenzial und zum Glück gibt es auch – die Symbolmarkierung hat's bewiesen– Rückkehrer, Jährlinge, die in der Brunft überraschend wieder im Setzrevier auftauchen und im Fall freigewordener Territorien auch fortan bleiben. Wäre es anders, könnten ja keine starken Böcke mehr nachwachsen. Über „gut" oder „schlecht" im Jährlingsalter entscheiden wir jedoch allein nach dem Phänotyp. Dabei erfüllt sich immer nur – wenn überhaupt – ein Teil unserer Prognosen.

Was tun?

Ganz klar: Zunächst alle konditionell schwachen Jährlinge schießen. Das wird meist auch getan. Viel stärker in die Jährlingsklasse eingreifen? Das würde uns die Abwanderer nicht zurückholen, denn die sind schon vor der Schusszeit unterwegs. Es würde vielleicht den adulten Böcken etwas nützen, weil für sie die Belästigung durch die Jährlinge mit allen Konsequenzen gemildert wird.

Mit der Auslese erst im zweiten Jahr beginnen, weil sich dann die Spreu vom Weizen trennt? Das würde uns sicher die Augen öffnen, hätte aber auch eine stärkere Abwanderung bei den Zweijährigen zur Folge, und wenn hier auch die „guten" weichen würden, träfe uns das doppelt.

Was soll man aber jetzt abschießen? „Vor allem genug", meint Herzog ALBRECHT v. BAYERN „Wenn man sich einmal darüber Rechenschaft gibt, wie wenige Jährlinge man zum Aufrücken braucht und wie viele vorhanden sind, dann sieht man, dass man nicht heikel zu sein braucht und es nicht langt, wenn man nur die schlechten abschießt, sondern dass man besser hinkommt, wenn man die ganz guten nicht schießt!

Freilich kann aus einem Knöpfler auch ein Kapitalbock werden. Aber es sind ja genug Jährlinge zur Auswahl da, so dass man wirklich nur die allerbesten schonen muss. Unter den ‚allerbesten' verstehen wir aber in erster Linie die besten in Körper und Gesundheitszustand. Haben sie dann noch dazu gut auf, ist es um so besser.

Aber schon beim Jährling sollte man sich angewöhnen, vom Geweih wegzuschauen und den Körper- und Gesundheitszustand als erstes zu sehen und erst danach auf das zu schauen, was der Rehbock auf dem Kopf hat. Nichts ist so hinderlich für das Ansprechen eines Rehbocks, wie der Magnetismus, den diese verdammten ‚Stangerln' auf unsere Augen ausüben."

Das ist fraglos weise gesprochen, hat nur einen Haken. Es setzt nämlich voraus, dass wir den starken Jährling auch als Jährling erkennen. Bei den wirklich kapitalen dürfte das ohne Markierung nicht möglich sein!

Nach all dem Gesagten müsste die Konsequenz eigentlich lauten: „Platz schaffen unter den Jährlingen und Platz machen für die starken Jährlinge. Das jedoch lässt sich nur auf Kosten der geringeren mehrjährigen Böcke bewerkstelligen. Folglich müsste die Schusszeit für diese zwangsläufig in den April vorverlegt werden. Dafür könnte die Jagd auf gesunde Böcke – die Nachlese – im September und Oktober entfallen.

RIEGERS „Königsweg" aber war ebenso unpopulär wie erfolgreich. Nach vielen Jahren unbefriedigenden Experimentierens ließ er nur die konditionell wirklich schwachen Jährlinge schießen und nahm in Kauf, dass ein Teil der besseren abwanderte. Die Auslese wiederum hielt er in der Klasse der Zweijährigen. Hier fielen all die Böcke der Kugel anheim, die nicht einen signifikanten Sprung in der Gehörnentwicklung genommen hatten. Die verbleibenden vielversprechenden Gehörnträger aber ließ er reifen. Damit stellte er sicher, dass die Bockterritorien von starken Gehörnträgern besetzt waren und nur wirklich kapitale Böcke die Altersklasse repräsentierten.

Man kann natürlich darüber trefflich diskutieren, aber der Erfolg heiligte letztendlich die Maßnahmen.

Einstände: Wie viel Platz braucht ein Bock?

Die ersten warmen Aprilregen lassen das Grün sprießen, und das zarte Junggras übt magische Anziehungskraft auf die Rehe aus. Einzeln, im Dreierverband oder in größeren Sprüngen drängen sie noch bei Sonnenlicht auf die vorgelagerte Wiese. Links von mir äst ein Dutzend, vor mir sind es sechs, rechts in der Bucht die gleiche Anzahl, und ganz hinten braucht's schon das Spektiv, um die fünf grauen Tupfer nach Geschlecht anzusprechen: Geißen, Schmalrehe und – 14 Böcke!

Das ist noch längst nicht alles, was im „Hansloh" sein Domizil hat. Da fehlen beispielsweise der fünfjährige Gabler mit der roten Marke im rechten Lauscher und der Jährling mit der Pendelstange. Macht also mindestens 16 Böcke auf der kleinen Fläche. Vor allem, das Geschlechterverhältnis entspricht dem Wunschdenken der Bürokraten: 1:1.

Allein das zählt für sie um diese Jahreszeit, denn sie küren den Frühjahrsbestand zum Maß der Dinge. Er bildet die Berechnungsgrundlage für den Zuwachs und die Abschussquote. Wen kümmert's schon, dass gut die Hälfte aus Jährlingen besteht?

Gegenüber, im 500 Meter entfernten „Himmelreich", stehen zur Zeit neben sieben weiblichen Rehen vier Jährlinge und ein Vierjähriger, einen riskanten Büchsenschuss weiter im „Taubenholz" zwei Jährlinge, ein Zweijähriger und ein Fünfjähriger, dazu fünf „Schürzen". Die Aufzählung ließe sich beliebig erweitern und alljährlich wiederholen: Wo Wintereinstände, da Rehe.

Revierteil „Ruhrklinge" in Riegers Revier Schrezheim/Ellwangen. Hier wuchsen die starken Ruhrböcke heran

Noch kanalisiert das Äsungsangebot das Rehwild auf bestimmte Plätze, noch ist es auf die Deckung der Koniferen angewiesen, und doch sind schon die ersten Rangeleien im Gange. Spielerisch muten die der Jährlinge untereinander an, ernst geht es bei den Mehrjährigen zur Sache. Deren Auseinandersetzungen werden von Tag zu Tag heftiger.

Ende April ist dann alles entschieden. Das westliche Drittel des Hansloh beansprucht der fünfjährige Sechser, wie schon in den drei vorangegangenen Jahren, das Mittelstück haben sich ein Dreijähriger und ein Zweijähriger aufgeteilt und den Ostteil mit seinem raumen Altholz beherrscht der markierte Fünfjährige. Er vereinnahmt mehr Waldfläche als die anderen.

Interessanterweise wurde er dort gesetzt und als Jährling von einem wiederum Fünfjährigen geduldet. Als dieser in der Brunft zur Strecke kam, gab es niemanden, der dem Jährling das Gebiet streitig gemacht hätte. Zweijährig konnte er sich gegen alle Konkurrenten behaupten, und von da ab musste jeder Rivale weichen. Dabei zeichnete er sich weder durch Größe noch durch Trophäe aus.

Übrig geblieben sind also von der „Frühjahrsherrlichkeit" ganze vier Platzböcke im „Hansloh", im „Himmelreich" zwei und im „Taubenholz" zwei – genau wie in den Vorjahren. Dabei hat sich auch an der Größe der Territorien nichts geändert: Man kennt seine Nachbarn und respektiert sie.

Weichen mussten dagegen all diejenigen, die Anspruch auf eines der Territorien heischten. Das sind die Mehrzahl der Zweijährigen und einige Jährlinge. Noch aber treiben sie sich im Nahbereich der Wintereinstände herum, dringen auch immer wieder in den Wohnraum der Territorialböcke ein.

F. Kurt (1970) bezeichnet den Wohnraum *(homerange)* als die Fläche, in der sich Sprünge oder Einzeltiere während einer bestimmten Zeitspanne aufhalten. Die Größe dieser Flächen schwankt je nach Jahreszeit, Biotop, Äsungsangebot, Alter und Geschlecht der Stücke zwischen 5 und 30 Hektar, wobei in der Regel die Sommerwohnräume kleiner bemessen sind als die der übrigen Jahreszeiten.

Frühjahrssprünge

Für diese Wohnräume lassen sich vor allem innerhalb der Geschlechter, beim weiblichen Wild innerhalb der Sippe und beim männlichen Wild zwischen den Altersklassen mehr oder minder große Überschneidungen feststellen, ohne dass diese aber zu einer Vermischung führen.

Nach RAESFELD (1985) ist ein Revier oder Territorium der Raum, der von Individuen durch Sicht- und Duftmarkierungen abgegrenzt und zumindest gegen bestimmte Artgenossen (Konkurrenten) zu bestimmten Zeiten unduldsam verteidigt wird. Es ist auch der Einstand des stärkeren Bockes vom Frühjahr bis zur Blattzeit. Gleiches gilt für Geißen zur Setzzeit.

Frühjahrssprünge

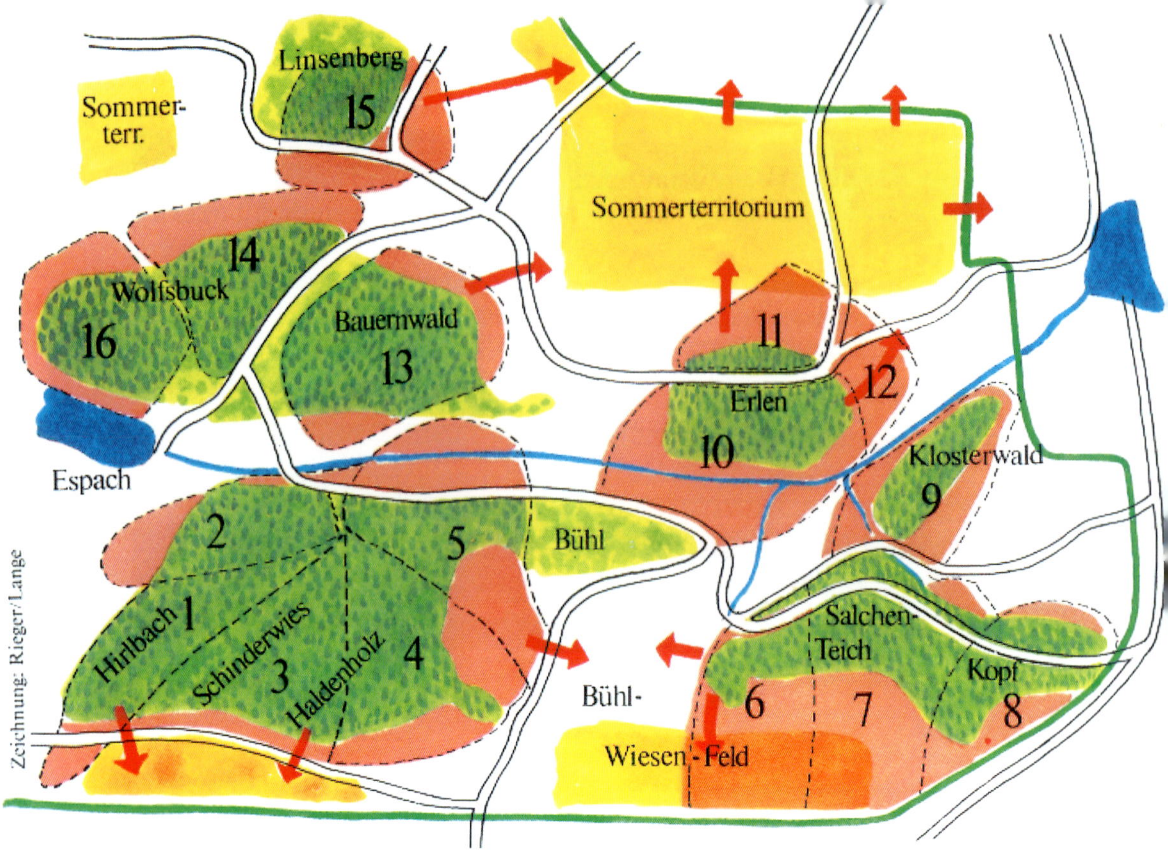

Territorien im 300 Hektar großen Versuchsteil Franz Riegers

Wohnräume und Territorien wechseln häufig gegebenenfalls je nach Jahreszeit, Höhenlage und Vegetation. Vor allem dann, wenn Wiesen und Felder an den Wald angrenzen. Unter Umständen verlegt ein Teil des Rehwildes sogar sein Territorium ganz dorthin. Das betrifft in erster Linie Feldteile eines Reviers.

Anfang Mai toben in der westlichen Hansloh-Spitze wieder heftige Einstandskämpfe. Zwei Zweijährige liefern sich erbitterte Gefechte. Warum? Der Platzbock ist nicht mehr da. Er wurde vom Auto erfasst, als er einen der jüngeren „stamperte". Wie schnell doch die beiden durch Kontrolle der Markierungsstellen gemerkt hatten, dass der „Herr des Hauses" nicht mehr da war.

Die Scharmützel indes dauern nicht lange. Weichen muss der in Trophäe und Wildbret stärkere (!). Der Sieger, ein dünnstangiger Gabler, ging allerdings mit einer selten beobachteten Aggressivität gegen jeden Bock vor, der sich seinem Territorium näherte. Der Verlierer verweilte abgedrängt etwa 200 Meter vom Wald entfernt im Feld und blieb dort bis zur Brunft.

Anfang Juni beendete eine Kugel die Zukunft des dünnstangigen „Raufers". Nun wäre an sich der Weg zurück für den Unterlegenen frei gewesen. Doch er blieb im Feld und wurde ausgangs der Brunft verludert in einem Roggenschlag gefunden. Das Territorium jedoch war schnell wieder besetzt: von einem Jährling!

Die vier Territorien im „Hansloh" sind von der Fläche her verschieden groß. Das kleinste vereinnahmt etwa sechs Hektar Wald, zwei eingezäunte Kulturen eingeschlossen und fünf Hektar Wiesen bzw. Felder; das größte immerhin elf Hektar überwiegend Hochwald und rund sechs Hektar Wiesen/Felder. Vier bzw. drei Hektar Wald umfassen die beiden etwa zehn Hektar großen Territorien vom „Himmelreich", etwa diese Größe weisen auch die vom „Taubenholz" auf. Höchstens ein Hektar Feldgehölz steht dem Platzbock vom „Park" zur Verfügung, dafür aber 15 Hektar Feld.

Diese Aufzählung ließe sich beliebig erweitern, denn überall dort, wo in der Flur ruhige Waldinseln eingestreut sind, finden sich auch Territorien. Ein Blick auf die Revierkarte verrät ferner, dass die Territorien in ihrer Größe durchaus differieren, dass die mit großem oder ausschließlichem Feldanteil ein Mehrfaches an Areal umfassen können. Freilich unterschreitet die Fläche der kleinsten bei uns neun bis zehn Hektar nicht.

Auch im Wald beeinflusst die Bestockung und damit das Deckungsangebot die Größe der Einstände. Vor 15 Jahren beherbergte die westliche Hansloh-Dickung – bei insgesamt höherer Wilddichte – drei adulte Böcke. Heute hält sich in den kräftig durchforsteten Stangen auf gleicher Fläche nurmehr einer. Zwischenzeitlich scheiterten alle Versuche, dort ihre Anzahl wieder zu erhöhen. Das kann sich jedoch dann wieder ändern, wenn die Kulturen ausgezäunt werden und dem Rehwild als Deckung zur Verfügung stehen.

Ein anderes Beispiel: Solange ich mich erinnern kann, stellte sich in einem etwa zweieinhalb Hektar großen Bauernwald ohne Unterwuchs kein mehrjähriger Bock ein. Dieses Holz war gleichsam Niemandsland zwischen zwei Territorien. Zunehmender Nadelfall bei den Kiefern und lichter werdende Kronen ließen in den letzten vier Jahren eine üppige Bodenflora sprießen. Himbeeren und Brombeeren bieten jetzt eine ausgezeichnete Deckung. Seither ist dort jedes Jahr ein ausgewachsener Bock zu beobachten.

Mehrjährige Böcke suchen Ruhe und wollen in Ruhe gelassen werden. Wo das nicht mehr der Fall ist, verlassen sie mitunter ein angestammtes Territorium bzw. meiden es. Das werden Refugien für Jährlinge.

Begünstigt sind demnach alle Reviere, in denen Kulturen zu Dickungen aufwachsen. Diese bieten nämlich bei entsprechender Verteilung die unabdingbare Deckung und somit die Basis für eine hohe Bockdichte. Sind jedoch die Dickungen erst einmal durchforstet und die schirmenden Randbäume ausgeastet, tritt der gegenteilige Effekt ein. Territorien werden gleichsam aufgelassen und solange nicht wieder besiedelt, bis entsprechend Deckung nachgewachsen ist.

Die Abwanderung wiederum setzt nach dem Laubfall ein, wenn das Rehwild seine Wintereinstände aufsucht. Je mehr Ruhe die Rehe dort finden, desto standorttreuer sind sie, insbesondere, wenn Äsung vorhanden ist oder gefüttert wird. In der hierarchischen Phase wiederum versuchen sich dort auch die Jährlinge des Vorjahres zu etablieren. Der Prozess des Verwaisens von Territorien erstreckt sich im Zuge behutsamen, kleinparzellierten Waldbaus normalerweise schleichend über Jahre hin und erfolgt nur dann kurzfristig, wenn die Waldbewirtschaftung großflächige Eingriffe oder Pflegemaßnahmen vorsieht. Die für die Bildung von Territorien ungünstigsten Verhältnisse finden wir bei ausgelichtetem Stangenholz ohne Bodenflora vor. Bei gleichbleibendem Äsungsangebot fungiert also die Deckung als Regulativ für die Bockdichte.

Wie sehr sich Deckung auf das Fluchtverhalten auswirkt, möge folgendes Beispiel aus dem Revier Pyras belegen: Im Zuge der Flurbereinigung wurde an der Nordseite des westlichen Hansloh (Territorien Nr. 7 und 6; siehe Luftaufnahme auf den folgenden Seiten) ein Fahrweg angelegt. Später wies man ihn als Radwanderweg aus, und seitdem wird er stark frequentiert.

16
10
15
17
14
13
12
18
5

Die Luftaufnahme zeigt das Kerngebiet des Revieres Pyras in Mittelfranken, in dem der Autor einen Großteil seiner persönlichen Erfahrungen, die in dieses Buch eingeflossen sind, gesammelt hat. Eingezeichnet sind die Bockterritorien der mehrjährigen Böcke aus dem Jahr 1989, die jeweils einen Teil der eingelagerten Waldstücke mit umschließen

2006 beansprucht ein einziger Bock die Fläche der ehemaligen Territorien 2, 3 und 4, 6 und 7 sowie 8 und 9 bilden jeweils ein Bockterritorium, desgleichen 12, 13, 14 und 15 mit 17. Aus zwölf Territorien wurden demnach nurmehr deren fünf. Als Ursache kristallisierte sich fehlende Deckung im Winter heraus

Solange sich im Nahbereich des Weges noch Dickungen befanden, zog sich Rehwild bei Störung von den vorgelagerten Äsungsflächen zurück und trat wieder aus, sobald sich die Störungsquelle entfernt hatte. Nachdem die Dickungen durchforstet waren, reagierte das Wild auf die Beunruhigungen empfindlicher, indem sich die Zeiträume bis zum Wiederaustreten erheblich verlängerten. Ganz offensichtlich wuchs die Fluchtdistanz. Als jedoch die dem Altholz vorgelagerte Buschzone Pflegemaßnahmen zum Opfer gefallen war, nahmen die gleichen Rehe jedwede Störung so übel, dass sie nach dem Abspringen bei Tageslicht entweder überhaupt nicht mehr austraten oder nur an anderer, ungestörter Stelle. Wähnen sich wiederum Rehe sicher, reagieren sie erstaunlich dickfellig. So lassen sie im Getreide oder im hohen Gras ruhend Menschen häufig auflaufen bzw. passieren. Sie drücken sich demnach. Bleibt der Störenfried jedoch stehen und erfolgt gar ein Blickkontakt, dann wird ganz offensichtlich der Fluchtreflex ausgelöst.

Ruhezonen mit Sichtschutz sind daher von großer Bedeutung für das Rehwild. Befinden sich in einem Streifgebiet ein größere Dickungskomplex oder in einem Altholz mehrere kleinere Deckungsinseln mit Flächen von jeweils wenigen Ar, dann genügt das häufig dem Sicherheitsbedürfnis männlichen Rehwildes und den Ansprüchen an einen Einstand. Ein solcher übt magische Anziehungskraft auf alle Böcke aus, die ein Territorium zu erwerben trachten und bleibt mit dem Abgang des betreffenden Inhabers in der territorialen Phase bei entsprechender Wilddichte nie lange verwaist. Ein Umstand, den sich „Fleischjäger" gerne zunutze machen.

Die Angaben über die Größe von Territorien weichen in der Literatur ziemlich ab. Begründet wird dies mit der Abhängigkeit derselben von der Wilddichte, dem Alter der Böcke, dem Geschlechterverhältnis, der standörtlichen Gliederung eines Gebietes, dem Nahrungsangebot und der Jahreszeit. R. HENNIG (1962) gibt beispielsweise die Territoriumsgröße der über zweijährigen Böcke bei einer Wilddichte von 34 Stück/100 Hektar mit acht bis zwölf Hektar an, an anderer Stelle erwähnt er eine Streubreite von 10 bis 100 Hektar.

MOTTL (1957) misst der unterschiedlichen Vegetation in Kulturgebieten und Naturgebieten und damit den verschiedenen Äsungsverhältnissen große Bedeutung im Hinblick auf die Territoriumsgröße bei: Je größer die Äsungskapazität eines Standortes ist, desto kleiner fallen seiner Ansicht nach die Territorien aus.

BUBENIK (1971) beispielsweise erwähnt für zwei Karpatenböcke Territoriumsgrößen von 400 und 500 Hektar, während PRIOR (1978) für Südengland solche von 7,1 bis 7,4 Hektar ermittelte.

Böcke in Dänemark vereinnahmen nach STRANDGAARD (1971) durchschnittliche Flächen von 26 bis 30 Hektar und

Herzog ALBRECHT V. BAYERN äußert sich zur Flächengröße wie folgt: „Dass die Territorien bei uns andere Ausmaße haben als in anderen Gegenden, ist durch die Verschiedenheit der Lage, der Äsungsmöglichkeiten, der Sonn- bzw. Schattenseiten, der dem Wind ausgesetzten bzw. geschützten Lagen und vieles andere mehr selbstverständlich. So sind in einem kleinen Gebiet 6 Bockeinstände unmittelbar aneinander und keiner ist größer als 4 bis 5 ha. Sie haben sich seit mehreren Rehgenerationen kaum verändert."

Dass diese in einem Gatter, sei es künstlicher oder natürlicher Art (Insel), mitunter noch kleiner sein müssen, dürfte logisch sein. Wo sollten die Böcke schon hin?

Nachdem er lange vergeblich versuchte, ein Territorium zu besetzen, konnte sich der zweijährige Rosenbock in der Winterhalde etablieren

Übereinstimmend betonen alle Autoren die Bedeutung des Äsungsangebotes für die Größe der Territorien. Das wirft natürlich die Frage auf, ob es möglich ist, in freier Wildbahn durch ein optimales Äsungsangebot die Territoriumsgrößen auf Werte unter fünf Hektar zu senken.

Nach jahrelanger Beobachtung markierter Böcke schloss das FRANZ RIEGER mit hoher Wahrscheinlichkeit aus. Er bestätigte den direkten Einfluss der Äsung auf die lokalen Territorien, ermittelte aber als absolute Untergrenze für sein Revier eine Territoriumsgröße von fünf bis sieben Hektar. Sie ist dort gegeben, wo die Einstände allseitig von Äsung umschlossen sind. Ist das nicht der Fall, vergrößert sich das von einem Bock beanspruchte Areal.

Der dreihundert Hektar große Versuchsteil des RIEGERschen Reviers gliederte sich auf in 170 Hektar Wald einschließlich Obstgärten, Schilf und Schilfwiesen sowie in 130 Hektar Wiesen und Felder. Er beherbergte 15 Bockterritorien. Deren Fläche betrugt im Durchschnitt 8 bis 12 Hektar im Frühjahr und durch Einbeziehung der angrenzenden Felder im Sommer 12 bis 14 Hektar.

Weil hier alle erwachsenen Böcke markiert waren, stand nicht nur ihr Alter mit absoluter Sicherheit fest, sondern auch die Wiedererkennbarkeit von Jahr zu Jahr. Das schloss eventuelle Verwechslungen aus und machte erst Aussagen über die Beziehung eines Individuums zu einem bestimmten Lebensraum möglich.

Immer wieder wird behauptet, dass die ranghöchsten Böcke auch die besten Territorien beanspruchen. Wenn dem so ist, müsste jedes Frühjahr nicht nur die Hierarchie ausgefochten werden, sondern es müsste fast zwangsläufig eine Fluktuation der Territorien stattfinden.

RIEGERS intensive Langzeitstudien bewiesen das genaue Gegenteil, nämlich die feste Bindung eines Bockes an einen bestimmten Lebensraum. Diese Bindung endet in der Mehrzahl der Fälle erst mit dem Tod des Territoriuminhabers. Die Böcke halten also sehr zäh an einem einmal erworbenen Revier fest. Das trifft selbst dann zu, wenn das Nachbarterritorium frei wird oder ein qualitativ weit besseres in der Nähe wäre.

In die Einstandskämpfe sind also weniger die Territorialböcke untereinander verwickelt. Sie kennen nämlich ihre Grenzen genau und respektieren die markierten Demarkationslinien – gleichgültig wie stark oder wie schwach der Nachbar ist. Das wiederum impliziert, dass sich an Fläche und Ausformung der Bock-Einstände nichts ändert. Es sei denn durch äußere Einwirkung wie Kahlschlag, sonstige waldbauliche Maßnahmen oder Störungen.

Wer sind nun die Territoriumsinhaber? Es sind durchweg im Frühjahr zwei- und mehrjährige Böcke, wobei der Anteil der sesshaft gewordenen Zweijährigen von den Abgängen der Mehrjährigen im Revier abhängt. Kamen im Vorjahr viele von ihnen ums Leben – durch Kugel, Verkehr oder Krankheit –, steigt im Jahr darauf die Anzahl der zweijährigen Territoriumsbesitzer.

Folglich können wir dort, wo wir im Vorjahr einen alten Bock erlegt haben, im nächsten Jahr nicht wieder einen alten erwarten, sondern müssen uns darauf einstellen, dass der unbekannte Neue in Wirklichkeit ein Zweijähriger (unter Umständen sogar ein Jährling) ist – mag er optisch noch so reif wirken. Andere Schlüsse lässt die Markierung einfach nicht zu.

Mit überwiegend Zweijährigen muss sich auch jeder mehrjährige Bock im Frühjahr herumschlagen. Diese sind also seine Hauptkonkurrenten um das Territorium. Das Beispiel des zweijährigen „Rosenbocks" aus dem Revier von F. RIEGER soll das verdeutlichen:

Im Winter frequentierte er alle Fütterungen am Rundweg. Dort wurde er auch jeweils zusammen mit den adulten Territorialböcken beobachtet. Im März versuchte er sich im vorderen Haldenholz zu etablieren, wurde jedoch vom Territoriumsinhaber, dem vierjährigen „Zapfenbock", vehement vertrieben. Daraufhin probierte er drei Tage lang sein Glück im Ruhrholz – und unterlag dort dem dreijährigen „Ruhrbock".

Nächste Station war dann das „Linsenbüschle". Auch hier behauptete sich der Territoriumsbesitzer, der dreijährige „Linsenbock". Zwei Tage danach tauchte der „Rosenbock" in der „Bauern-Winterhalde" auf. Er stellte sich dem vierjährigen „Winterhaldenbock" – und konnte diesen abdrängen. Fortan blieb der „Rosenbock" in den Winterhalden. Auch später, als in der Nachbarschaft zwei Territorien frei wurden. Der „Winterhaldenbock" aber wanderte ins Nachbarrevier und wurde dort erlegt.

Eine interessante Verschiebung gab es bei RIEGER auch 1984 im „Haldenholz": Platzbock war dort seit zwei Jahren der „links-rote Blausohn". Er

Im Haldenholz drängte der zweijährige „Faule" den fünfjährigen roten „Blausohn" erfolgreich ab

Der „Faule" (Vordergrund) und der „Blausohn" beim Kampf. Der junge Bock behauptete sich

bekam mit einem Mal einen heftigen Frühjahrsdurchfall. Diese Entkräftung nutzte der nachwachsende zweijährige „Faule" und verdrängte den „Blausohn" aus dessen Territorium. Der versuchte nun im „Bühlhölzle" unterzukommen, musste aber dem zweijährigen „Bühlbock" weichen. Im „Salchen" vertrieb ihn der fünfjährige „Fähnlesbock".
Schließlich stellte sich der völlig entkräftete „Blausohn" am „Glasursträßle" mit seiner nassen Äsung und der ständigen Beunruhigung des Wasserwerks ein – eine Ausweiche für Jährlinge! Dort ereilte ihn auch die Kugel.
Der „Rundwegspitzer" repräsentiert die Zweijährigen, die sich überall vergeblich um ein Territorium bemühen. Den Winter über stand er einträchtig mit dem „Bühlsechser" an der unteren Rundwegfütterung. Kaum hatten beide verfegt, musste er weichen. In den nächsten Tagen und Wochen versuchte er in jedem Territorium sein Glück und wurde überall abgewiesen. Eines Tages war er ganz aus dem Versuchsteil verschwunden. Er kehrte erst in der Brunft wieder zurück und etablierte sich, als das Territorium des „Erlebockes" frei wurde.

Doch auch einen Sonderfall gab es zu verzeichnen: der „Sonderling vom Längenberg" trieb sich fünf Jahre im Nahbereich seines Markierungsortes herum, zeigte keine Ansätze territorialen Verhaltens und war nie in Einstandskämpfe verwickelt: weder mit älteren Böcken noch mit Jährlingen.

Ganz anders gelagert, doch nicht minder bemerkenswert ist das Schicksal des „Hansloh-Gablers". Ich markierte ihn am 12. Mai 1980 zusammen mit seinem Zwilling in der östlichen „Hansloh-Spitze". Dort hielten sich die beiden Kitze auch im Herbst und im Winter auf. Im Frühjahr kam der eine Zwilling – ein Gabler – in der Nähe unter die Räder. Der andere – ein Spießer – wurde zunächst nicht mehr gesehen.

Im Oktober entdeckte ich ihn wieder an seinem Geburtsort – schlecht verfärbt und mit leichtem Durchfall. Nur die Lauschermarke bewahrte ihn vor einer Kugel. Zweijährig hatte der geringe Gabler bereits das Territorium inne. Dort ließ er sich auch jeden Tag beobachten. Dreijährig – mit Stangenteilung – trug er sein stärkstes Gehörn. Vier- und fünfjährig schob er wieder nur ein helles, wenig geperltes Gabelgehörn.

Während der Brunft 1985 war der Bock von einem Tag auf den anderen verschwunden. Ich suchte ihn an allen möglichen Stellen im Revier und hielt im darauffolgenden Jahr auf der Trophäenschau nach ihm Ausschau – ohne Erfolg. Im April hatte jedenfalls ein zweijähriger Sechser das besagte Territorium besetzt.

Damit stand zweifelsfrei fest, dass der Gabler nicht mehr dort war. Mitte August wechselte in einem anderen Revierteil, Luftlinie zwei Kilometer entfernt, im letzten Licht ein Bock mit Jährlingsfigur und dem Gabelgehörn eines schwachen Zweijährigen an. Begegnet war er mir dort noch nie. Ich erlegte ihn und war beim Aufbrechen bass erstaunt über die völlig verwachsene Schlossnaht. Der Griff in den Äser erhärtete die Vermutung: ein alter Bock!

Immer noch über seine Herkunft rätselnd, verstaute ich ihn im Kofferraum und machte mich auf den Heimweg. Nach zwei Kilometern Fahrt plötzlich ein Gedanke: das Gehörn! Aber die Lauschermarke wäre mir doch aufgefallen. Ich hielt an, untersuchte den rechten Lauscher und entdeckte den vernarbten Schlitz. Es war „mein" Hansloh-Gabler – abgekommen und zwölf Kilogramm schwer. Der Zufall hatte ihn mir also in die Hand gespielt.

Ein Rätsel aber bleiben die Ursachen des Verschwindens aus dem Territorium nach fünf Jahren und das überraschende Auftauchen nach über zwölf Monaten in einem anderen Revierteil. Ansonsten ist die Standorttreue adulter Böcke über lange Jahre auch in diesem Revier vielfach belegt.

Was aber geschieht mit dem Territorium, wenn der Inhaber erlegt wird? Schließlich beginnt die Schusszeit am 1. Mai. Zu einem Zeitpunkt der territorialen Phase also, in der die „Platzböcke" nurmehr den Besitzstand zu wahren trachten.

Diesem Problem haben sich Ulrich Strohhäcker, Dr. Johannes Bauer und Franz Rieger (1986) in zwei räumlich getrennten Versuchsrevieren Baden-Württembergs gewidmet. Folgende Fragen galt es zu beantworten:

Wird das Territorium neu besetzt?

Wenn ja, wie alt ist der Territoriumsinhaber? Woher kommt dieser? Wie lange bleibt das Territorium verwaist? Wirkt sich der Zeitpunkt des Abschusses des bisherigen Territoriumsinhabers auf das Alter des Nachfolgers bzw. den Zeitpunkt der Neubesetzung aus?

Basis für die Beantwortung bildeten 36 erlegte territoriale Böcke und zwar 9 im Revier I sowie 27 im Revier II. Nachfolger wurden im Revier I 1 Dreijähriger, 7 Zweijährige und 1 Jährling. Im Revier II 11 Zweijährige und 16 Jährlinge.

Sieht man also von dem Dreijährigen ab, der eine Ausnahme sein dürfte, rekrutieren sich sämtliche Territoriumsnachrücker aus der Masse der zweijährigen Böcke oder Jährlinge.

Das bestätigen Ellenbergs Beobachtungen im 150 Hektar großen Gatter Stammharn: „Bockterritorien, die durch Erlegung des bisherigen Besitzers frei wurden, werden ausschließlich von einem jungen, erstmals territorialen Bock übernommen."

Interessanterweise zählten die einjährigen Territoriumsnachfolger durchweg zu den stärkeren Jährlingen des Reviers. Eines kristallisierte sich ganz deutlich heraus, nämlich die Tatsache, dass kein territorialer Bock einen Territoriumswechsel vornahm. Sie blieben dort, wo sie sich etabliert hatten.

Die Frage, ob der Nachfolger ein- oder zweijährig ist, hängt offensichtlich davon ab, welche räumliche Nähe der Kandidat zu dem freigewordenen Territorium besitzt. Dabei dominiert der Zweijährige gegenüber dem Jährling. Da in beiden Revieren – wie anderswo – die Zweijährigen bereits ein Territorialbedürfnis haben, versuchen sie, dies bald zu befriedigen. Finden sie kein Territorium in der Nähe, wandern sie ab.

Im Jahre 1985 wurden im Versuchsrevier II drei mehrjährige Böcke erlegt, und zwar am 17., 18. und 30. Mai. Einen Tag bzw. drei Tage später waren die Territorien schon wieder besetzt: von zweijährigen Böcken. Das waren jeweils Bewerber aus der unmittelbaren Nähe der

Ein reifer Bock ist gefallen. Sein Territorium wird bald wieder besetzt sein

Einstände. Es überraschte nicht weiter, dass die übernommenen Territorien in Größe und Ausformung fast identisch blieben, eher schon der Umstand, dass die „Neuen" allem Anschein nach die „Duftmarken" der Vorgänger übermarkierten.

Wie die Beobachtung anderer freigewordener Territorien bestätigte, vollzieht sich die Neubesetzung innerhalb weniger Tage. Da Böcke nun einmal während der territorialen Phase laufend die Grenzen ihres Einstandes kontrollieren und markieren, bemerken umgekehrt suchende sehr schnell das Fehlen frischer Duftmarken und kriegen auf diese Weise mit, wenn der „Hausherr" seine Visitenkarten nicht mehr abgibt.

Dabei spielt es sehr wohl eine Rolle, wann der bisherige Territoriumsinhaber geschossen wird. Zu einem frühen Zeitpunkt nämlich, im Mai oder Juni, ist die Wahrscheinlichkeit noch sehr hoch, dass ein Zweijähriger das Revier besetzt. Mit fortschreitender Jahreszeit (Juli, August, September) steigt jedoch die Tendenz, dass sich hier ein Jährling etabliert.

Folglich kann der Erlegungszeitpunkt des Territoriumsinhabers ein Steuerungsinstrument des Bockbestandes sein. Wer also das Abwandern der zweijährigen Böcke verhindern will, muss die für den Abschuss vorgesehenen Platzböcke so früh wie möglich strecken.

Als nächstes gilt es, den Territoriumsnachfolger genau anzusprechen. In den meisten Fällen lässt sich der Jährling noch gut von einem Zweijährigen unterscheiden. Wo jedoch Zweifel angebracht sind, sollte der Bock im folgenden Frühjahr noch einmal einer eingehenden Betrachtung unterzogen werden. Ein starker Jährling dürfte mit hoher Wahrscheinlichkeit einen großen Sprung in der Gehörnbildung vollzogen, ein schwacher Zweijähriger jedoch nicht wesentlich mehr als im Vorjahr aufgesetzt haben.

Wie wir gesehen haben, ist die Zahl der adulten Böcke in einem Revier nicht beliebig vermehrbar. Sie hängt von der Anzahl der Territorien ab und die wieder von der Revierstruktur.

So können beispielsweise 100 Hektar Wald, inselartig in der Flur verteilt, die Basis für zehn bis zwanzig Territorien bilden, die gleiche Waldfläche in einem Stück jedoch wird nur die Hälfte oder noch weniger beherbergen. Deswegen darf die absolute Waldfläche nicht als die alleinige Bemessungsgrundlage für die Dichte des Bestandes und die Höhe des Abschusses herangezogen werden.

Ihren Einstand stecken sich die Böcke selbst ab und nehmen keine Rücksicht auf unsere Reviergrenzen. Daher kann im ungünstigsten Fall ein Territorium in drei oder vier verschiedene Reviere hineinreichen – mit Folgen, wenn es sich um einen guten Trophäenträger handelt. Dass mancher brave Bock, der bei uns zum Äsen austritt, sein Domizil eigentlich beim Nachbarn hat, liegt ebenfalls in der Natur der Sache – und sollte respektiert werden.

Die Sorge wiederum, dass sich Böcke in kleinen und kleinsten Revieren nicht hegen lassen, ist unbegründet bei der großen Standorttreue und dem relativ geringen Platzbedarf erwachsener Gehörnträger. Somit rentieren sich alle Anstrengungen zum Wohle der Böcke und können schneller als bei anderen Schalenwildarten Früchte tragen.

Drehscheibe Gehörn

Hunger tut bekanntlich weh, und Hunger ist der beste Lehrmeister. Er spornt nämlich zu Höchstleistungen an. Solche vollbringen heute noch überall dort Menschen, wo die Jagd Nahrungsbeschaffung bedeutet, wo die Existenz direkt mit dem Jagderfolg gekoppelt ist: Indigene Völker in der Arktis, in den Urwäldern Nord- und Südamerikas und in der Kalahari. Sie wollen überleben, und sie brauchen dazu Fleisch. Nur unter diesem Aspekt stellen sie wilden Tieren nach.

Je mehr verwertbares Fleisch die Beute liefert, desto wertvoller ist sie. Insofern wird weder nach Alter noch nach Geschlecht differenziert oder selektiert. Was das Wild auf dem Kopf

Die Elchjagd Schwedens ist primär auf „Fleischgewinnung" ausgerichtet

trägt, ist uninteressant, da Ballast. Schließlich ergeben Geweihe keine gute Mahlzeit.

Kein Jäger kann sich dem Reiz einer starken Trophäe entziehen

Die Fleischjagd hat auch dort noch gute Tradition, wo Wildbret eine wesentliche Bereicherung des Speisezettels darstellt. Hier wird sie nur zielgerichteter betrieben und ist deshalb auf eine nachhaltige Nutzung der Bestände ausgerichtet. Die Elchjagd Schwedens ist ein klassisches Beispiel dafür. Die Schweden schätzen Elchfleisch. Sie treiben großen Aufwand für seine Erlangung und seine Verwertung. Aber sie schießen nicht unbegrenzt und schon gar nicht wahllos. Im Gegenteil. Führende Tiere sind strengstens geschont. Jedes Zuwiderhandeln wird demnach sehr hart geahndet. Einschränkungen unterliegt auch der Abschuss nicht führender weiblicher Stücke und Kälber. Frei dagegen sind überall die Hirsche. Gleichgültig ob ein- oder mehrjährig.

Diese Methode hat Sinn: Die weibliche Hälfte soll den Fortbestand der hohen Population sichern, die männliche die Fleischkammern füllen. Freilich gibt der fortwährende Aderlass an Hirschen nur wenigen die Chance, wirklich alt zu werden und entsprechende Geweihe zu schieben, darauf legen die meisten Schweden immer noch wenig Wert.

Als Fleischlieferant wird dort auch das Rehwild angesehen und entsprechend bejagt. Das Abwerfen schützt also den Bock vor der Schrotgarbe nicht. Bei uns dagegen hinkt nicht nur der Wildbretverzehr pro Kopf im Vergleich zu diesem skandinavischen Land hinterher, auch die Trophäe genießt eine ganz andere Wertschätzung. Sie rangiert in der Gunst der Jäger eindeutig vor dem Wildbret. Und das nicht nur, weil unser Recht dem Erleger die Trophäe zuspricht. Wer's nicht glauben will, möge einmal die Abschussgebühren beim Staat für männliches und weibliches Wild vergleichen.

Die Trophäe beherrscht auch unser jagdliches Denken, die Gesetzgebung und das Tun. Männliches Wild darf bisher weder im Stadium des Geweihaufbaus noch nach dem Abwerfen erlegt werden, die Einteilung in Güteklassen erfolgt nach dem Geweihgewicht bzw. der Ausformung des Kopfschmuckes, und dessen Qualität zeugt vom Erfolg jedweder Hegebemühungen oder auch vom Scheitern.

Wir veranstalten bundesweit Hegeschauen, bei denen das Vorlegen der Trophäen nach wie vor Pflicht ist. Dort wird auch über die Rechtmäßigkeit der Erlegung befunden. Richtig ist al-

Der Lohn konsequenter Hege: Die kapitale Trophäe. Warum sollten wir uns nicht daran erfreuen?

les, was dem Hegeziel nicht entspricht oder was das definierte Soll erreicht hat. Und das heißt auf das jeweilige Wuchsgebiet bezogen „starke und reife Trophäe". Dass diese in den meisten Fällen Hand in Hand mit dem Wildbretgewicht einhergeht, liefert die willkommene Argumentation vom Einklang zwischen Kondition und Trophäe: „Auf einem starken Gebäude wächst ein starkes Geweih."
Freilich beachtet in den wenigsten Fällen jemand das auf dem Trophäenanhänger ausgewiesene Wildbretgewicht. Ein mehrjähriger Spießer mit 20 kg und darüber ist – unabhängig vom tatsächlichen Alter – immer richtig, doch wehe, wenn der stramme Sechser mit seinen über 300 Gramm Gehörngewicht nicht einen Unterkieferast beiliegen hat, der ihm ein Alter von wenigstens fünf Jahren attestiert.

Die 15 Kilo Wildbretgewicht jedenfalls schützen dann vor einer „Zigarre" nicht. Wer über die entsprechenden Beziehungen verfügt, kriegt vielleicht mildernde Umstände von der Jury zugebilligt. Der falsch (?) geschossene Bock war eben „frühreif" (früh reif!).

Für die Rehgeißen jedoch ist es ein Glück, dass ihnen keine „Hörner" auf dem Haupt wachsen, sonst müssten auch sie – wie die Gams – auf die Hegeschau und würden selten eines natürlichen Todes sterben. Zumindest nicht die ganz starken. So lässt sie jeder mit Selbstverständnis am Leben, damit sie ihre Aufgabe erfüllen: starken Nachwuchs setzen.

Glücklicherweise ist noch keiner auf die Idee gekommen, auch bei ihnen einen konservierten anatomischen Nachweis zu verlangen. Es würde nämlich dem Primat des Männlichen zuwiderlaufen und die bestgemeinte Hegeschau zur Knochenschau degradieren.

Sie meinen, das mit der Trophäe sei Schnee von gestern, ein neues Denken habe sich mittlerweile breitgemacht, das da lautet: „Zahl vor Wahl"? Dann bitte fragen Sie sich doch selbst, was Ihnen lieber ist: Zehn Böcke mit je 200 Gramm Gehörngewicht oder einer mit einem satten Pfund reich geperlter schwarzer Stangen obendrauf? Richtig, wenn der Leitspruch letzteres zum Ergebnis hätte, würde der Weg bald als der allein selig machende angesehen werden.

Auch wenn es ein Selbstzweck ist, so erfüllt die Trophäenjagd ihren Sinn. Sie vermittelt uns Freude, lang dauernde Freude. Dem Fleischjäger sei seine Keule gegönnt. Wenn das letzte Steak daraus verzehrt ist, wird er sie aus seinem Gedächtnis streichen. Dem Trophäenjäger aber hält der Kopfschmuck die Erinnerung an ein besonderes Erlebnis lebendig. Ist sie darüber hinaus noch stark, bereitet die Bewunderung durch Gleichgesinnte weitere Freude. Von der Trophäe geht also ein doppelter Reiz aus.

Warum sollten wir uns eigentlich nicht zur Trophäenjagd bekennen? Deswegen vielleicht, weil uns missliebige Zeitgenossen öffentlich als „knochengeil" abstempeln und uns in Wirklichkeit das Privileg der Jagdausübung neiden?

Die Kritiker müssten dann die ganze Gesellschaft anprangern, denn das Aufheben, Anhäufen und Sammeln von Erinnerungsstücken – Trophäen – hat bei uns Tradition. Der eine hortet prähistorische Fundstücke, der andere Mineralien. Den einen faszinieren Kultgegenstände so, dass er nicht genug davon kriegen kann, der andere hat sich der Kunst in allen Schattierungen verschrieben, ein weiterer sammelt Sportpokale.

Wir leben mit Trophäen, und nicht wenige leben von ihnen. Ganze Industrien produzieren Plaketten, Pokale, Abzeichen, Schilder und Teller, um sie über Organisatoren von einer breiten Öffentlichkeit erringen zu lassen. Die modernen „Skalps" kleben am Auto, stecken am Hut oder haften am Wanderstab, sie stehen dekorativ am Wandbord oder staubsicher in der Vitrine! Sie zieren auch – mit und ohne Band – das Revers.

Und da sollen wir Jäger uns wegen der paar Gehörne schämen, die wir uns unter Ausschluss der Öffentlichkeit und ohne jemanden in seiner Freiheit einzuschränken angeeignet haben? Unsere Trophäenjagd schadet keinem. Nicht dem Wild und nicht den Mitbürgern. Sie hat auch keine Art ausgerottet oder an den Rand des Aussterbens gebracht. Sie zeichnet andererseits auch nicht für die derzeitige Bestandssituation des Rehwildes verantwortlich.

Trophäenjagd ist legitim. Wer freilich den „Hansi" im Gehege um seiner guten Trophäe willen umpustet und die Tat als jagdliches Erlebnis hochstilisiert, pervertiert die Jagd und stellt sich sogar noch eine Stufe unter den „Jäger", der seine Trophäen im Geweihhaus kauft, um damit später zu renommieren. Beide aber repräsentieren nicht den Trophäenjäger. Übrigens machen Geweihhäuser gar keine schlechten Geschäfte – vorwiegend mit Leuten, die nicht den Jagdschein besitzen. Auch das spricht Bände.

Wir Jäger werden nicht glaubwürdiger, wenn wir so tun, als läge uns nichts an der Trophäe. Sie ist nun mal das Fundament dessen, was sich im Laufe von Jahrhunderten bei uns an jagdlicher Kultur entwickelt hat. Und sie weist uns eine klare Richtung. Wo bitte fänden wir uns wieder, wenn wir das Ziel aus den Augen verlören?

Wann trägt der Bock sein stärkstes Gehörn?

„Langsam kam die Morgendämmerung, da tauchte auf dieser Wiese, im Morgendämmer, mehr zu ahnen als zu erkennen, ein Stück Wild auf. Ich hielt es für ein Schmaltier, nahm das Glas ans Auge, Himmel, ein Bock! Wohl hatte ich schon allerhand erlebt in den fünf Jahren in diesem Paradiese, aber was da zwischen den Lauschern prahlte, das ließ mein Herz im Dreivierteltakt schlagen. Lange warten, wäre sinnlos gewesen. In die Hütte geschlichen, die Doppelbüchse war die nächste am Haken, die Kugel halbspitz auf das vordere Blatt gesetzt; sie traf Herz, Lunge und Leber, und der Bock fiel im Feuer. Alt war er uralt. Die Molaren abgewetzt bis auf das Zahnfleisch, der Träger kurz, das Gesicht eselsgrau, und was er am Haupte trug, war gewaltig.

Spieße, nur Spieße, aber 36 und 37 cm hoch, die Stangen unmittelbar über den Stirnzapfen zweifingerdick und geperlt bis zur halben Stangenhöhe. An 12 Perlen hätte man ruhig eine Pfeife aufhängen können. Die Enden dolchartig spitz und blank gefegt. Auch dieses Monstrum von Gehörn wog über ein Pfund und war doch nur ein Spießer …"

So schilderte mir der unvergessene HANS BERNHART die Erlegung seines Lebensbockes. Den hätte ich nicht nur auch gerne geschossen, er hätte darüber hinaus auch die gleiche Wertschätzung genossen. Welcher Jäger träumt schließlich nicht von ihr, der kapitalen, reifen Trophäe; vielendig oder endenarm, immer jedoch wuchtig. Noch mehr wünscht er, sie auf dem Kulminationspunkt ihrer Entwicklung zu erbeuten.

Diesen Kriterien also muss – auf einen Nenner gebracht – der Lohn aller Hegebemühungen, der Erntebock, gerecht werden. An der Frage jedoch, in welchem Alter der Bock das Optimum „auf" hat, entzündeten sich seit jeher die Gemüter.

DOMBROWSKI (1908) und V. GAGERN (1967) sehen den Bock mit sieben und acht Jahren auf dem Höhepunkt seiner Gehörnentwicklung, SCHÄFER (1973) hält ein Umtriebsalter von fünf Jahren für einen sinnvollen Kompromiss zwischen dem biologisch sinnvollen Reifealter und dem „Trophäenhunger" der Jäger, betont aber, dass die besten Böcke eines Wuchsgebietes gut und gerne sieben oder gar acht Jahre alt werden sollten.

WAGENKNECHT (1983) setzt das Zielalter eines Erntebockes mit sieben bis acht Jahren an und sieht die Gehörnkulmination abhängig von der Standortqualität zwischen dem 5. und 9. Lebensjahr. Laut Untersuchungen von HELL (1975) an slowakischen Böcken kulminieren die Trophäen zwischen sechs und neun Jahren. Ähnliche Stimmen kommen auch aus Ungarn. Im Osten herrscht also darüber Einmut: Starke Gehörne fallen nur bei wirklich alten Böcken an.

PASSARGE (1979) ermittelte für den Kreis Eberswalde einen Zusammenhang zwischen Wildbretgewicht, Alter und Trophäenstärke, indem er herausfand, dass in Revieren mit schwachen Ricken die Trophäenstärke der Böcke im fünften Jahr kulminiert, dass dort aber, wo die Durchschnittsgewichte der Geißen höher liegen, die Böcke ihre stärksten Trophäen nach dem fünften Lebensjahr schieben.

STRANDGAARD stellte zwar fest, dass einzelne Individuen ohne Fütterung ihre besten Trophäen zwischen drei und sieben bis acht Jahren haben können, kommt aber aufgrund seiner Beobachtungen zu dem Schluss, dass erwachsene Böcke so schnell wie möglich geschossen werden sollten, d.h., wenn sie drei oder vier Jahre alt sind. Das schließt zwar das Risiko ein, dass man einzelne Böcke vor dem Höhepunkt ihrer Gehörnentwicklung erlegt, mindert aber den Druck, den die Gegenwart von vielen älteren Individuen auf die beiden jüngsten Altersklassen ausübt.

Im Übrigen könnten ja einzelne Böcke, von denen man Besonderes erwartet, noch ein oder zwei Jahre geschont werden. Größer sei schon das Problem, die zweijährigen Böcke von den älteren im Feld zu unterscheiden.

Natürlich hat sich auch Herzog ALBRECHT V. BAYERN dieser Thematik gewidmet und gelangte nach penibler Auswertung von über 1000 Abwurfstangen der Böcke aus seinem steirischen Gebirgsrevier und zahlreichen erlegten mit und ohne Wildmarke zu folgenden Feststellungen:

„Die normale Geweihentwicklung in unserem Revier – woanders mag es anders sein – verläuft folgendermaßen: Vom Jährling eine sehr große Zunahme auf den Zweijährigen, von da

weiter Seite 88 ☞

„Knickohr" als Jährling am 22. Juni 1984

11. Juli 85: Zweijährig der große Sprung in der Gehörnentwicklung

15. Aug. 86: Im dritten Jahr eine weitere Volumenzunahme

3. Aug. 87: Optisch hat der Bock den Zenit der Gehörnentwicklung erreicht

27. Juli 88: Fünfjährig keine Steigerung mehr

9. Juli 89: Der Sechsjährige lässt noch keine Anzeichen des Zurücksetzens erkennen

Ende Juli 1990. Knickohr hat zurückgesetzt. Die Masse des Gehörns ruht im unteren Stangenbereich

28. Apr. 91: Überraschend schob der nunmehr achtjährige Knickohr ein sehr starkes Gehörn. Stärker als in den Vorjahren und mit Sicherheit auch das schwerste

Der im Juni 1991 gestreckte Bock erfreute den Erleger mit einer reifen und starken Trophäe

ab nur mehr geringe Zunahmen, meist sogar ein Auf und Ab mit geringen Schwankungen bis ca. zum 7. Jahr und dann ein stetiges Zurücksetzen. Sehr oft tritt aber auch ein jähes Zurücksetzen, manchmal schon in jungen Jahren, auf. Hierfür gibt es vielerlei und meistens nicht feststellbare Gründe."

Und weiter: „In welchem Alter die Böcke in unseren Revieren am besten aufhaben, konnte mit Sicherheit noch nicht festgestellt werden. Nach unseren Abwurfserien lassen die meisten Böcke vom 5. Jahr ab nach, einige wenige halten sich noch bis zum 7. Jahr. Jedenfalls waren die besten Böcke, die bisher zur Strecke kamen, dem Gebiss nach geschätzt, zwischen 3 und 7 Jahre alt. Über dieses Alter hinaus wurden zwar viele zurückgesetzte und auch noch gute Böcke, aber keine Spitzenböcke mehr erlegt." Interessant wäre natürlich zu erfahren, wie viele dieser „alten" Böcke auch markiert waren.

Niemand wird ernstlich bezweifeln, dass die Stärke des Gehörns durch das Alter der Böcke mit beeinflusst wird. Es ist nämlich ein Überschussprodukt des Körpers, was heißen will, dass die Stoffe, die der Körper nicht zu seiner Entwicklung und Erhaltung benötigt, dem Gehörnaufbau zur Verfügung stehen.

Folglich kann in der Phase des Wachstums, also der körperlichen Entwicklung, noch nicht der Zenit der Gehörnentwicklung erreicht sein. Ausgewachsen aber ist ein Bock normalerweise erst nach dem vollendeten zweiten Lebensjahr.

Was wir zunächst am lebenden Individuum optisch erfassen, ist das Volumen der Trophäe. Von ihm aus schließen wir, meist unbewusst, auf das Gewicht. Je voluminöser also eine Trophäe ausfällt, desto schwerer muss sie auch nach diesem Verständnis sein. Jedenfalls bringt das Volumen die sichtbare Masse des Gehörns zahlenmäßig am besten zum Ausdruck.

So wundert es nicht weiter, dass RIECK bei seinen eingehenden Untersuchungen an Trophäen von 569 Wildmarkenböcken diesem Aspekt besondere Aufmerksamkeit widmete. Folgendes kam heraus: Jährlingsgehörne hatten im Durchschnitt mit 88 cm^3 das geringste Volumen. Das war auch nicht anders zu erwarten. Die Zweijährigen warteten mit einem erheblichen Volumenzuwachs auf. Ihr Durchschnitt lag bereits bei 115 cm^3.

Spitzenreiter aber waren die dreijährigen Böcke mit durchschnittlich 148 cm^3, knapp gefolgt von den Vierjährigen (146 cm^3). Diese Werte wurden von keiner anderen Altersklasse mehr erreicht. Somit ist es unerheblich, dass die Fünfjährigen (126 cm^3) hinter den Sechsjährigen (137 cm^3) rangierten. In allen Altersklassen gab es große Schwankungen der Gehörnvolumina, doch interessanterweise fanden sich die massereichsten Gehörne mit 280 cm^3 sowohl unter den Vierjährigen als auch unter den Zweijährigen!

Eines jedoch wies die Statistik ganz klar aus: Bis einschließlich des dritten Jahres nehmen die Gehörne an Volumen zu, nach dem vierten Jahr ist die Tendenz rückläufig. Folglich tragen im Durchschnitt drei- und vierjährige Böcke ihr massereichstes Gehörn. Dass diese Trophäen ohne die Sicherheit der Markierung durchweg älter geschätzt würden, steht in einem anderen Kapitel.

Nun weiß bei einer Trophäe kein Außenstehender, was der betreffende Bock in den Jahren zuvor „auf" hatte. Objektive Nachprüfbarkeit erlauben nämlich nur die Abwürfe. 389 Abwürfe und 98 Anschlussgeweihe von insgesamt 177 Böcken bildeten die Basis für eine Untersuchung, die Dr. KARL MEUNIER (1979) an Gehörnen aus Herzog ALBRECHTs Versuchsrevier vornahm. Diese Arbeit erfasste Volumen und Gewicht der Abwürfe. Dabei wurden die

Abwürfe über lange Zeit in einem gleichmäßig temperierten Raum aufbewahrt, was einen einigermaßen gleichmäßigen Feuchtigkeitsgehalt sicherstellte.

Nun waren jedoch nicht alle Sequenzen vollständig genug, um den Kulminationspunkt erkennen zu lassen. Deshalb verglich Dr. MEUNIER das Durchschnittsgewicht und das Durchschnittsvolumen der einzelnen Altersgruppen miteinander. Es stellte sich heraus, dass die Abwürfe der Vierjährigen vom Gewicht als auch vom Volumen her die höchsten Werte aufwiesen. Die wiederum hoben sich gegenüber den jeweils benachbarten beiden Jahrgängen nicht entscheidend ab.

Die Quintessenz lautete demnach: Es gibt eine Periode der Hochleistung, die sich vom 2. bis zum 6. Lebensjahr erstreckt. Noch eines kristallisierte sich deutlich heraus: Böcke, die zeitlebens in den Genuss einer intensiven Fütterung gekommen waren, kulminierten mit durchschnittlich 4,12 Jahren merklich eher, als diejenigen, die nicht oder partiell teilhaben konnten. Hier lag im Durchschnitt das Optimum bei 6,33 Jahren.

Aus all dem folgerte K. MEUNIER: „Wir können deshalb davon ausgehen, dass in unserem Revier und unter den gegenwärtigen Umständen (Intensiv-Fütterung!) das beste Geweih am häufigsten mit vier Jahren geschoben wird. Wir halten es für möglich, dass sich dieses Maximum in anderen Biotopen je nach den Umweltbedingungen nach oben oder unten verschiebt, aber kaum über die Grenze der Hochleistungsperiode hinaus. Die manchmal auch von Fachleuten vertretene These, dass der Bock sein bestes Geweih mit 8–10 oder gar mit 12–14 Jahren trüge, halten wir für ausgeschlossen."

Der Abwurf des Vorjahres beweist, dass der Bock im vierten Jahr zurückgesetzt hat

Nachzutragen wäre noch, dass von den allerbesten Böcken keiner jünger als vier und älter als sechs Jahre war, dass aber sie alle schon in den frühen Lebensjahren körperlich und von der Trophäe her aus ihren Altenklassen herausragten.

Zu recht ähnlichen Ergebnissen kommt FRANZ RIEGER in seinem Versuchteil. Hier erreichen im Durchschnitt dreijährige Böcke einen ersten Geweihzenit. Die folgenden Jahre sind gekennzeichnet durch ein Auf und Ab. Das heißt: Böcke können mit vier, fünf oder sechs Jahren noch ein stärkeres Gehörn schieben, müssen es aber nicht. Hier sind auch einige Fälle belegt, in denen Böcke nach dem dritten Lebensjahr wieder zurückgesetzt haben.

Es kann doch kein Zufall sein, dass überall dort, wo das Alter der Böcke durch Markierung gesichert ist, die „Mittelalten" (drei- und vierjährig) die besten Gehörne tragen. Lässt sich daraus nicht der Schluss ableiten, dass die nach Zahnabschliff oder anderen Altersbestimmungsmerkmalen geschätzten „fünf- und sechsjährigen Ernteböcke" in Wirklichkeit ein bis zwei Jahre jünger sind? Oder wurde vielleicht der Zeitpunkt der Geweihkulmination verpasst?

Jeder Bewerter auf einer Trophäenschau kennt das: Da hat man eine Trophäe in der Hand, die „bleiern" wirkt, d. h. bei bescheidenem Volumen überraschend viel wiegt, während sich eine andere voluminösere als Leichtgewicht entpuppt. Schnell macht da die Ansicht von den porösen Jünglingsstangen und dem dichten Reifegehörn die Runde. Hält die Behauptung, dass das spezifische Gewicht mit zunehmendem Alter steigt, einer Überprüfung stand?

Nach CHRISTOPH STUBBE (1979) hat das Rehwild im Kulminationsalter mit Höchstwerten an Gehörnmasse und -volumen sogar die relativ leichtesten Gehörne, wobei die relative Dichte im Alter von vier Jahren ihr Minimum erreicht. Das klingt logisch, wenn man sich vor Augen führt, dass sich bei voluminöseren Stangen das Verhältnis der äußeren massiven Knochenschicht (Kompakta) zu der inneren porösen Schicht (Spongiosa) ungünstiger gestaltet als bei dünnen.

Darum verwundert es nicht, dass Jährlingsstangen mit durchschnittlich 1,741 das höchste spezifische Gewicht aller Altersklassen aufweisen. Vielmehr jedoch, dass die Dichte, wenn auch geringfügig, mit zunehmendem Alter weiter abnimmt, auf Werte von 1,697 bei den Zwei- bis Vierjährigen und 1,666 bei den Fünfjährigen und älteren. Mit sinkendem Volumen nimmt also die Dichte nicht wieder zu. Mögliche Erklärungen für dieses Phänomen könnte die rückläufige Endenfreudigkeit sein oder aber eine dünnere Kompakta.

Nun lassen sich aber relativ hohe Trophäengewichte gerade bei alten Böcken nicht von der Hand weisen. Wenn die Ursache dafür nicht in den Stangen zu suchen ist, muss sie wohl beim Schädel zu finden sein. Dass mit zunehmendem Alter die Verknöcherung des Schädels fortschreitet, die Knochenpartien selbst fester gefügt, dickwandiger und durch höhere Kalkeinlagerungen auch härter sind, zeigt sich schon beim Absägen oder Anbohren der Trophäe.

Weil außerdem das Schädelskelett in seinen Abmessungen nicht schrumpft, steht der Annahme, dass das reine Schädelgewicht beim alten Bock das Trophäengewicht mehr beeinflusst als beim jungen, nichts im Wege.

Alter Bock – guter Jäger?

Nehmen wir einmal an, wir kriegten einen Bock zum Abschuss frei und müssten uns entscheiden. Der eine Kandidat ist nachweislich dreijährig mit einem „Klotzgeweih" zwischen den Lauschern, also knuffigen, weit ausgelegten Stangen, guter Perlung und elfenbeinernen, fingerlangen Enden, der andere hat nur die Hälfte „obendrauf", dafür die doppelte Anzahl von Jahren auf dem Buckel.

Die Trophäe des ersten macht ohne Zweifel an der Wand viel her. Mit Sicherheit zählt sie zu den besten. Die zweite repräsentiert allenfalls den Durchschnitt. Keine Frage, wir wählen doch den letzten. Weniger aus Bescheidenheit, nein, weil er alt ist. Dabei steht die Sorge um den Hungertod hintan, auch sind es weniger biologische Gründe, die unsere spontane Entscheidung beeinflussen. Also muss es doch wohl etwas anderes sein. Eitelkeit vielleicht?

Wer alte Böcke bringt, versteht sein Handwerk. Schließlich sind sie rar (gute übrigens auch) und gelten als heimlich, damit als schwierig zu erwischen. Wer alte Böcke liefert, dokumentiert überdies, dass er die Kunst des Ansprechens beherrscht. Das wertet ihn vor aller Augen auf. Den alten Bock zeigt man selbstverständlich gerne vor: So sieht er aus! Naja, ein bisschen Instinkt gehört halt dazu.

Belobigung natürlich auch auf der Trophäenschau. Das ist einer, der kann den Finger geradelassen, der kann warten. Solche Leute brauchen wir in unseren Reihen, keine „Schießer", die nur an die Trophäe denken. Recht so!

Ein anderes Revier, die gleiche Situation mit dem einen Unterschied, dass uns keiner vorher sagt, wie alt der Bock ist und dass uns keine Lauschermarke der Zweifel enthebt.

Aller Anschein spricht für alt. Aber ist er das wirklich?

Wieder tritt der erste Bock aus. Was für eine Figur, welch ein Gehörn. Das ist er, der Traum aller Jäger. Ein Erntebock. Fünf oder gar sechs Jahre alt? Den anderen, ja, den würde man auch erlegen, aber einmal möchte man doch was „Richtiges"... Verstoßen Sie wieder Dianas Gabe?

Nun liegt er vor uns im Gras. Die Trophäe hält aus der Nähe, was das Fernglas versprach. Die Freude ist groß. Leichter Abschliff am M1. Na bitte, richtig angesprochen. Der Ruhm ist uns gewiss. Wer hegt, darf schließlich auch ernten ... Oder so: „Hm, der Unterkiefer will gar nicht recht zum Gesamtbild passen. Naja, hat eben weiche Äsung gehabt. Ich sag' ja schon immer, auf den Abschliff ist kein Verlass." Die dritte (seltenere) Variante: „Mein Gott, wie konnte ich mich nur so täuschen. Den mach' ich an der Wand nicht auf. Was denken denn die anderen von mir!" Und schließlich der für den Erleger schlimmste Fall: „Waidmannsheil kann ich Ihnen zu diesem Bock nicht wünschen", meint der Gastgeber, „der war erst drei!"

Ein bisschen mehr oder weniger Zahnabschliff also lassen die Spanne bei unserem fiktiven Dreijährigen von himmelhoch jauchzend bis zu Tode betrübt reichen.

Die Freude an einer Trophäe hängt also nicht allein vom tatsächlichen Alter ab, sondern von der Einschätzung des jagdlichen Umfeldes. Testieren nämlich die maßgebliche Person oder die Kommission das vorgegebene Zielalter, herrscht eitel Sonnenschein. Tut sie's nicht, hat man zum moralischen Schaden auch noch den Spott zu tragen oder muss sogar jagdliche Konsequenzen befürchten. Wäre es anders, würde ja keiner versuchen, durch Beilegen eines anderen Unterkiefers ein höheres Alter der Trophäe vorzutäuschen.

Ich meine, eine etwas liberalere Handhabung der Richtlinien würde solchen Auswüchsen mehr entgegenwirken als Restriktionen. Nach den derzeitigen Abschussempfehlungen beträgt das Zielalter für den Erntebock fünf Jahre. Das ist sicher nicht verkehrt, andererseits auch nicht zwingend notwendig, wenn es um die Erbeutung der stärksten Trophäe geht. Denn wie wir gesehen haben, kulminieren Böcke schon früher.

Somit spricht aus der Sicht der Trophäe nichts gegen einen vierjährigen Umtrieb bei den Böcken. Es bleibt ja jedem unbenommen, noch ein oder zwei Jahre bei einem bestimmten Gehörnträger mit dem Abschuss zu warten. Fünf Jahre sind eine lange Zeitspanne.

Nehmen wir an, dass ein Bock mit zwei Jahren sesshaft geworden ist – es spricht ja alles dafür –, dann hat er immerhin schon vier Jahre ein Territorium inne. Das ist fast die Hälfte der Pachtperiode eines Niederwildreviers. Zugegeben, beim Rothirsch muss man sogar eine

Zwei „Altersgehörne": Links vom Jährling und rechts vom Achtjährigen

ganze (Hochwild-)Pachtperiode warten, bis er das erwiesene(!) Erntealter erreicht hat, doch darf der nicht zu Vergleichen herangezogen werden.

Operieren wir nun mit einem Zielalter von fünf Jahren beim Erntebock, dann bleibt das Territorium vier Jahre besetzt und für den Nachwuchs blockiert. Demnach könnten in einer Pachtperiode maximal zwei starke Böcke pro Territorium anfallen. Bei einem vierjährigen Umtrieb mit dreijähriger Territorialität kämen wir schon auf drei Böcke. Wer also seine besten Böcke im Schnitt ein Jahr jünger erlegt, schießt langfristig mehr von ihnen!

Ausgewachsen ist jedoch ein vierjähriger Bock längst, und vererbt hat er sich mindestens zwei Brunftperioden lang. Von letzterem wird noch an anderer Stelle zu reden sein.

Nun bleibt es gar nicht aus, dass auch bei den Trophäen der Böcke das Mittelmaß zahlenmäßig vorherrscht. Wer solche Böcke unnötig alt werden lässt, verbaut manchem nachwachsenden potenziellen Spitzenbock die Bleibe im Revier, weil der Platzhalter jüngere Mitbewerber – seien sie noch so stark – in aller Regel abdrängt.

Und noch ein Aspekt: Unsere Rehwildreviere sind durchschnittlich recht klein. Eigenjagdbezirke erreichen oft nicht einmal eine Fläche von 100 Hektar, genossenschaftliche Pachtreviere beginnen bei 250 Hektar. Solche wiederum mit Größen über 500 Hektar befinden sich schon eher in der Minderzahl. Wenn wir also im Schnitt 300 bis 400 Hektar pro Revier veranschlagen, liegen wir sicherlich nicht falsch.

Wie jeder weiß, steht dem Rehwild nur ein bestimmter Anteil der Revierfläche als Lebensraum zur Verfügung. Dieser splittet sich in Wohnräume auf und beinhaltet die Territorien. Die Anzahl der adulten Böcke hängt jedoch vom Vorhandensein entsprechender Einstände ab. Das eine Revier beherbergt mehr von ihnen, das andere weniger – je nach Struktur. Folglich schwankt auch die Bockdichte von weniger als einem – nachgewiesenen – Gehörnträger auf 100 Hektar Fläche bis hin zu fünf und mehr.

Auf 300 Hektar Revierfläche bezogen, dürfen wir also einmal mit zwei oder drei Mehrjährigen rechnen, das andere Mal jedoch mit 15 oder mehr. Geringere Wilddichte heißt ebenfalls weniger Abschuss. Insofern kann auch hier ein verkürzter Umtrieb etwas nachhelfen. Unbegründet aber ist die Sorge, im kleinsten Revier könnten keine Böcke in die Reife gelangen. Dagegen spricht nämlich die hohe Standorttreue. So gesehen rentieren sich Hegemaßnahmen jeder Art auch in „Minirevieren“. Zusammenarbeit auf Nachbarschafts- oder Hegegemeinschaftsbasis freilich ist sinnvoller – wenn alle dazu bereit sind.

Das Bemühen um bessere Trophäen scheitert also keineswegs an der Frage, ob ein Bock mit vier oder fünf Jahren geschossen wird, sondern daran, dass er ein solches Alter gar nicht erreicht. Die Altersansprache am lebenden Objekt ohne Markierung ist nämlich ein heikles Kapitel.

Achtung, zweijährig!

300 Gramm Gehörngewicht bei einem Bock mit kurz gekapptem Schädel (oder nach Abzug der obligatorischen 90 Gramm bei ganzem Schädel) sind ein beachtlicher Wert. Solche Trophäen können sich überall sehen lassen – unabhängig davon, ob sie für das betreffende Revier guten Durchschnitt oder die absolute Spitze darstellen.

In unserem mittelfränkischen Revier bedeuteten die 300 Gramm jahrelang eine selten durchbrochene Schallmauer, und wenn, dann zeigten die erlegten Böcke auffallend wenig

Dieser Zweijährige wurde am 30. April 1983 ein Opfer der Straße

Abschliff an den Molaren. Der Gedanke, dass es sich um ganz junge, bestveranlagte Böcke handeln könnte, wurde weggewischt. Warum sollte ausgerechnet dort, wo die Erntеböcke die Messlatte kaum überqueren, ein junger Bock das bringen! So etwas gibt es nur in „von der Natur begünstigten Revieren" oder dort, wo intensiv mit Kraftfutter gearbeitet wird, hieß es. Diese Meinung musste ich gründlich revidieren.

Am 30. April 1983 wurde nämlich ein Sechser überfahren. Dessen Trophäe war die stärkste, die in den letzten fünf Jahren anfiel. Über sein wahres Alter gab es nicht den geringsten Zweifel, war er doch zwei Jahre zuvor etwa 300 Meter von der Unfallstelle entfernt von mir selbst markiert worden. Sein Gehörn wog deutlich über 300 Gramm! Der Bock selbst 16 Kilo.

Vier Tage später erreichte mich eine weitere Hiobsbotschaft. Wieder hatte es einen Bock mit einer roten Lauschermarke erwischt. Diesmal in einem anderen Revierteil und exakt an der Stelle, an der sein ebenfalls markierter Zwilling im Vorjahr sein Leben lassen musste. Die Distanz zum Markierungsort betrug hier vierhundert Meter. 17,5 Kilogramm brachte er auf die Waage – und die Trophäe war noch deutlich stärker als die des Leidensgenossen: 320 Gramm. Zweijährig! Auch er trug im Jahr zuvor – wie sein Zwilling – noch nicht lauscherhohe, glatte Spieße.

Wenn es bei uns solche Zweijährige gibt, warum dann nicht auch woanders? Keiner der gestandenen Jäger hielt so etwas für möglich, und bei der Trophäenschau wurden Zweifel geäußert. Doch anhand von Fotos ließen diese sich eindeutig widerlegen.

Damit wurde auch bei uns das bewiesen, was Herzog ALBRECHT bereits zu Papier brachte: „Als großes Hindernis für die Altersschätzung bzw. als Grund für eine Altersüberschätzung hat sich für unser Revier die Tatsache herausgestellt, dass wir lange Zeit den zweijährigen Böcken nicht zugetraut haben, dass sie vom Jährling auf das zweite Jahr in der Geweihbildung einen derartig großen Sprung machen können."

Als Beleg führt er die Abwürfe von zwei Böcken an, jeweils als Jährlinge und als Zweijährige. Sie haben 124 bzw. 103 Gramm Zuwachs für beide Stangen. Weiter schreibt er: „Bei den später besprochenen Abwurf-Serien gerade der besten Böcke wird, soweit Jahrlingsstangen vorhanden sind, dieser enorme Zuwachs vom Jahrling aufs zweite Jahr von 100 und mehr Gramm immer wieder auffallen. Es hat den Anschein, und eigentlich spricht sogar al-

Am 4. Mai 1983 kam dieser Zweijährige unter die Räder

les dafür, dass kaum ein Bock wirklich gut aufsetzt, wenn er diesen Sprung nicht macht.

Unter allen unseren bisher gefundenen Abwürfen haben wir kaum Serien, aus denen sich ersehen lassen würde, dass ein ausgiebiger stetiger Zuwachs von Jahr zu Jahr stattfindet, wie das im Allgemeinen angenommen wird. Außerdem haben wir in jedem Jahr mehrmals die durch Abwürfe bestätigte Erfahrung gemacht, dass es sich, wenn ein unbekannter, sehr guter, oder sogar ein Spitzenbock neu aufgetaucht ist, fast immer um einen Zweijährigen gehandelt hat. Daher konnte er ja bisher gar nicht bekannt sein.

Nachdem unter unseren Abwurfserien fast keiner einen alljährlichen Zuwachs von mehr als 20 Gramm aufweist, lässt sich einfach ausrechnen, dass demnach der Zuwachs vom zweiten bis zum siebten Jahr kaum höher als 5 x 20 g = 100 Gramm sein kann. Ein Zuwachs, der nur in ganz seltenen Ausnahmefällen überboten wird.

Rechnet man bei einem starken Bock mit einem aufgebrochenen Gewicht von 20 bis 25 kg die Hirnschale mit Nasenbein zu ca. 110 g, so gibt das zusammen 210 Gramm. Also muss ein Bock, der ein Geweihgewicht mit kleiner Schale von über 400 g hat, schon als Zweijähriger mindestens 190 g reines Stangengewicht und ein Geweihgewicht von 300 g gehabt haben."

Es zeigt sich also im zweiten Jahr unmissverständlich, ob ein Gehörn die Anlage zum kapitalen hat oder nicht. Diese Erkenntnis hat Franz Rieger mit Dutzenden von Fotos seiner markierten Böcke belegt. Unter den wirklich guten war keiner, der nicht zweijährig auch schon überdurchschnittlich gut geschoben hatte, aber von den geringeren Zweijährigen schaffte keiner mehr den Sprung nach oben.

Das entscheidende Kriterium ist die Masse der Stangen in der unteren Hälfte, insbesondere an der Basis, weniger die Höhe oder gar die Vereckung. Wenn in diesem Bereich die Stangen von vorne, von der Seite und besonders bei der Draufsicht von hinten begehrenswert, massig erscheinen, dann lässt der Zweijährige für die Zukunft einiges erhoffen.

Ein solches Gehörn wirkt nicht bei einer bestimmten Beleuchtung stark, es ist stark und zwar bei allen Lichtverhältnissen. Dass es einen besonderen Reiz ausübt, vor allem im „Durchschnittsrevier", wird jeder verstehen. Und dass viele wiederum der Versuchung nicht widerstehen können, ist allzu menschlich. Wer nämlich jahrelang dem Phantom „Erntebock“ nachjagt, wer wirklich Böcke älter werden lässt, glaubt an den „Durchbruch“ und ist schnell bereit, unter der kapitalen Krone einen reifen Träger zu vermuten.

In derartigen Fällen bleibt gerne die Logik auf der Strecke, die besagt, dass starke Stangen eines starken Fundamentes bedürfen, dass das Fundament wiederum beizeiten gesetzt werden muss. Bei der Standorttreue adulter Böcke müsste ein „Erntebock“ wenigstens zwei Jahre bestätigt sein. Trifft das nicht zu, ist äußerste Vorsicht geboten, denn mit höchster Wahrscheinlichkeit handelt es sich bei dem „Neuen“ um einen Zweijährigen.

Derjenige, der hier den Zeigefinger krümmt, erntet mit Sicherheit die unreife Frucht, und mag sie vorher noch so verführen. Dass sich der „Sündenfall“ nicht auf die Bibel beschränkt, bezeugen immer wieder die Hegeschauen. Man muss sich nur aufmerksam genug umsehen.

Geduld dagegen üben viele Jäger bei den wirklich mittelmäßigen Zweijährigen. Sie werden als solche erkannt und ihre Erlegung dünkt jedem als „Sünde“, weil sie oft mit hohen, weit ausgelegten Stangen und guter Vereckung prahlen. Doch die Stangenstärke an der Basis lässt sehr zu wünschen übrig. Diese Böcke lassen die meisten laufen, in der Hoffnung, dass sie eines Jahres doch den „Durchbruch“ schaffen.

Der sieht dann häufig so aus: Basis gleich, Stangenhöhe rückläufig, Enden dünn und spitz – aus der Traum! Keine Frage, dass deren Erlegung auch Spaß bereitet, dass das Gehörn Erinnerungswert besitzt. Wer aber auf „bessere“ Trophäen reflektiert, erweist sich mit jahrelanger Schonung der Mittelmäßigen einen Bärendienst.

Auch das nämlich sind verwertbare Resultate der Markierung bzw. jahrelanger Beobachtung markierter Böcke: Dünn bleibt dünn und „hoch“ bedeutet noch nicht stark. Demnach ist der Abschuss eines hohen, noch dünnstangigen Zweijährigen kein Fehlgriff. Wer in seinem Revier über eine breite Basis solcher Zweijähriger verfügt, sollte daher durchaus einmal über die Erlegung des einen oder anderen von ihnen nachdenken, anstatt mit erhobenem Zeigefinger über ihr Leben zu wachen. Freilich bietet selbst das „Supergehörn“ des Zweijährigen noch keine Gewähr einer weiteren Steigerung. Dafür gibt es nämlich auch Belege. Doch im dritten Jahr sind die Gleise endgültig eingefahren. Die Böcke, die noch einmal zugelegt haben, gehören der Garde der „Extraklasse“ an, einige bleiben auf dem Niveau des Zweijährigen stehen, und ein geringer Anteil setzt sogar wieder zurück. Bei letzteren lohnt es sich nicht, noch ein oder zwei Jahre mit dem Abschuss zu warten.

Warum aber ein gesund erscheinender Bock im Anfangsstadiums des Erwachsenseins schon wieder zurücksetzt, lässt sich logisch nicht erklären. Schon eher das Auf und Ab bei den Gehörnen der ausgewachsenen Böcke (drei Jahre und älter).

Entscheidend dürfte zunächst einmal sein, in welcher Kondition ein Bock vom Herbst in den Winter gelangt. Dabei spielt das Äsungsangebot eine erhebliche Rolle. Es hat sich beispielsweise gezeigt, dass dort, wo das Rehwild mangels Alternativen schon Ende August Kraftfutter gut frequentiert, überdurchschnittlich gute Trophäen anfallen.

Dasselbe Kraftfutter an anderen Standorten zum gleichen Zeitpunkt angeboten, wurde vom dortigen Rehwild zunächst verschmäht, später nur zögernd aufgenommen. Offenbar sagte hier die vorhandene natürliche Äsung mehr zu – mit negativen Folgen, was die Gehörne anbetrifft. Man sollte jedoch meinen, dass in besonders milden Wintern die Voraussetzungen für starke Trophäen optimal seien. Doch augenscheinlich ist das genaue Gegenteil der Fall. Nach sehr milden, schneearmen Wintern war die Gehörnbildung bekannter Böcke eher rückläufig. Eine mögliche Erklärung dafür könnte sein, dass das Rehwild mehr

weiter Seite 99 ☞

Zweijährige auf den folgenden Seiten: Nicht jeder hat den „großen Sprung“ in der Gehörnentwicklung vollzogen. Spätere Spitzenböcke ragten aber schon mit zwei Jahren deutlich aus ihrer Altersklasse heraus. Manche hatten bereits in diesem Alter ihre Gehörnkulmination

auf den Läufen ist, mehr Energie verbraucht, mehr auf zugängliche natürliche, dafür weniger „gehaltvolle“ Äsung zurückgreift. Schmeckt auch ihm „frisch“ besser?

Umgekehrt scheinen schneereiche Winter mit vielen Sonnentagen der Geweihbildung nicht zu schaden. Mehr noch. Gerade dann stach die Anzahl der „besseren“ Gehörne im darauffolgenden Frühjahr regelrecht ins Auge. Bei derartigen Witterungsverhältnissen wurden die Fütterungen auch sehr gut aufgesucht, und das Rehwild zog nicht mehr umher als es musste.

Vieles deutet also auf die Existenz „guter“ und „schlechter“ Geweihjahre und deren Abhängigkeit von der Witterung hin. Wir können hier die Natur nicht überlisten, wohl aber Zurückhaltung beim Abschuss in der Altersklasse üben, wenn alle Anzeichen für ein schlechtes Gehörnjahr sprechen. Deshalb also Vorsicht bei unbekannten „Ernteböcken“: Wer hier den Finger krümmt, hat mit großer Wahrscheinlichkeit einen Zweijährigen zur Strecke gebracht.

Vorsicht bei unbekannten „Ernteböcken“: Wer hier den Finger krümmt, hat einen hoffnungsvollen Zweijährigen zur Strecke gebracht

Ein Zweijähriger flankiert von zwei Jährlingen

Er hatte doch (k)einen Muffelfleck...

Blattzeit. Einer ist noch frei, und Sie haben freie Büchse im Revier. Den Bock müssen Sie sich selbst bestätigen. Freude will man Ihnen damit bereiten, unbeschwertes Jagen. Was das Gehörn anbetrifft, gibt es nach oben kein Limit. Je stärker, desto besser. Nur eines darf der Bock nicht sein: zu jung.

Wer würde einem jagdlichen Gönner nicht spontan die Hand drücken ob solcher großherzigen Offerte, wer würde nicht aus tiefster Überzeugung versichern, junge Böcke zu pardonieren? Man hat ja schließlich das Ansprechen gelernt. Und dann sitzen Sie am Waldrand mit Einblick in einen Getreideschlag.

Dort bewegen sich mit einem Male die Halme. Eine Geiß trollt heraus, und an ihrer Schürze hängt ein Bock. Kein geringer. Nicht vom Wildbret und schon gar nicht von der Trophäe her. Den Träger hält er – wie könnte es anders sein – waagerecht, der Grind leuchtet eisgrau, der Lecker züngelt aus dem Äser. Der Blick durch das Fernglas verrät: klobige, wenig vereckte Stangen mit kräftigen Perlen dazwischen – und Dachrosen!

Das Liebespaar entfernt sich wieder und setzt den wilden Reigen im Getreide fort. Ab und zu wippt das Gehörn aus den Halmen. Eine Zeigerumdrehung später äst die Geiß am Ackersaum. Kommt er oder folgt er nicht? Urplötzlich steht er neben ihr: starker Träger, eisgraues Gesicht ohne Muffelfleck, Dachrosen. Die Sekunde der Entscheidung naht. Klobige Stangen, zurückgesetzt! Keine Frage, der passt nicht nur, der ist auch alt. Der Prototyp des alten Bockes!

Die Kugel findet ihr Ziel. Unbändige Freude dann am Gestreckten. Das Gehörn ist tatsächlich noch besser als vorher angesprochen (meistens verhält es sich umgekehrt). Eine richtige Alterstrophäe. Da erübrigt sich ein Blick in den Äser.

„14 war er", meinte nach Einbruch der Dunkelheit der herbeigeholte Jagdaufseher. „Was, 14 Jahre, so alt hätte ich ihn nun auch wieder nicht geschätzt", darauf der Erleger. „Ich auch nicht", kommentierte trocken der Jäger und ergänzte: „14 Monate!"

Die Geschichte ist wahr und hat sich vor einigen Jahren in einem Voralpenrevier abgespielt. Die Trophäe mit ihren 350 g hängt im Arbeitszimmer bei den besten. Und immer, wenn sachkundige Besucher sie bestaunen, dürfen sie das Alter schätzen. Dann liegt auch stets ein wissendes Lächeln auf den Lippen des Gastgebers … Irren ist eben menschlich.

Dabei hat jeder Prüfungsaspirant brav gepaukt, wie die Böcke der einzelnen Altersstufen aussehen. Jugendlich schlank der Jährling. Dünner Träger, kindlich neugieriger Gesichtsausdruck, einfarbiges Gesicht mit dunkel gefärbter Partie zwischen Gehörn und Windfang.

„Typisch für den einjährigen Bock ist das unruhig spielerische Benehmen und das ‚Kleben' an anderen Stücken, meist gleichen Alters", schreibt WAGENKNECHT, und weiter: „Der Jüngling hält seinen Wechsel nach Ort und Zeit genau ein, macht beim Austreten immer einen recht nervösen Eindruck, sichert ständig zurück, weil er vor dem alten Platzbock auf der Hut sein muss, und wenn er abspringt, verrät er eine gewisse Entschlusslosigkeit …

Der zweijährige Bock ist zwar noch verhältnismäßig unvorsichtig, aber doch schon selbstständiger; er hat nicht mehr den Hang zur Geselligkeit wie der Jährling. Vor älteren Böcken räumt er das Feld und nur mit gleichaltrigen lässt er sich auf spielerische Kämpfe ein. Bei ihm ist der Kopf noch schmal, aber länger, die Figur wirkt stärker, aber noch ausgesprochen schlank.

Bei ihm beginnt das Gesicht bunt zu werden. Typisch für ihn ist ein klar abgezeichneter, kurz dreieckiger, weißer Fleck über dem schwarzen Windfang, der Nasen- oder Muffelfleck. Die Stirnpartie zwischen den Rosenstöcken und Lichtern ist dunkel und scharf von der rehroten Farbe der Backen abgesetzt …

Der Dreijährige hat ein ausgesprochen buntes, lebhaft gefärbtes Gesicht mit bereits typisch ‚männlichem' Ausdruck. Der weiße Nasenfleck ist länger als beim Zweijährigen, reicht jedoch noch nicht an die Unterkante der Lichter. Beim ruhigen Ziehen trägt der Dreijährige Hals und Kopf nicht mehr so steil, die Rückenlinie ist gerade, und der Widerrist tritt allmählich stärker hervor. Der Hals wirkt kürzer, der Kopf breit, doch wohlproportioniert …

Der Dreijährige verhält sich wesentlich vorsichtiger, die Bewegungen sind ruhiger, ausgeglichener. Der Bock wird zum ausgesprochenen Einzelgänger."

Überspringen wir nun detaillierte Beschreibungen der weiteren Jahrgänge und wenden uns den so genannten alten Böcken zu. Dazu schreibt WAGENKNECHT: „Der wirklich alte, reife Bock tritt gewöhnlich erst bei hereinbrechender Dämmerung oder sogar nach gänzlichem Schwinden des Büchsenlichtes und nach langem Sichern aus. Wohl jedem älteren Jäger wird es wiederholt passiert sein, dass er beim Abendsitz vergeblich auf ‚den' Bock gewartet hat und nach Schwinden des Büchsenlichtes beim Verlassen des Ansitzes das tiefe, kurze Schrecken des Gesuchten zu hören bekommt; er war schon lange da, aber er hat in Deckung gesichert und die Dämmerung abgewartet."

Direkt dazu fällt mir spontan eine Nachsuche ein, die ich vor vielen Jahren einmal durchführen musste. Eine Woche lang stellte der betreffende Jäger schon einem Bock nach, den er mehrmals im letzten Licht schemenhaft am Waldrand gesehen hatte. Das musste ein ganz alter sein. Gegen Ende des zehnten Ansitzes verriet ein sehr tiefer Bass die Anwesenheit des Gesuchten(?). Immer noch schreckend, löste sich vom Waldrand her ein Schatten mit schlohweißem Grind. Da krachte die Büchse …

Am nächsten Tag fand mein Hund das Stück 50 Meter vom Anschuss weg. Das mit dem Alter mochte stimmen, doch anstelle eines Geweihs leuchtete mir kindskopfgroß eine Spinne aus dem Farnkraut entgegen.

Aber zurück zu den Böcken und WAGENKNECHTs Beschreibungen. „Der alte hat einen breiten, mehr dreieckigen und fast kantigen Kopf, einen ausgesprochen starken, gedrungenen, kurz wirkenden Hals, den er beim Ziehen fast waagerecht hält. Typisch für ihn ist auch ein rhythmisches Nicken des Kopfes bei jedem Schritt. Die Figur ist kräftiger und tiefer, er wirkt daher noch kurzläufiger als der jüngere.

Der Nasenfleck ist grau, reicht zwischen die Lichter und zieht sich um diese herum; seine Grenzen mit den Backen, die auch schon grauer als die Körperfarbe sind, verwischen sich. Der mindestens achtjährige und ältere Bock erscheint schließlich mit eintönig grausilbrigem Kopf, der meist deutlich heller als die Körperfarbe ist. Griesgrämig ist auch der Gesichtsausdruck."

Nun resultieren diese Beschreibungen zweifellos aus detaillierten Beobachtungen. Für den angehenden Jäger jedoch sind sie Gesetz. Er klammert sich gleichsam an sie. Jahrelang habe ich nach alten Böcken mit diesen Merkmalen Ausschau gehalten und auch einige erlegt, auf die jene Beschreibungen zutrafen. Ab und zu befand sich auch ein alter darunter. Die meisten

weiter Seite 106 ☞

Die Bild-Beispiele auf den folgenden Seiten zeigen: Auf den Muffelfleck ist so wenig Verlass wie auf alle anderen „sicheren“ Ansprechmerkmale

Jährling

Jährling (links) und Zweijähriger

Zweijährig

Zweijährig

Zweijährig

Dreijährig

Dreijährig

Dreijährig

Dreijährig

Vierjährig

Vierjährig

Vierjährig

Fünfjährig

Fünfjährig

Ca. siebenjährig

Fünfjährig

Fünfjährig

Fünfjährig

Siebenjährig

jedoch waren jung. Auf den Muffelfleck ist so wenig Verlass wie auf die anderen „sicheren" Altersansprechmerkmale.

Mehr alte erbeutete ich rein zufällig. Sie wurden aus irgendwelchen Gründen – nicht des hohen Alters wegen – für abschusswürdig befunden und gestreckt. Waren sie dann alt, bereitete die Erlegung doppelte Freude. Natürlich prägte ich mir dann Aussehen und Verhalten besonders ein. Man lernt ja schließlich. Das erwies sich jedoch als ebenso fatal wie das Festklammern an den tradierten Ansprechregeln.

Glaubte ich nämlich gewisse untrügliche Kennzeichen gefunden zu haben (z. B. „Hechtkopf", nur weil ein alter einen solchen hatte), suchte ich sie auch bei anderen. Als Jungjäger ließ ich manchen alten Bock laufen, weil sich entweder Verhalten oder Phänotyp nicht mit den Klischees deckten. Und auch später ertappte ich mich immer wieder dabei, einzelne Merkmale nach Art einer Liste abzuchecken.

Das birgt ebenso Risiken, weil der Blick für das Ganze durch Details getrübt wird, weil man sich zu sehr an ihnen festkrallt, und weil einem schließlich das Wunschdenken Dinge vorgaukelt, die objektiv nicht haltbar sind.

Wenn ich rekapituliere, wo ich alte Böcke auf eigene Verantwortung geschossen habe, dann war es immer in unzugänglichen Revierteilen, in schwer bejagbaren mit geringer Erfolgschance, in denen lange nichts mehr erlegt worden ist oder nur ab und zu ein „Küchenbock". Das ist also eine wesentliche Voraussetzung für den viel zitierten jagdlichen Instinkt. Alte Böcke schießen nämlich nicht aus dem Boden wie Pilze nach dem Regen.

In den intensiv bejagten Kleinrevieren heutiger Prägung dürften die heimlichen „Unbekannten" ziemlich selten sein. Anders natürlich in Hochgebirgsjagden, die im Hinblick auf das Rehwild nicht so stark genutzt werden. Dort besteht immer die Chance, dass ein Bock ohne unsere Willkür alt geworden ist.

Muffelfleck, „unschuldiger Blick", aber kräftiger Träger. Nach der Erlegung attestierte der Unterkiefer ihm aber mindestens fünf Jahre

Das soll nicht heißen, dass es im kleinen Revier keine alten Böcke gibt. Man hat sie dort eben alt werden lassen, kennt sie und kann sie einem Gast detailliert beschreiben. Ein zwangloses Gespräch über das, was in den letzten Jahren an einem bestimmten Ort zur Strecke gekommen ist, hilft also, den Erwartungshorizont auf ein realistisches Maß zu drücken, erleichtert das Ansprechen und spart manche Enttäuschung.

Meine alten Böcke waren weder durchtriebene Schlaumeier noch besonders heimlich. Sie verhielten sich nur so, wie man es von einem territorialen Bock kennt: Sie revidierten ihre Grenzen, hielten ihr Terrain von anderen Böcken rein und folgten im Übrigen ihrem Biorhythmus. Der muss sich ja nicht mit dem des Jägers decken.

Wenn es also mit der Erlegung nicht auf Anhieb klappte, wenn ich einem Bock eine ganze Woche nachstellen musste, dann lag es weniger an der Kreatur als an den Begleitumständen, gelegentlich auch an mangelnder Flexibilität. Ansprechkünstlern sei übrigens verraten, dass sich unter meinen alten Böcken solche mit einfarbig hellem Grind und solche mit dunklem Grind und Muffelfleck befanden, dass einige ein Altersgehörn mit Dachrosen zierte, andere ein endenfreudiges Jugendgehörn mit Kranzrosen, dass manche einen dicken Träger hatten, wieder andere einen dünnen, dass einige durch einen gedrungenen Rumpf auf sich aufmerksam machten und andere wegen eines schlanken nicht. Ein Bock im Haarwechsel vermittelt zudem einen ganz anderen Eindruck als einer in der Feistzeit oder gar in der Brunft.

Nichts ist einfacher als einen Jährling anzusprechen, heißt es. Das trifft ziemlich sicher auf die Maijährlinge zu, zumindest auf das Gros von ihnen und später im Jahr solange, wie sich ihr Phänotyp mit unserer Vorstellung vom Jährling deckt. Zum Glück geschieht das in der Jährlingsklasse häufiger als in den Altersklassen. In den Revieren laufen tatsächlich viele ohne den berühmten Muffelfleck herum. Oft genug sind es schwächere, „klassische" Jährlinge. Der fehlende Nasenfleck rettet sie nicht selten vor der Kugel.

Doch wehe, einer mit dem jährlingsuntypischen Gehörn, dem des „unterdurchschnittlichen Zweijährigen", trägt das helle Kainszeichen über dem Windfang. Als schlechter Zweijähriger wird er klassifiziert und damit vogelfrei. Als Entschuldigung heißt es später vielleicht: „Aber er hatte doch einen Muffelfleck!" Dieses so „untrügliche" Kennzeichen hat schon manchem adulten Bock das Leben gerettet, weil es ihn jünger erscheinen ließ, anderen wiederum zum Verderben gereicht.

Mit dem Ansprechen der Deckenfärbung und weiteren Altersindizien verhält es sich nicht viel anders. Sie können sich in einem Revier als sehr brauchbar erweisen, woanders aber als Irrlichter fungieren. Soviel nämlich gilt als abgesichert: Beim frühreifen Rehwild gibt es keine allgemein gültigen Regeln, auf die wir uns beim Ansprechen mit absoluter Sicherheit verlassen können.

Mit der Altersschätzung nach äußeren Merkmalen tun wir uns dort schon schwer, wo wir an sich die größte Erfahrung gesammelt haben sollten: bei unseren Mitmenschen. Zugegeben, für eine Differenzierung in „jugendlich", „erwachsen" und „alt" reichen die Kenntnisse. Doch niemand wird der Idee verfallen, einen Katalog zu erstellen, nach dem man einen dreißig-, vierzig- oder fünfzigjährigen Mitbürger mit Sicherheit erkennt. Nun möge daraus keinesfalls der Schluss abgeleitet werden, man könne das Alter des Rehwildes am lebenden Stück überhaupt nicht klassifizieren. Es gibt nämlich gar nicht so wenige Jäger, die die Erscheinung, das Gesamtbild des Stückes vor ihnen in Kombination mit dem Verhalten relativ sicher einer Altersklasse zuordnen können. Häufig bildet hier ein erster Gesamteindruck die

Basis für die Einschätzung. Nie aber werden diese Praktiker ihr Urteil an einzelnen Merkmalen festmachen.

Trösten wir uns also mit den weisen Worten eines der verdienstvollsten Rehwildkenner: „In manchen Abschussrichtlinien werden Bestimmungen darüber erlassen, in welchem Alter die verschiedenen Klassen abgeschossen werden sollten. Es ist hocherfreulich, dass es demnach nicht nur Leute geben muss, die das Alter am lebenden Stück genau ansprechen können, z. B. ob ein Ia-Bock sechsjährig oder nur fünfjährig ist, sondern dass diese Kunst von jedem Jagdausübenden als Selbstverständlichkeit erwartet wird, sonst müsste es ja lauter rote Punkte geben.

Diese Tatsache kann selbst einem alten Esel, der nach über 50 Jahren intensiver Beschäftigung mit Rehen immer noch nicht draufgekommen ist, wie man das genaue Alter am lebenden Stück erkennen kann, Mut machen und ihn hoffen lassen, dass er es doch noch erlernen wird. Soweit kann man es also doch noch bringen ...“ (Herzog ALBRECHT).

Was uns die äußere Erscheinung verrät

Er hatte früh gefegt ...

„Der Zeitpunkt des Fegens fällt bei den meisten Böcken in den Monat April. Allgemein gilt die Regel, dass die alten Böcke zuerst fegen und die jungen zuletzt. Den Schluss machen die Jährlingsböcke, weil sie ihr Kitzgehörn erst im Februar abgeworfen haben und mit dem Schieben des ersten Ersatzgehörnes nachhinken. Der früheste Fegetermin alter Böcke liegt Mitte Februar, der späteste von Jährlingsböcken Mitte Juni“, heißt es bei RAESFELD.

Das bestätigt auch PASSARGE, indem er schreibt: „Der Zeitpunkt des Fegens kann stark von der Witterung abhängen. Nach strengen Wintern fegen die Böcke später. Die Gehörne werden in der Zeit von Mitte Februar bis Ende Juni gefegt. Alte Böcke fegen in der Regel eher als junge. Die meisten über 2-jährigen Böcke fegen in den Monaten März und April. Nach ELLENBERG hängt der Fegetermin auch von der Kondition der Böcke ab.“

Fegestelle Ende Februar am Holunder: Anlass genug, sich nach dem Verursacher einmal umzusehen

Wir wissen sehr genau, dass das Gehörn erst gefegt wird, wenn es vollständig verknöchert und fertig vereckt ist. Das zeigt sich an der welken Basthaut, die das Bastgehörn schlanker als vorher erscheinen lässt und in der Färbung stumpf. Noch aber scheint es schmerzempfindlich zu sein. Ausgelöst wird der Fegereiz durch das männliche Geschlechtshormon.

Der zweijährige „Zapfenbock" begann am 16. März mit dem Fegen. Der Vorgang zog sich bis zum 9. April hin

Schon vorher kündigt der Bock durch Wangenreiben an der Rinde von Bäumen das Ereignis an. Es dient übrigens der Duftmarkierung. Gefegt wird offensichtlich mit dem Erlöschen der Schmerzempfindlichkeit, wobei das Abstreifen der Basthaut gewöhnlich nicht viel Zeit in Anspruch nimmt.

Bei uns entledigen sich die ersten Böcke in aller Regel Anfang März dieser Schutzschicht. Jahrelang deutete ich die Beobachtungen dahingehend, dass es immer die alten sein müssen, die zuerst ihre Basthaut abstreifen, schließlich heißt es ja auch, dass sie zuerst abwerfen. Ja, bis ich vor einigen Jahren am 8. März einen Bock mit blankem Gehörn entdeckte, dessen Ausformung ihn unverwechselbar machte.

Im Beobachtungsbuch vermerkte ich: „8. März – ungerader Sechser, verfegt, Nummer zwei im Revier – alt".

Der markierte Vierjährige im gleichen Revierteil ließ sich übrigens bis zum 2. April damit Zeit. Für mich ein weiteres Indiz für meine Annahme. Zu Beginn der Schusszeit plagten mich Zweifel, denn der zum Abschuss auserkorene Territoriale passte so gar nicht in das Schema des alten Bockes. Ihre Verifizierung folgte auf dem Fuß. Dann nämlich, als ich ihn mit dem letzten Bissen ehrte: Dem Unterkiefer nach zu schließen war er erst zwei.

Zwei Jahre später sollte ein Gast auf einen alten Bock waidwerken. Den hatte ich bald bestätigt. Fegedatum: 6. März. In diesem Jahr der erste Blanke im ganzen Revier. Der Bock jagte rigoros alle Eindringlinge aus seinem Territorium und verfolgte ungemein aggressiv jeden Jährling. Optisch passte er so richtig in das Schema des unverträglichen Alten. Ich war mir seines (höheren) Alters so sicher, dass ich sogar meine Hand verwettete. Zum Glück gab sich der Erleger später mit der Trophäe des Dreijährigen zufrieden.

Im gleichen Jahr machte auch ein zweijähriger Gatterbock dahingehend auf sich aufmerksam, dass sein Gehörn Ende Januar fertig geschoben und Mitte Februar vom Bast befreit war – lange vor seinen in Gefangenschaft gehaltenen und älteren Artgenossen.

Nun mag mancher argumentieren, was das Getöse um eine Lappalie soll. Es spielt doch keine Rolle, ob ein Bock ein paar Tage früher oder später fegt. Möglich. Aber bei vielen Jägern hängt halt ein ganzes Abschusssystem am so genannten „sicheren Indiz" für hohes Alter.

Um ein Beispiel zu nennen: Ende Februar und den März hindurch wird das Rehwild wieder agil und kommt mehr denn je – auch noch bei gutem Licht – an die Fütterungen. Sieht der Jäger dabei vier bis fünf Böcke, die als erste oder sehr früh verfegt haben, erliegt er nur zu leicht der Versuchung, sie nach der bisherigen Regel als „alt" zu klassifizieren.

Erlegt er im Sommer guten Gewissens den einen oder anderen, vielleicht sogar die meisten, und bewahrheitet sich die Regel nicht, hat er mit einem Schlag wüchsige, mitunter auch hoffnungsvolle Zukunftsböcke der Wildbahn entnommen. Dabei wird die ganze Abschussplanung auf den Kopf gestellt, die vorsichtige Eingriffe in die mittelalte Klasse verlangt. Solche Fehler werden dann gerne der „Hege mit der Büchse" angelastet.

Nun wissen wir spätestens seit den Aufzeichnungen von Dr. HERMANN ELLENBERG aus dem Gatter Stammham, dass frühes Fegen kein Privileg alter Böcke ist. Auf der anderen Seite gelten in Gattern gewonnene Erkenntnisse als nicht unbedingt repräsentativ für die freie Wildbahn. Umso wertvoller sind deshalb FRANZ RIEGERS mit Fotos belegte Dokumente von Böcken, die nicht hinterm Zaun aufgewachsen sind.

Wenigstens zwei Dutzend erwachsene Markenträger sollten an sich Ausgangsmaterial genug sein, um wenigstens Schlüsse für das betreffende Revier zuzulassen. RIEGERS Beobachtungsrevierteil mit weiträumigem Altholz und eingelagerten Wiesentälern ist mit Wegen gut erschlossen und lässt sich mit dem Allradwagen jederzeit befahren. Der ausklingende Winter erweist sich für die Fegebeobachtungen als sehr günstig, denn die Rehe stehen täglich bei gutem Licht an den Fütterungen und lassen sich fotografieren. Auf diese Weise konnten die

Der zweijährige „Bühlbock" im Bast (links), er fegte am 27. März

Name des Bockes	Alter	Fegetermin	Alter	Fegetermin
Klosterbock		05. April 84		erlegt 84!
Fähnlesbock	5	19. März 84		25. März 85
Ruhrbock	5	27. März 84		überfahren 84
Rechter Blausohn		12. März 83		12. März 84
			5	16. März 85
Erlebock		05. April 84	5	03. April 85
Linksroter Blausohn	2	27. Febr. 83	3	27. Febr. 84
Linksroter Wolfsbock`	3	27. März 84	4	01. April 85
Vorderer Salchenbock	2	26. Febr. 84	3	20. März 85
Bühlbock	2	27. März 84	3	03. April 85
Der Faule	2	19. März 84	3	10. März 85
Zapfenbock		16. März bis	3	29. März 85
Hirlbachhudler 1		09. April 84	2	12. März 85
Hirlbachhudler 2		(Zwillingsbock)	2	29. März 85
Bühlsechser			2	28. März 85
Kreuzknopfsechser			2	25. März 85
Rundwegspitzer			2	25. März 85
Hangwegspitzer			2	28. März 85
Hangweggabler			2	03. April 85

Fegetermine der Böcke, die – älter als ein Jahr – alle Namen tragen, festgehalten werden.

Bekannt sind auch die Fegedaten des „Hansloh-Gablers“: 2-jährig: 24. März 1982, 3-jährig: 16. März 1983, 4-jährig: 27. März 1984, 5-jährig: 25. März 1985; und des „Himmelreichsechsers“ aus dem Revier Pyras: 2-jährig: 4. April 1986 („Wurmgehörn!“), 3-jährig: 24. März 1987, 4-jährig: 2. April 1988.

Interessant ist in diesem Zusammenhang, dass einige Böcke 1984 wochenlang Bastfetzen am Gehörn hängen hatten und dass bei anderen der Vorgang des Fegens nahezu eine Woche in Anspruch nahm. Hier blieben die Stangen auffallend lange blass. Ob diese Verzögerung mit dem strengen Frost zu der Zeit zusammenhing, konnte nicht geklärt werden.

Bemerkenswert noch zwei Beobachtungen von F. RIEGER aus diesem Frühjahr, die von einem weniger Revierkundigen leicht missgedeutet werden könnten: „Anfang April zieht der sechsjährige Klosterbock noch im Bast auf den verfegten zweijährigen Salchenjodler zu. Beide Böcke belauern sich mit Springen und Plätzen. Nach etwa einer Minute nimmt der ältere Bock Reißaus, scharf verfolgt vom Zweijährigen.

Am 5. April steht der vierjährige Erlebock mit Bastfetzen am Stumpf rechts von der Bühlfütterung. Er äugt immer zurück zur Dickung. Da zieht der zweijährige blanke Bühlbock heraus und beginnt, den älteren Bock zu attackieren. Dieser sucht das Weite, und der junge äst an der Fütterung. Anmerkung: Der Erlebock zählt zu den stärksten im Revier.“

Verhaltensweisen wie die geschilderten sind RIEGER nicht neu: Hat ein Bock vor den anderen verfegt, duldet er keinen weiteren mehr an der Fütterung.

Die beiden zweijährigen „Hirlbachhudler" fegten am 12. bzw. 29. März (links), der vierjährige „rechte Blausohn" war am 12. März blank (rechts)

Noch eines brachte die Kombination von Markieren und täglicher Beobachtung an den Tag: Schwächere, nicht verfegte Zweijährige gesellen sich gerne zu ihrer Mutter und treten zusammen mit dem Jährling im Verband aus. Wer dann Anfang April alle seine Mehrjährigen verfegt glaubt, kann hier leicht irregeführt werden.

Die Auswertung der Fegedaten bestätigt die von ELLENBERG gewonnenen Erkenntnisse: Ein früher oder später Fegetermin taugt als Altersindiz nicht, da – wie wir gesehen haben – der Zeitpunkt des Fegens nicht altersspezifisch ist. Es gibt ferner Böcke, die mit erstaunlich geringen Differenzen mehrere Jahre hintereinander zum annähernd selben Zeitpunkt fegen. Ebenso gut kann sich der individuelle Fegetermin aber nach vorne oder hinten verschieben. Das mag vielleicht auch witterungsbedingt sein. Dass sich aber unter den früh verfegten Gehörnen ein hoher Anteil dünnstangiger befindet, fällt schon auf.

Extrem dünn waren auch die schwach vereckten Stangen eines Bockes, den ich am 17. Februar 1987 beim Fegen beobachtet und im Mai erlegt hatte. Dem Unterkiefer nach zu urteilen, handelte es sich bei ihm ebenfalls um einen Zweijährigen. Dieses Fegedatum repräsentiert zugleich das früheste, das ich in unserem Revier registriert habe.

Der sechsjährige Klosterbock fegte erst am 5. April (links). Mitte: Ein großes Stück Bast blieb hängen. Rechts: Der zweijährige „Faule" entledigte sich seines Bastes am 19. März

Trügerisch aber wäre der Schluss, dass alle dünnstangigen Böcke früher fegen. Als Beweis dafür ließe sich RIEGERs sechsjähriger Klosterbock anführen, der sein relativ schwaches Gehörn erst am 5. April blank geputzt hatte. Insofern steht die Theorie, dass ein dünnes Gehörn eher fertig geschoben ist als ein dickes auf wackeligen Füßen. Fraglich erscheint auch ein Zusammenhang zwischen frühem Abwerfen und frühem Fegen, wiederum unabhängig vom tatsächlichen Alter des Bockes.

Nach KURT beträgt die Zeitspanne zwischen Abwerfen des alten und Fegen des neuen Geweihs etwa 20 Wochen. Demzufolge müsste der von mir beobachtete Zweijährige als Jährling Anfang Oktober abgeworfen haben. Das erscheint zwar ungewöhnlich früh, jedoch nicht unglaubhaft. HESPELER (1988) berichtet sogar von einem Jährling, der am 21. September 1987 einseitig abgeworfen hatte.

Böcke können recht früh abwerfen, wie Herzog ALBRECHT V. BAYERN eindrucksvoll nachwies. Im Revier Weichselboden wurde der früheste frische Abwurf am 2. Oktober gefunden, der späteste am 16. Januar festgestellt. Der erste stammte von einem siebenjährigen Bock, der letzte von einem fünfjährigen. Dazwischen sind alle Altersklassen vertreten, und zwar ohne ersichtliche Reihenfolge.

Allerdings war kein Jährlingsabwurf vor dem 20. Oktober dabei. In Weichselboden lag die Hauptabwurfszeit übrigens zwischen dem 15. November und dem 15. Dezember.

Besonders betont der Autor, dass sich sowohl unter den Frühablegern als vor allem auch unter den Spätablegern einige der besten Böcke befanden. Ebenfalls wurde kein Zusammenhang zwischen spätem Abwerfen und schlechter Kondition sowie nachteilige Auswirkungen auf das Schieben des nachfolgenden Geweihs festgestellt.

Auch FRANZ RIEGERs Gegenüberstellung von Abwurf- und Fegedaten lässt keinen klaren Trend erkennen. Sie beweist jedoch, dass Gehörne auch schon in drei Monaten fertig geschoben und gefegt sein können. Es zeigt sich lediglich, dass in diesem Revier die Jährlinge durchschnittlich später abwerfen.

Bemerkenswert ist der Fall des vierjährigen Bühlbockes, des Zwillingsbruders des kapitalen Ruhrbockes. Er trug Anfang Januar 1990 noch seine knöcherne Wehr und wurde am 10.

Name des Bockes	Alter	Abwurftermin	Fegetermin
Fähnlesbock	5	27. November 84	25. März 85
Erlebock	4	20. November 84	03. April 85
Wolfsbock	3	27. Dezember 84	01. April 85
Der Faule	2	09. November 84	10. März 85
Zapfenbock	2	14. November 84	29. März 85
Bühlbock	2	22. November 84	03. April 85
Vorderer Salchenbock	2	05. Dezember 84	20. März 85
Hirlbachhudler	1	15. Dezember 84	29. März 85
Hangwegspitzer	1	21. Dezember 84	28. März 85
Hangweggabler	1	25. Dezember 84	03. April, 85
Rundwegspitzer	1	24. Dezember 84	25. März 85
Bühlsechser	1	10. Dezember 84	28. März 85
Löffelhofbock	2	10. Dezember 2020	1. April 2021
Löffelhofbock	3	27./28. Dezember 2021	1./2. April 2022

Januar ohne diese gesichtet. Im ersten Aprildrittel hatte der Bock seine durchaus voluminösen Stangen gefegt. Nach seiner Erlegung im selben Jahr stellte sich aber heraus, dass die Trophäe mit einem Gewicht von 280 Gramm bei weitem nicht das hielt, was das Aussehen versprach. Im Vergleich zu den Abwürfen des Vorjahres hatte der Bock wohl 150 Gramm Gehörngewicht verloren. Demnach waren die Stangen im vierten Jahr ungewöhnlich porös ausgefallen. Jägerkreise gebrauchen für dieses Phänomen übrigens den Begriff „Styroporeffekt".

Der bereits erwähnte Ruhrbock zählte übrigens auch zu den Spätabwerfern im Revier, denn zweijährig entledigte er sich seines Kopfschmuckes am 11. und 12. Dezember 1988. Die verkürzte Schiebephase wiederum wirkte sich bei ihm bekanntlich alles andere als negativ aus, denn er beeindruckt gleichermaßen durch Volumen und Gewicht.

Am 31. Dezember 1991 beobachtete ich an der Pyraser Seite des Himmelreiches bei bestem Licht einen Bock, dessen Bastgehörn nicht nur fertig geschoben war, sondern an den Enden eingetrocknete Basthaut erkennen ließ. Anzeichen des Verfegens zeigten sich bei ihm aber erst Anfang März. Im April wiederum trug der Zweijährige immer noch weithin sichtbar Bastreste zwischen den Stangen, und zum Zeitpunkt seiner Erlegung am 17. Mai 1992 klebten schier zu Leder gewordene Fragmente der Basthaut an den Perlen. Die Trophäe zeichnet sich übrigens durch die spitzesten Enden aus, die mir je zu Gesicht gekommen sind.

Der abnorme zweijährige „Löffelhofbock" im Revier Pyras repräsentiert das andere Extrem: Er warf am 10. Dezember 2020 ab und hatte am 2. April 2021 verfegt. Im gleichen Jahr entledigte er sich seines Hauptschmuckes am 27. Dezember und am 28. Dezember. Nach „Turbo-Wachstum" zwischen dem 20.Februar und dem 15. März fegte er am 1. und 2. April 2022.

Jährlinge fegen als letzte

Name des Bockes	Fegetermin
Erlejährling	25. April 1986
Erle-Salchenjährlinge	25. April 1986
Richardsechser	01. Mai 1986
Klosterjährling	02. Mai 1986
Jeppojährling	05. Mai 1986
Weiherlochjährling	07. Mai 1986
Salchenjährling	08. Mai 1986
Winkeljährling	12. Mai 1986

Die Aufstellung über Fegetermine der RIEGERschen Jährlinge belegt also die Meinung, dass Jährlinge frühestens in der zweiten Aprilhälfte abfegen.

1988 tanzte jedoch einer aus der Reihe. Er hatte schon zu einer Zeit ein lauscherhohes Gehörn aufgesetzt, in der bei anderen Jährlingen noch nicht einmal Ansätze erkennbar waren. Entsprechend früh, nämlich am 10. April, entledigte er sich auch seines Bastes.

Im Dezember 87 machte die zweijährige „Fehlsprosse" mit über lauscherhohen Stangen auf sich aufmerksam. Doch das Gehörn hielt später nicht, was das frühe Schieben versprach. Es wurde lediglich früh abgefegt (27. Februar 1988). Dieser Bock musste allerdings auch sehr früh abgeworfen haben.

Viele Faktoren bestimmen demnach den Fegetermin. Dabei spielt das Alter – Jährlinge ausgenommen – praktisch keine Rolle.

Augen auf im Februar

Für die Praxis entscheidend aber ist etwas anderes. Die sichere Unterscheidung zwischen gutem Jährling und geringem Zweijährigen nämlich. Ersten wünschen wir uns ja im Revier, letzten wollen wir der Wildbahn entnehmen. In der Schusszeit aber verwischen sich oft genug die Unterschiede und führen zu Missverständnissen mit Folgen.

Gegenüber dem Jährling hat der – auch geringe – Zweijährige hinsichtlich des Gehörnwachstums immer einen zeitlichen Vorsprung. Im Januar zeigt er nämlich wenigstens den Beginn eines Stangenwachstums, im Februar lässt er die Vereckung zumindest ansatzweise erkennen. Zur gleichen Zeit fängt der Jährling erst mit dem Schieben an.

Der Jährling rechts trägt noch Bastfetzen. Verfegt kann er leicht mit einem geringen Zweijährigen verwechselt werden

Mitte Februar sind die Jährlingskolben entweder nicht oder halb daumenhoch sichtbar. Um die Monatswende, wenn der Zweijährige sein Gehörnwachstum eingestellt hat, erreichen die Jährlingsspieße etwa Daumenhöhe. Der zeitliche Vorsprung des Zweijährigen schlägt sich demnach auch im Fegezeitpunkt nieder.

Wir dürfen also davon ausgehen, dass selbst der geringe Zweijährige vor dem guten Jährling fegt. Und gerade diese Gehörne sollte man sich genau einprägen und nicht nur die der starken Böcke.

Solange das Rehwild sippenweise und noch voll im Winterhaar die Fütterungen besucht, bieten sich hervorragende Vergleichsmöglichkeiten hinsichtlich der Körpergröße der Jährlinge (nach dem Gesetz noch Kitze!) untereinander, zu den jeweiligen Geißen und den Zweijährigen (Jährlingen des Vorjahres). Der aufmerksame Beobachter wird nicht nur die Zusammengehörigkeit registrieren, sondern sich auch individuelle Merkmale einprägen, die ihm später das Wiedererkennen erleichtern (Verhalten, Schädelform usw.).

Der Löffelhofbock warf seine erste Stange am 27.12.2021 ab

Haben sich jedoch die Sprünge einmal aufgelöst und befinden sich die einzelnen Mitglieder im Haarwechsel, fällt die vergleichende Beobachtung zunehmend schwerer.

Er war doch noch grau …

Am Morgen des 21. Mai wurden fast zur selben Stunde in den angrenzenden Revieren Pyras und Mindorf zwei Böcke erlegt. Die Luftlinie zwischen den beiden Standorten beträgt etwa zwei Kilometer. Der eine Bock hatte völlig verfärbt, trug also bereits die sattrote Sommerdecke, der andere war noch fast vollständig grau. 14,5 Kilogramm bahnfertig wog der rote, 17 Kilo der graue. Das angedeutete Sechsergehörn des Sommergefärbten lag deutlich unter dem Revierdurchschnitt, das des Noch-nicht-Verfärbten entsprach dem guten Durchschnitt: ein Allerweltssechser. Beim Aufbrechen wurden weder beim einen noch beim anderen irgendwelche Anomalien registriert. Die Böcke waren also weder mager im Sinne von dürr, noch ergaben die Innereien irgendeinen Anhalt für Krankheiten.

Der wesentliche Unterschied zwischen den beiden betraf das Alter. Der rote Bock war ehedem markiert (ausgeschlitzt!) und nachweislich fünfjährig, der graue dagegen erst zwei (Unterkiefer). Dem Schulwissen nach hätte es aber genau umgekehrt sein müssen: Jung färbt früh und alt spät.

Das mit dem „jung" ist sicherlich nicht grundsätzlich falsch. Zu Beginn der Schusszeit (16. Mai) präsentierten sich tatsächlich einige Jährlinge beider Geschlechter völlig rot. Dieses Prädikat traf aber auch für eine in Gefangenschaft gehaltene dreizehnjährige Geiß zu. Auch sie hatte zur Maimitte hin vollständig verfärbt.

Bekanntlich zieht sich der Wechsel vom Winter- zum Sommerhaarkleid länger hin als der umgekehrte im Herbst. Das liegt in den fehlenden Energiereserven begründet. Somit er-

Die beiden vom 21. Mai: Der graue Bock war zwei-, der rote fünfjährig

streckt sich auch – klimabedingt und regional verschieden – die Umfärbeperiode von Ende April bis Ende Juni.

Zuerst werden Haupt, Hals und Läufe rot, die viel bewegten Extremitäten also, dann erst folgt der Rumpf. Dabei fällt das strähnige, stumpfgraue Winterhaar büschelweise aus. Reste davon finden sich aber noch auf Keulen und Flanken, wenn das Individuum schon längst vollkommen verfärbt, also rot erscheint.

Unter den ersten „roten" befinden sich immer Jährlinge. Einige von ihnen haben sogar schon im ersten Maidrittel den Haarwechsel vollzogen. Doch lässt sich bereits in dieser Klasse eine Verzögerung bis zu einem Monat beobachten. Außerdem sind es nicht immer die schwächsten, die sich bis Ende Mai mit dem Umfärben Zeit lassen.

Anders verhält es sich schon bei Jährlingen, die eine auffällige Verzögerung des Verfärbens erkennen lassen. Stellvertretend so ein Fall: 1988 beobachtete ich einen Jährlingsbock mit weit über lauscherhohen, relativ dicken und vereckten Baststangen. Hinsichtlich des Gehörns zählte er zu den besten im Revier. Anfang Mai war sein Träger – wie bei den anderen auch – rot. Von da ab machte der Haarwechsel keine Fortschritte mehr.

Mitte Juni präsentierte sich der Jährling immer noch so wie zu Maibeginn. Daher erlegte ich ihn am 25. Juni. Er war ziemlich abgekommen, und beim Aufbrechen stellte es sich heraus, dass der eine Lungenflügel geschrumpft war und regelrecht an den Rippen festklebte. Das Wildbretgewicht betrug noch ganze acht Kilo mit Haupt.

Der Aufbau eines Gehörns, da besteht kein Zweifel, kostet Substanz. Und zwar umso mehr, je mehr der Bock davon in seine Hauptzier investiert. Das Gehörnwachstum aber geht in jedem Fall dem Haarwechsel voraus. Der wiederum verbraucht auch Energie. So darf es nicht wundern, dass Böcke mit starkem Gehörn später verfärben als solche mit schwachem.

Am 25. Juni wurde dieser abgekommene Jährling erlegt. Ab Anfang Mai stagnierte der Haarwechsel

Insofern wirkt sich die These, dass der graue Bock ein alter sein muss, verhängnisvoll für die starken jungen aus. Ich möchte nicht wissen, wie viele von ihnen für die umgekehrte Erkenntnis mit dem Leben bezahlen mussten.

Dr. Helmut Wölfel (1987) berichtet über einen gut entwickelten Jährling mit einem ausgesprochen starken Gehörn, der genauso spät verfärbte wie ein vergleichsweise schwacher Fünfjähriger, dessen Trophäe ähnlich der des Jährlings entwickelt war. Bei beiden Böcken verlief der Haarwechsel nahezu synchron.

Das wiederum impliziert, dass ein älterer Bock mit geringen

Spießen – gute Kondition vorausgesetzt – ähnlich früh verfärben kann wie ein Jährling. Wenn „rot" mit „jung" gleichgesetzt wird, rettet das ihn vielleicht sogar vor der Kugel. Weil jedoch im Normalfall mehrjährige Böcke stärkere Gehörne schieben als Jährlinge, stehen sie auch mit dem Verfärben hintan. Wiederholt beobachtete ich jedoch, dass sehr früh verfegte adulte Böcke auch zeitig mit dem Umfärben begannen.

Dass strenge Nachwinter und kalte Frühjahrswitterung den Haarwechsel verzögern können, ist mehrfach belegt worden. Auf das Individuum bezogen, gilt es aber festzuhalten, dass der Zeitpunkt des Verfärbens beim Bock von der allgemeinen Verfassung und der Trophäenstärke abhängt, nicht jedoch vom Alter.

Wie wir alle wissen, tragen Geißen – von seltenen Ausnahmen abgesehen – kein Gehörn. Folglich müssen bei ihnen andere Faktoren den Zeitpunkt des Haarwechsels beeinflussen. Gerade sie dienen in den Monaten Mai/Juni wegen ihres hohen Äsungsbedarfs und der guten Beobachtbarkeit als interessante Studienobjekte.

Viele von ihnen sind um diese Zeit überwiegend grau. Wer genau hinguckt, erkennt, dass sie entweder tragen oder schon führen. Bei ihnen zehren also die Föten oder die Kitze (über die Milchproduktion) an der Substanz. Dass dies zu Lasten des Haarwechsels geht, ist nur verständlich. Daher zählen die Muttertiere zu den am spätesten verfärbenden Rehen überhaupt.

Wiederholt aber stellte ich fest, dass Geißen, deren Kitze ausgemäht wurden, in erstaunlich kurzer Zeit den Rückstand im Haarwechsel wettgemacht hatten. Überdies erschienen sie mit einem Male auch wegen der fehlenden Spinne wesentlich jünger.

Besonders deutlich habe ich das Beispiel einer markierten dreijährigen Geiß vor Augen, die Zwillingskitze führte. Sie war Mitte Juli(!) noch überwiegend grau und machte einen überalterten Eindruck. Dann verlor sie zunächst ein Kitz durch die Straße, eine Woche später das zweite. Groß war mein Erstaunen, als ich sie Mitte September wieder sah: in makellosem Winterhaar und als eines der ersten Rehe im Revier verfärbt. In ihrem Fall wäre ein Wiedererkennen ohne Lauschermarke nicht möglich gewesen.

Mit dem Verfärben verhält es sich also wie mit dem Verfegen. Beides taugt zur Altersansprache nicht.

Wenn wir nun in Rückschau unsere Ansprechhilfen der Reihe nach separat auf ihre Verlässlichkeit hin abklopfen, bleibt nur deren Unzuverlässigkeit als feste Größe übrig. Manchmal trifft nämlich das zu, was uns unsere Altvorderen als Meinung ins Buch geschrieben haben, ebenso oft jedoch gehen wir damit regelrecht „baden".

Die meisten Fingerzeige für die Zugehörigkeit zu einer bestimmten Altersklasse liefert uns immer noch die Gesamterscheinung in Verbindung mit dem Verhalten.

Vertrautheit mit dem Revier und seinem Wild sowie häufiges Beobachten desselben zu verschiedenen Jahreszeiten schützt daher am ehesten vor Fehlurteilen. Mit Sicherheit ausschließen kann sie jedoch keiner. Das vermag einzig die Markierung.

Wiedererkennen von Böcken

Kein Teil des Bockes dürfte wohl so genau und anhaltend betrachtet werden wie das Gehörn. Es ist quasi der Personalausweis seines Trägers, weil selten ein Kopfschmuck dem anderen bis ins letzte Detail gleicht. Mitunter machen es gewisse Eigenheiten sogar unverwechselbar. Der aufmerksame Betrachter würde ein bestimmtes unter Hunderten mit sicherem Griff herausfinden.

Ich erinnere nur an Abnormitäten wie Mehrstangigkeit, Deformationen und Verwachsungen. Solche Merkmale fallen auf die Distanz gesehen sogar deutlicher ins Auge als eine Lauschermarke. Am Gehörn kann man folglich einen Bock wiedererkennen, sicherer jedenfalls als an allen anderen Merkmalen.

***Oben:** Schon als Jährling fiel das „Hirschle" durch abnorme Auslage auf. **Rechts:** Dieses Merkmal behielt der Bock zeitlebens. Hier dreijährig. **Unten:** Fast identisch im vierten Jahr. **Rechts:** Sechsjährig wurde der Bock schließlich erlegt*

Der Dreipunktebock hielt nicht, was sein Jährlingsgehörn versprach:
Links oben: Jährling
Links Mitte: zweijährig
Links unten: dreijährig
Rechts: vierjährig
Trophäengewicht: 340 Gramm

Freilich hat die Natur der Formenvielfalt im Sinne des Bauplanes gewisse Grenzen gesetzt, denn die regelmäßig gebauten Gehörne lassen sich ohne weiteres bestimmten Typen zuordnen. Frhr. v. GAGERN hat diese in sechs Gruppen eingeordnet und sie wie folgt bezeichnet: gerade parallele Form, gerade ausgelegte Form, Eiform, Korbform, Lyraform und geschnürte Form. Als solche haben sie auch Einzug in den jagdlichen Sprachgebrauch gehalten. RAESFELD sieht die Ursachen für die Formverschiedenheiten in der Stellung der Rosenstöcke und in der Blutversorgung der wachsenden Stangen begründet. Ebenso spielen Stoffwechselvorgänge eine Rolle. Rosenstöcke können nach innen gerichtet, parallel gestellt oder nach außen geneigt sein, engen oder weiten Abstand zueinander haben.

Dabei beeinflusst die Stellung des Rosenstocks die Richtung des unteren Stangenteils. Parallele Rosenstöcke bewirken demnach ein paralleles oder lyraförmiges Gehörn, nach außen gerichtete ein gerade ausgelegtes bzw. ei- bis korbförmiges und nach innen gerichtete ein geschnürtes Stangenpaar.

Für die Form maßgeblich aber ist die Blutversorgung. Allseitige, gleichmäßige Blutzufuhr der Kolben lässt die Stangen gerade wachsen, einseitige hat eine Krümmung zur Folge, und zwar zur entgegengesetzten Seite

Von oben: Der „Zehner“ als Jährling, als Zweijähriger und als Dreijähriger. Man beachte die dunkle Grindfärbung

Gehörne lassen sich bestimmten Typen zuordnen. Gewisse Merkmale bleiben von Jahr zu Jahr erhalten und verkörpern gleichsam den „Personalausweis" seines Trägers

hin. Bei der Korbform wurde also die Außenseite besser versorgt, bei nach hinten gekrümmten Stangen die Vorderseite usw. Das gilt sinngemäß auch für die Sprossen.

Die Lyraform führt RAESFELD darauf zurück, dass die Stangen zunächst gleichmäßig ernährt werden, später jedoch außenseitig. Vielfach geschieht das von einem Zeitpunkt an, zu dem sich die wachsenden Rosen berühren und die Blutzufuhr an der Innenseite der Stangen drosseln.

Unterschiede zwischen den Gehörnen eines bestimmten Typus ergeben sich aus der Stellung der Stangen in der Seitenansicht, aus dem Ansatz von Vorder- und Rückspross, deren Form, Länge, Färbung und Stellung zueinander, aus der Höhe, Stärke, Färbung der Stangen, Größe, Stärke und Form der Rosen sowie Anzahl und Größe der Perlen.

Diese Merkmale individualisieren in ihrer Summe das Gehörn des erwachsenen Bockes. Problematischer kann es schon beim Jährling werden, weil sich die oftmals hellen Spießchen verblüffend gleichen. Wir dürfen davon ausgehen, dass gewisse Merkmale eines Gehörns erbbedingt sind. Sie tauchen nämlich mit frappierender Ähnlichkeit über Generationen

Der Dreiecksbock als Jährling

Zweijährig mit deformierter Stange

Dreijährig schob er wieder ein ebenmäßiges Sechsergehörn

Vierjährig ein Spitzenbock mit gut 600 Gramm Trophäengewicht

hinweg in bestimmten Revierteilen regelmäßig oder in Abständen auf.

Für die Altersansprache gibt das Gehörn wenig her. Aber lässt sich an seiner Form ein Bock von Jahr zu Jahr wiedererkennen?

Der gewaltige Wachstumsschub, den das Gehörn im zweiten Lebensjahr erfährt, wird in den seltensten Fällen Ähnlichkeit mit dem Jährlingsgehörn bestehen lassen, weswegen wir im zweijährigen Bock nur ausnahmsweise den Jährling des Vorjahres erkennen können. Danach jedoch ist das Fundament für die weiteren Gehörne fertig, weil das Schädelwachstum und das der Rosenstöcke abgeschlossen sind.

Abwürfe von Gatterböcken zeigen oft von Jahr zu Jahr erstaunliche Ähnlichkeiten – nicht nur in der Grundform, sondern auch von Details bis hin zu einzelnen markanten Perlen oder Deformationen in der Rose.

Das trifft natürlich ebenso für viele Abwürfe in freier Wildbahn zu. Allerdings würde hier jede einschneidende Veränderung fast zwangsläufig zu Verwechslungen führen. Kaum jemand wäre demnach in der Lage, zwei verschieden geformte Abwurfjahrgänge demselben Bock zuzuschreiben. Hier hilft uns also nur die Beobachtung markierter Böcke über Jahre weiter.

Der westliche „Hansloh-Sechser" prahlte zweijährig mit einem gerade auslegten, stark vereckten Sechsergehörn, bei dem der linke Hinterspross in sich S-förmig gekrümmt war. Die dünnen Stangen zeigten wenig Perlen und leuchteten auffallend hell. Ein Jahr später schien das Gehörn insgesamt etwas stärker geworden zu sein, ansonsten blieben die markanten Details, insbesondere der auffällige Rückspross, erhalten. Ab Maimitte war das linke Stangenende abgebrochen.

Im vierten Jahre präsentierte sich das Gehörn wie in den Vorjahren, allerdings niedriger und weniger stark vereckt, jedoch mit dem unverwechselbaren hinteren Ende an der linken Stange. Das war auch im fünften Jahr so. Der Kopfschmuck war aber zu unserer Enttäuschung nochmals zurückgesetzt worden. Kurz vor Aufgang der Jagdzeit endete der Bock leider unter den Rädern eines Autos.

Jahr für Jahr schob auch der rechtsrote „Hansloh-Gabler" sein mäßiges „Jugendgehörn", das nur im dritten Jahr wegen einer Stangenteilung „interessant" wirkte. Aufgrund der Lauschermarke wollte ich ihn so alt wie irgend möglich werden lassen. Doch es kam ja ganz anders, wie unter „Territorialverhalten" bereits beschrieben.

Der nächste langfristig beobachtete Kandidat war der Sechser von der Harrerwiese. Als ich ihn kennenlernte, dürfte er zweijährig gewesen sein. Zu diesem Zeitpunkt hatte er schon das Territorium inne und war in dem Bereich der einzige adulte Bock. Sein Vorgänger wurde ein Jahr zuvor im August als „Erntebock" (sechsjährig nach Unterkiefer) gestreckt.

Bei Frontalansicht war die linke Stange des gerade ausgelegten Gehörns etwa zwei Zentimeter höher, dafür lag der Ansatz der längeren rechten Vordersprosse um gut einen Zentimeter weiter oben. Ins Auge stachen zudem die sehr großen Kranzrosen.

Dreijährig ragte vorne aus der rechten Stange ein zusätzliches halbfingerlanges Ende heraus, dafür fiel der Vorderspross recht dürftig aus. Der Volumenzuwachs der gut geperlten Stangen im unteren Drittel war unübersehbar. Ansonsten verblüffte die Ähnlichkeit zum Vorjahr. Vier- und fünfjährig schob der Bock wieder ein regelmäßiges Sechsergehörn von – aufs Revier bezogen – überdurchschnittlicher Qualität.

Im sechsten Jahr aber setzte der Bock sichtbar zurück. Die Stangenlänge schrumpfte, die Enden gerieten kürzer. Erhalten blieben die großen Kranzrosen, die leicht nach außen abkippten. Im siebten Jahr erlegte ich ihn. Immer noch machten die ungleich langen und zudem versetzten Vordersprossen auf sich aufmerksam, doch vom einst voluminösen Gehörn zeugen nurmehr die großen Kranzrosen, die auf dicken Rosenstöcken sitzen. Mit seiner Erlegung hatte ich also zwei Jahre zu lange gewartet. Kein anderer Bock im Revier wurde übrigens über einen ähnlich langen Zeitraum so regelmäßig beobachtet.

❶ Der Zapfenbock als Jährling; ❷ als Zweijähriger; ❸ im dritten Jahr ragte eine faustgroße Geschwulst wie ein Tabaksbeutel über die rechte Schädelhälfte; ❹ nach dem Abfegen war die rechte Stange verkürzt; ❺ als Vierjähriger schob der Bock wieder ein regelmäßiges, reich geperltes Gehörn; ❻ fünfjährig im Bast; ❼ nach seiner Erlegung im gleichen Jahr

1
2
3
4
5
6
7

Vier weitere Böcke, die ich vom zweiten bis fünften Lebensjahr in ihrer Gehörnentwicklung verfolgte, bestätigen die These, dass das Gehörn eines Bockes sich im Aussehen wenig verändert.

Einer jedoch gab mir Rätsel auf. Als Jährling mit gelber Lauschermarke trug er daumenhohe Spieße und wäre ohne die Kunststoffscheibe erlegt worden. Im zweiten Jahr waren die Stangen mehrfach in sich gekrümmt, ein Widdergehörn also. Wieder rettete ihn die Marke. Dreijährig setzte er ein hervorragend verecktes Korbgehörn auf, bei dem die linke Stange gut zwei Zentimeter höher ausfiel und sicherlich 25 bis 26 cm maß.

Die bemerkenswerte Ausnahme: Dieser Bock setzte jedes Jahr ein anders gebautes Gehörn auf. Hier vierjährig

Im Jahr darauf hätte am Gehörn niemand diesen Bock identifizieren können, denn die stark vereckten hohen Stangen standen sehr eng und fast parallel! Mit der Brunft 1988 blieb die bemerkenswerte Ausnahme verschwunden. Sein Territorium jedenfalls wurde im nächsten Jahr von einem Zweijährigen besetzt.

Auch bei FRANZ RIEGERS starken Böcken überwogen die bei weitem, die sich ihre Gehörncharakteristika über Jahre hinweg, trotz Schwankungen im Volumen, bewahrt hatten. Das trifft auch für das „Hirschle“ zu, einen Bock, der seinen Namen von den abnorm weit ausgelegten Stangen erhielt (Seite 119).

Er war zwar nicht markiert, aber durch die „Doppelbreite“ seines Gehörns unverwechselbar. Diese Eigenart erhielt sich der Bock sechs Jahre lang. An sich wäre er wegen der geringen Stangenstärke im dritten oder vierten Jahr erlegt worden, doch sollte er als Weiser für die intensivierte Biotopverbesserung und Winterfütterung dienen. RIEGER interessierte in diesem Zusammenhang, ob derartige Maßnahmen auch bei einem adulten und mittelmäßigen Gehörnträger noch späte Früchte tragen. Es war im Nachhinein betrachtet vergebene Liebesmüh.

Interessantere Studienobjekte sind ohne Zweifel die Böcke, deren Gehörn sich von einem Jahr zum anderen wesentlich verändert. Bei RIEGERS „Dreiecksbock“, benannt nach einer dreieckigen Zusatzscheibe im Lauscher, handelte es sich um einen guten Jährling, und alle Jäger im Revier hofften im nächsten Jahr auf den „großen Sprung“. Ende Februar wurde mit einem Mal an einer Fütterung ein „Abnormer“ beobachtet: der „Dreiecksbock“. Wieder einmal siegte der Forscherdrang über das Verlangen nach einer bizarren Trophäe.

Nach dem Abwerfen der durch Bastverletzung deformierten Stange schob der Bock im Jahr darauf nicht nur ein „normales“, sondern dazu noch ein sehr starkes Sechsergehörn mit reicher Perlung. Ein Jahr später musste der durch Krankheit stark abgekommene Dreiecksbock erlegt werden. Seine Trophäe brachte frisch über 600 Gramm auf die Waage, und in

Nürnberg (Wildtier und Umwelt 1986) wurde für sie ein Gehörnvolumen von 220 cm^3 ermittelt. Die Bewertung ergab 143,37 IP Auch bei diesem Kapitalgehörn frappiert die Ähnlichkeit vom dritten auf den vierten Jahrgang.

Am 22. Dezember 1979 verletzte sich „Heinrich", der zweijährige Gatterbock meines Bruders Holger am Wachstumsscheitel seines rechten Stangenkolbens und schweißte sehr stark. Zu diesem Zeitpunkt war das Bastgehörn gut fingerhuthoch. Würde sich die Verletzung auf die weitere Gehörnbildung auswirken? Bald schon bildeten sich zwei Wachstumszonen. Die eine wies nach vorn, die andere nach oben.

Als das Gehörn fertig geschoben war, fehlte an der ehedem verletzten Stange die Vordersprosse, dafür ragte über der Rose ein Spross mit drei Enden vorwärts. Die rechte Stange war somit fünfendig.

Wir müssen davon ausgehen, dass derartige „Missbildungen" ihre Ursache in einer sehr frühen Wachstumsphase des Gehörns mechanisch erfahren. Dabei spielt die exakte Stelle und die Schwere der Verletzung für das spätere Aussehen der „abnormen" Trophäe eine erhebliche Rolle. Es kommt nämlich darauf an, welche Keimzone die Beeinträchtigung erfährt. In aller Regel reagiert der wachsende Kolben mit Bildung neuer Keimbezirke. Das führt zu Auswachsungen, häufig zu Vielendigkeit. Reviere mit einem hohen Anteil an Stacheldraht gezäunten Weiden bringen erfahrungsgemäß einen hohen Prozentsatz abnormer Gehörne hervor, da die Böcke beim „Unten-durch-Schlüpfen" an diesen Hindernissen sich offensichtlich leicht die Wachstums-Zone an den spitzen Zinken des Drahtes verletzen.

Bricht dagegen die Kolbenstange an, bleibt ihre ursprüngliche Stellung erhalten. Wir erkennen die Bruchstelle dann als deutliche Verdickung. Schwere Brüche führen zum Absenken der Stange. Sofern der Bast das Abfallen des gebrochenen Stangenteils verhindert, erfolgt eine schiefe Verwachsung, mitunter auch unter Bildung neuer Enden. In der Phase des Schiebens strebt die Spitze übrigens wieder nach oben.

Einstangenbock. Ist die Keimzone unverletzt geblieben, wird der Bock im nächsten Jahr wieder ein normales Gehörn schieben

Anfliehen von Hindernissen zieht manchmal Rosenstockbrüche nach sich. In leichten Fällen reißt der Rosenstock nicht ab, sondern bleibt mit einem Teil der Bruchfläche haften und heilt unter Kallusbildung wieder ab. Auch wenn der Rosenstock dann schief zusammenwächst, wird das Folgegehörn in seiner Form nicht beeinflusst.

Wenn der Rosenstock völlig durchbricht und die Rosenstockhaut nicht reißt, sinkt der abgebrochene Teil samt Stange nach vorne, nach hinten oder seitlich ab. Geschieht das in der Kolbenzeit, verknöchert der Bruch nicht, und es kommt zur Ausbildung von Pendelstangen. Folgestangen derartiger Frakturen

sind oft dünner und weniger endenreich als die Passstange. Wir würden demnach einen Bock an diesem Merkmal wiedererkennen. Vielen Jägern bekannt ist auch die regelwidrige Ausformung einer Gehörnstange im Folgejahr einer Laufverletzung. Häufig wird die Ursache für diese Auswirkung erst nach der Erlegung bei der Verwertung des Stückes offenbar.

Widder- und Korkenziehergehörne sind dagegen das Resultat von Stoffwechselstörungen während des Gehörnwachstums. Vermutlich erfolgt bei ihnen die Verkalkung und Verknöcherung der Stange zu spät. Der unverknöcherte Stangenabschnitt wird dann durch sein Eigengewicht nach unten gebogen, wobei der Wachstumsscheitel weiterhin nach oben weist. Wenn auch verspätet, verknöchern diese Gehörne und behalten die gekrümmte Form bei.

Widdergehörne spiegeln demnach den Gesundheitszustand des Bockes wäh-

Oben: Aufgrund einer Verletzung am Wachstumsscheitel des rechten Stangenkolbens schob Gatterbock „Heinrich“ im zweiten Jahr über der Rose einen Spross mit drei Enden.
Unten: Die Abwürfe vom 2., 3. und 4. Jahr des Gatterbocks „Henry“ sind fast identisch

rend der Schiebephase wider. Auch hier dürften „normal“ gebildete Folgegehörne eher die Regel sein. Wegen des hohen Erinnerungswertes der Trophäe werden „Widder“ oder „Korkenzieher“ jedoch bevorzugt erlegt.

Durch die Einbuchtung im Rosenkranz lässt sich die Abwurfstange eindeutig zuordnen

Schließlich kann sich auch ein Gehörn von einem Jahr auf das nächste durch Krankheit verändern. RIEGERS „Zapfenbock“ verdeutlicht das. Zweijährig trug er ein wuchtiges, ebenmäßig geformtes Gehörn mit zapfenförmigen Perlen. Sie standen auch bei der Namensgebung Pate. Das Folgegehörn präsentierte sich jedoch ganz anders. Bedingt durch eine faustgroße Geschwulst, die wie ein Tabaksbeutel von der Rose in die rechte Gesichtshälfte ragte, war die Stange auf dieser Seite verkümmert. Keiner hätte mehr einen Heller auf das Überleben des Bockes gesetzt, doch nach dem Fegen war mit dem Bast auch die Geschwulst verschwunden. Im nächsten Jahr schob der Bock wieder das erwartet gute Gehörn mit dicken Stangen und feinerer Perlung.

Wir dürfen demnach davon ausgehen, dass wir einen gesunden adulten Bock von einem Jahr auf das andere am Gehörn wiedererkennen können; natürlich immer vorausgesetzt, dass das Gehörn frei von Verletzungen bleibt. Doch auch in diesen Fällen erhält sich meistens eine Stange die ursprüngliche Form. Erleichtert wird das Wiedererkennen zudem durch die Standorttreue. Sie reduziert auch die Verwechslungsgefahr mit Böcken ähnlichen Gehörns.

Die Praxis lehrt ebenso, dass der Kopfschmuck „normalwüchsiger“, doch schwächerer Gehörne junger Böcke meist sehr oberflächlich betrachtet wird. Ein Gehörn aber, dessen Details man nicht im Kopf hat, lässt sich naturgemäß schwerer von einem gleichen Typs unterscheiden.

Wer natürlich Muße hat, Böcke über längere Zeit zu studieren, dem werden auch andere, weniger markante Merkmale auffallen, die ihm das Wiedererkennen erleichtern. Herzog ALBRECHT V. BAYERN berichtet über einen Bock, der sein ganzes Leben lang die Gewohnheit hatte, so aufzuwerfen, als ob er sich Wind holen würde.

Desgleichen unterscheiden sich die „Stimmen“ beim Schrecken hinsichtlich Höhe und Lautstärke, so dass derjenige, der sich einmal eingehört hat und die individuellen Schallquellen kennt, schon vom Hören weiß, um wen es sich handelt. Auch die Deckenfärbung ist individuell verschieden und bleibt in dieser Abstufung einem Reh bisweilen zeitlebens erhalten.

Kopfform, Lauscherhaltung, Gesichtsausdruck und Bewegungsablauf können weitere, selten jedoch dominierende Erkennungshilfen darstellen. Das gilt auch für die Demarkationsli-

Rechts: Rosenstockbrüche führen zur Gehörndeformation
Links: Gekippter Rosenstock. Wie der Bock wohl im nächsten Jahr aussehen wird?

nien zwischen den schwarzen Partien des Windfangs und den helleren der Muffel. Natürlich bleiben einem die jahreszeitlich differierenden Kontraste in der Gesichtsfärbung nicht verborgen, ebenso wenig die farblichen Veränderungen von Jahr zu Jahr. So können wir tatsächlich das graduelle „Altern" des Individuums verfolgen, und von diesem Umstand haben unsere Altvorderen auch ihre Ansprechhilfen abgeleitet.

Wer also ein bestimmtes Reh wirklich kennt, kann auf eine Summe von Merkmalen zurückgreifen, die dem Außenstehenden selbst bei Erklärung verborgen bleiben.

Nicht nur an der „ausufernden" Rose, auch am „Gesichtsausdruck", geprägt von den hervorstehenden Lichtern, ist dieser Bock gut wiederzuerkennen

Brunftbeobachtungen

Brunftzeit, Erntezeit. Für viele Rehwildjäger ist sie der Höhepunkt des Jagdjahres. Jetzt sind nämlich die Böcke auch tagsüber sichtbar auf den Läufen und somit gut zu beobachten. Die sonst gezeigte Vorsicht scheint wie weggeblasen, weil sich alle Sinne nurmehr auf brunftige Geißen richten. Die Böcke befinden sich durch Testosteron-Ausschüttung in höchster Brunfterregung. Das erhöht die Chance mehr als sonst, einen selten gesehenen heimlichen Vertreter vor die Büchse zu bekommen, lässt die Aussicht auf Jagderfolg steigen, öffnet dem Zufall Tor und Tür und macht die ganze Angelegenheit für den Jäger reizvoller.

Doch trotz innigen Kontaktes zum Rehwild gerade in dieser Zeit ist das Wissen um das Brunftgeschehen eher spärlich, vielfach lückenhaft, und viele Erkenntnisse widersprechen sich in ihrer Aussage. Vielleicht auch deswegen, weil sich traditionell die ganze Aufmerksamkeit auf die starken Böcke richtet. Im allgemeinen findet die Hochbrunft um die Monatswende Juli/August statt. Vereinzelt wurde jedoch Brunftgeschehen schon wesentlich früher registriert.

So beobachtete ich am 28. Juni(!) 1974 einen Bock, wie er eine Geiß nach Art des Brunftzeremoniells trieb und des Öfteren Brunftverhalten bei Rehen in der ersten Hälfte des Juli. Freilich ist so früher Brunftbeginn nicht die Regel und sicher individuell bedingt.

Nach RAESFELD sind Eintritt, Verlauf und Ende der Brunft von mancherlei äußeren Faktoren abhängig. So soll ein günstiger Winter eine frühzeitige Brunft erwarten lassen. Das gleiche sagt man frühem Setzen nach. Nach LEHMANN (in PASSARGE, 1979) wird die Brunft durch „Zeitgeber“ ausgelöst, von denen eine Tageslänge von 15 3/4 Stunden der wichtigste ist. Weiter heißt es, dass diese Eigenschaft erblich festgelegt ist und garantiert, dass alle weiblichen Rehe zum annähernd gleichen Zeitpunkt brunftig werden.

Ein „Pärchen“ am Horizont Ende Juli. Die Blattzeit macht auch die alten und heimlichen Böcke sichtbar

Übereinstimmend behaupten RAESFELD und PASSARGE, dass in der Regel die Schmalrehe zuerst brunftig werden. Deswegen würden, so RAESFELD, Bock und Schmalreh im Spätfrühjahr eine Gemeinschaft bilden. Die nach und nach brunftig werdenden weiblichen Stücke seien es auch, die die Böcke suchen.

Das Brunftgeschehen wirft daneben noch einige Fragen auf, die den Revierinhaber besonders bewegen, nämlich ob die Böcke während der Brunft ihre Territorien ausweiten bzw. gar aufgeben, ob sie im selben Zeitraum mehrere Geißen treiben oder sich an eine binden und wo sich in dieser Zeit die Kitze befinden. Fragen, die nur permanente Beobachtung an markiertem Wild in freier Wildbahn schlüssig beantworten kann.

FRANZ RIEGER verfolgte das Brunftgeschehen in seinem Revier vom 1. Juli 1985 bis zum 8. September 1985 täglich mit Kamera und Notizblock. Dabei registrierte er 1421 Einzelbeobachtungen von Rehen. Bei jedem Stück wurde die Identität festgestellt, ferner wurden die Koordinaten des Sichtungsortes im Planquadrat festgehalten, desgleichen Vergesellschaftung und Äsung. Diese Daten wertete dann der Computer aus. Parallel dazu lief in einem zweiten Revier dasselbe Programm. Hier wurden 270 Stücke registriert.

Eröffnet wurde die Brunft vom zweijährigen „Bühlsechser" am 8. und 9. Juli mit der linksroten vierjährigen „Ruhrgeiß". Sie hatte ihr linksgelbes Einzelkitz dabei und befand sich etwa 300 Meter von ihrem Streifgebiet entfernt im Territorium des Bockes.

Am 10., 12., 13. und 14. Juli beobachtete RIEGER regelmäßig den linksblau markierten zweijährigen „Erle-Salchensechser" zusammen mit der unmarkierten Geiß vom Waldholz und ihrem Kitz sowie den dreijährigen „Erlen-Zapfenbock" mit der „Mailegeiß". Nicht dabei waren die beiden markierten Kitze. Ebenfalls am 12. Juli trieb in seinem Territorium der zweijährige „Linsenbock" in der Linsenwiese die linksrote vierjährige „Linsengeiß".

Am 14. Juli plätzte und fegte der zweijährige „Rundwegspitzer" am Sauerampfer in der Erle-Kleewiese mit gesträubtem und nass glänzendem Haar so intensiv, dass er vom Auto keinerlei Notiz nahm, obwohl es sich auf 20 Meter genähert hatte. Er ließ sich auch von den Verschlussgeräuschen der Kamera nicht stören.

Am gleichen Morgen trieb im Wolfsbuck der zweijährige „Hangwegbock" die rechtsweiße siebenjährige und nicht mehr führende „Hangweggeiß". Sie machte einen abgekommenen Eindruck. Am nächsten Tag wiederholte sich die Beobachtung. Der rechtsrote fünfjährige „Erlebock" wurde zum ersten Mal am 22. Juli im „Stützenbach" treibend gesichtet und zwar mit der vierjährigen „Bienengeiß". Schon eine Woche zuvor hatte er sein Territorium in den Erlen verlassen und äste wiederholt am „Bühlhölzle", dem Einstand der „Bienengeiß". Am 23.7. brunfteten beide wieder am angeführten Ort im Territorium des „Erlebocks".

Wo aber waren die beiden markierten Kitze der Geiß? Sie ästen in der großen „Scheuerwiese" am Rand des Haferackers. Dort blieben sie auch in den nächsten Tagen alleine, während die Geiß öfter mit dem Bock in den Erlen gesichtet wurde.

In der ersten Phase spielte sich also die Brunft in den Territorien der Böcke ab. Beteiligt waren nur territoriale Böcke und führende Geißen bzw. solche, die schon einmal geführt hatten. Demnach werden nicht zuerst die Schmalrehe brunftig, sondern die Altgeißen!

Zu diesem Zeitpunkt waren nämlich weder Schmalrehe noch markierte nicht führende zwei- und dreijährige Geißen brunftig. Dazu noch zwei interessante Detailbeobachtungen.

Am 24. Juli trieb im „langen Wiesengraben" der „Uhlbock" ganz heftig eine Geiß. Ganz in der Nähe ästen seine sonstigen Begleiterinnen, zwei Schmalrehe. Als eines davon dem

5. August 1981: Nacheinander beschlug der zweijährige Sechser zwei Geißen

Brunftgeschehen zu nahe kam, machte der Bock einen regelrechten Ausfall und jagte das Schmalreh 20 bis 30 Gänge weg. Daraufhin kehrte er sofort zur beschlagwilligen Geiß zurück und setzte den Reigen fort.

Am nächsten Morgen trieb der Bock die Geiß den Hang hinab, gefolgt von „seinen" Schmalrehen sowie zwei markierten Kitzen. Deren Symbolmarken erlaubten jetzt eine Identifizierung der Geiß. Es handelte sich um die von der „Kurzwiese". Ihren Einstand hatte sie etwa 300 Meter vom Brunftplatz entfernt. Am Abend brunfteten die Altrehe wieder. Doch diesmal ohne Gefolge.

Am 19., 20. und 21. Juli war der schon erwähnte „Erle-Salchensechser" wieder aktiv und trieb in den „Schleifwiesen", 200 Meter vom ersten Brunftplatz weg, die linksrote „Erlegeiß" im Beisein ihrer beiden Kitze. Seine erste Partnerin, die „Waldholzgeiß" hatte das Terrain wieder geräumt. Die erneute Zweisamkeit hielt wiederum knapp eine Woche an, denn am 25. Juli fegte und plätzte der Bock intensiv am Waldrand – ein Zeichen, dass die vorübergehende Bindung ein Ende gefunden hatte.

Partnerwechsel am 30 Juli ebenfalls beim roten „Erlebock". Zumindest wurde er von diesem Datum an mit einer unmarkierten, führenden Geiß in „Paters Talwiese" – Teil seines Territoriums – gesichtet.

Auffallend bei allen Beobachtungsexemplaren war die zeitlich begrenzte, jedoch feste Bindung des Bockes an eine Geiß und der Umstand, dass kein Bock in der Brunft '85 mehr als drei Geißen für sich vereinnahmte und belegte. Das hängt sicherlich mit der hohen Anzahl ausschließlich mehrjähriger Territorialböcke zusammen. Während der Hauptbrunft, sie endete am Abend des 10. August, kam nämlich kein Jährling zum Zuge.

Nur zweimal verließ ein Bock sein Territorium. Das war beim „Erlebock" der Fall, als er die „Bienengeiß" in seinen Einstand „holte", und beim dreijährigen „Klosterbock", der am 7. August völlig abgebrunftet weit von seinem sonstigen Einstand am „Salchengraben" sitzend die Annäherung des Autos duldete. Das erste brunftige Schmalreh im Revier war eine der beiden Begleiterinnen des „Uhlbocks". Es wurde ab dem 30. Juli (23. Tag der Brunft!) von diesem getrieben und beschlagen. Im Übrigen gab es keinen Fall, in dem eine brunftige Geiß den Partner wechselte.

Das erlebte ich jedoch am 5. August 1981 um 20.30 vor dem Hansloh. Dreihundert Meter von mir entfernt trieb ein zweijähriger Sechser eine Geiß und beschlug sie wiederholt. Gegen 20.40 zog unter meiner Leiter eine sehr alte Geiß heraus, gefolgt von einem Jährling. Dieser trieb die Geiß und versuchte sie mehrmals zu beschlagen. Daraufhin fiepte die Geiß laut und zwar genau in einem Moment, in dem der andere Bock beschlug.

Dieser stieg sofort von seiner Geiß ab und preschte mit Höchstgeschwindigkeit auf das Paar vor mir zu. Sofort suchte der Jährling das Weite. Nun trieb der Zweijährige die Geiß und beschlug sie dreimal vor meinen Augen. Davon gelangen mir einige Fotos. Im Verlaufe des Abends kehrte der Bock nicht mehr zu der ersten Geiß zurück.

Ein Territoriumswechsel in der Brunft wurde auch dem zweijährigen „Stahlbergbock" zum Verhängnis. Dieser Bock sollte auf alle Fälle geschont werden. Er hielt auch in der Brunft treu seinen exponierten Einstand bei. 700 Meter Luftlinie davon entfernt pirschte ich am Abend des 4. August 1981 einen treibenden Bock an, der mir erlegenswürdig erschien. Im letzten Moment bemerkte mich die Geiß, sprang ab und nahm den sich ihr zunächst in den Weg stellenden Bock mit.

Am nächsten Morgen näherte ich mich im ersten Licht wiederum ganz vorsichtig der Wiese, entdeckte den Bock, wunderte mich noch, dass das Gehörn mit einem Mal höher wirkte als am Abend vorher, schloss aber aufgrund der Ähnlichkeit seiner Form eine Verwechslung aus und schickte die Kugel mit Erfolg auf die Reise. Am Anschuss lag der „Stahlbergbock" und nicht derjenige, dem die Kugel gelten sollte. Dabei hatte mein Bruder ihn am Vorabend noch in seinem Territorium treibend beobachtet. Offen bleibt hier jedoch die Frage, um welche Geiß es sich bei der zweiten Begegnung gehandelt hatte.

Am 5. August 1985 wurde der fünfjährige „Erlebock" mit seinen 585g Trophäengewicht und 22,5kg Wildbretgewicht erlegt. Drei Tage später hatten der zweijährige „Erlen-Salchenbock" und der zweijährige „Rundwegspitzer" das Territorium ausgekämpft. Einzug hielt der „Rundwegspitzer". Bei beiden stieg von da ab der Brunfterfolg deutlich an.

Die Brunftintensität wechselte 1985 von Tag zu Tag, je nach Wetterlage. Nach hellen Mondnächten und bei Kälte-Einbrüchen ließen sich kaum Aktivitäten registrieren. Desgleichen spielten sie sich an sehr heißen Tagen hauptsächlich in den kühlen Morgen- und den weniger warmen Abendstunden ab. Hier sprangen die Böcke auch am besten auf das Blatt. Daneben im Wald noch gegen Mittag.

Nun zu der eingangs erwähnten Computerauswertung der vielen registrierten Einzeldaten. Sie wurde wiederum von Dr. Johannes Bauer (1985) und seinen Mitarbeitern vorgenommen. Hier die Ergebnisse:

1. Vergesellschaftung

Schon die Vergesellschaftung der Tiere sagt einiges über den Verlauf der Brunft aus. Solitäre führende Geißen sind besonders häufig im Juli, alleinstehende Kitze werden in erster Linie im August beobachtet.

2. Brunfthöhepunkte
Brunftaktivitäten von Böcken (treiben, suchen, plätzen, fegen, kämpfen) wurden am häufigsten zwischen dem 26.7. und 14.8. und zwischen dem 20.8. und 29.8. registriert, wobei die zweite Phase nurmehr einen „Nachgipfel“ mit erheblich weniger Beobachtungen darstellt.

3. Brunftverlauf
Wird das Brunftverhalten in „Suchen“ und „Treiben“ differenziert, so zeigt sich, dass die Hauptbrunft nicht mit der Blattzeit zusammenfällt, sondern vorher zwischen dem 20. und dem 30. Juli liegt. Mit dem Rückgang der brunftigen Geißen nimmt auch der Anteil der suchenden Böcke zu.

4. Anspringen und Bockstärke
Am besten sprangen die Böcke zwischen dem 3. und 7. August. Dabei besteht ein deutlicher und enger Zusammenhang zwischen dem Ansprungdatum der Böcke und deren Körpergewicht. Starke Böcke sprangen zwischen dem 3. und 4. August, mittelstarke am 5. August und schwache Böcke zwischen dem 6. und 7. August. Diese Erkenntnisse beziehen sich auf die traditionelle Rufjagd der Fürsten zu FÜRSTENBERG in Donaueschingen und gelten für das Jahr 1985. Doch die gleichen Beobachtungen wurden auch in den beiden Versuchsrevieren gemacht: Alte und starke Böcke brunften früher.

5. Brunftaktivität verschiedenaltriger Böcke
Während die Brunft bei älteren (mehr als zwei Jahre!) Böcken am 14. August beendet war, fand ein erheblicher Teil der Brunft von zweijährigen Böcken zwischen dem 14. August und dem 9. September statt.

In den „heißen Tagen“ bleibt der Bock stets an der Seite der brunftigen Geiß

6. Brunftzeitpunkt von führenden Geißen und Schmalrehen
Auch bei den Geißen brunfteten ältere Tiere bzw. führende Geißen früher als Schmalrehe. Während 96 Prozent führender Geißen vor dem 20. August beschlagen wurden, erfolgte bei mehr als der Hälfte der Schmalrehe der Beschlag nach dem 25. August.

7. Brunftpartner von Schmalrehen
Die späte Brunft der Schmalrehe und der zweijährigen Böcke führt dazu, dass beinahe 70 Prozent der erstmalig brunftenden Geißen auch von erstmalig brunftenden Böcken beschlagen werden. Natürlich interessiert auch, ob der Brunfterfolg unterschiedlich alter Böcke auch unterschiedlich hoch ist bzw. die Frage, ob sich eine unterschiedliche Altersstruktur auf den Brunfterfolg der einzelnen Altersklassen auswirkt.

8. Mit wie vielen Geißen brunftet ein Bock?
In Jagdkreisen wird oft vom „optimalen Geschlechtsverhältnis" (1:1?) gesprochen. Was das ist, weiß niemand so genau. Es muss jedoch bei Arten wie dem Reh davon ausgegangen werden, dass sowohl eine zu geringe Anzahl von Böcken als auch eine zu große ein maximales Beschlagen der Geißen beeinträchtigt. Eine wichtige Maßzahl zur Beurteilung ist sicher der Brunfterfolg einzelner Böcke. Im Versuchsrevier 1 (RIEGER) ermöglichten Dauerbeobachtungen dessen Schätzung. Sie besagt, dass Böcke im Schnitt mit zwei bis drei Geißen brunften.

9. Brunftbeteiligung verschiedener Altersklassen
Die Autoren definieren „Brunfterfolg" als beobachtetes Treiben mit anschließendem Beschlag und setzen die Anzahl der Beobachtungen von Brunfterfolgen einer bestimmten Altersklasse mit deren Häufigkeit in Beziehung. Daraus ergibt sich ein Maß für die Brunftbeteiligung dieser Altersklasse. Der Vergleich der Versuchsreviere zeigte, dass der Brunfterfolg von Jährlingsböcken relativ hoch ist (über 30 Prozent), wenn keine mehr als zweijährigen Böcke existieren (Revier 2, STROHHÄCKER), jedoch nahezu null ist, wenn Böcke im Revier stehen, die älter als zwei Jahre sind (Revier 1).

10. Brunftaufwand und Brunfterfolg verschiedener Altersklassen
Definiert man das Suchen nach Geißen als Fortpflanzungs- oder Brunftaufwand, das Treiben/Beschlagen jedoch als Fortpflanzungs- bzw. Brunfterfolg, lässt sich bei verschiedenen Altersklassen Aufwand und Erfolg bei der Fortpflanzung vergleichen.
Dort, wo ausreichend Altböcke (drei und älter) vorhanden sind, kommen sie praktisch immer zum Beschlag und müssen kaum suchen. Bei den Zweijährigen halten sich Aufwand und Erfolg in etwa die Waage, d. h. sie müssen häufiger suchen, während die Jährlinge zwar ständig suchen, aber so gut wie nicht zum Beschlagen gelangen.
Wo dagegen die Altersklasse fehlt, brauchen die Zweijährigen nicht zu suchen. Sie gelangen immer zum Beschlag. Auch Jährlinge haben eine Erfolgsquote von etwa zwei Drittel und müssen entsprechend wenig suchen.

11. Territoriumsgröße und Brunftreviergröße
In beiden Versuchsrevieren vergrößerte sich der Aktionsradius der Böcke während der Brunft erheblich. Sie suchten nach brunftigen Geißen. Im Versuchsrevier 1 (RIEGER) war diese Ver-

größerung der Raumansprüche besonders deutlich bei den zweijährigen Böcken (fünffache Größe). Die brunftaktivsten Böcke in beiden Revieren wiesen die kleinsten Brunfträume auf.

12. Brunftraumgröße und Brunftraumerfolg

Die Größe des Brunftraumes eines Bockes scheint im Zusammenhang mit seinen Suchaktivitäten zu stehen. Jüngere Böcke verbringen dabei offenbar während der Brunft mehr Zeit mit Suchen als ältere. Demnach muss ihr Brunftraum auch größer sein.

Im Versuchsrevier 1 hatten ganz offensichtlich zweijährige Böcke mit einem Brunftraum zwischen 15 und 30 Hektar den größten Brunfterfolg. Es handelte sich um Böcke mit festen Territorien. Einige Böcke mit sehr geringem Aktionsradius waren offenbar noch nicht voll brunftaktiv und hatten dementsprechend wenig Brunfterfolg. Die Autoren nennen sie „pseudoterritorial".

Andere Böcke zeigten einen großen Aktionsradius während der Brunft, waren wohl vollbrunftaktiv, jedoch nicht im Besitz eines Territoriums, also „nichtterritorial".

Den geringsten Aktionsradius hatten die Böcke mit sehr hohem Brunfterfolg. Das waren die älteren.

13. Brunfterfolg und Konkurrenz um Geißen

Warum aber differieren Aktionsradius und Erfolg? Böcke konkurrieren miteinander um die Gunst der Geißen. Dabei ist zu erwarten, dass erstmalig brunftende trotz großen Suchaufwandes durch alte erfahrene Böcke unterdrückt werden. Mit dem Abschuss eines älteren Bockes müsste demnach auch der Brunfterfolg seines Territoriumsnachfolgers größer werden. Das bestätigte sich am Beispiel des „Rundwegspitzers", als er das Territorium des „Erlebockes" nach dem 5. August übernahm.

Die Paarungsbereitschaft der Geiß wird für den Bock vorwiegend über Düfte vermittelt; andere Sinne werden dadurch zeitweise lahmgelegt

Zwei Böcke begegnen sich in der Brunft

Erregt beginnt der eine zu plätzen

Sein Widerpart macht einen Ausfall

Wieder stellen sie sich

14. Nachbarböcke und Brunfterfolg

Durch die Vergrößerung der Brunfträume bleibt es nicht aus, dass sich diese mit denen von Nachbarböcken überlappen. Wenn das – wie beobachtet – bis zu fünf Böcke betrifft, untermauert es die Annahme, dass der Brunfterfolg eines Bockes nicht nur von der Anzahl der anderen Böcke abhängt, die in demselben Gebiet brunften, sondern auch von deren Brunfterfolg.

Es zeigte sich nämlich, dass Böcke, die 16 bis 24 erfolgreiche Brunftereignisse anderer Böcke in ihrem Brunftraum „dulden“ mussten, nur ein Drittel des Brunfterfolges von Böcken hatten, die nur von 7 bis 12 erfolgreichen Konkurrenzaktionen betroffen waren.

15. Konsequenzen für die Praxis

Es besteht nicht der geringste Zweifel, dass sich Jährlinge erfolgreich fortpflanzen können, und aus genetischer Sicht gibt es dagegen nichts einzuwenden. Doch die erfolgreiche Brunftteilnahme fordert dem Jährling Reserven ab, die er sonst in das Wachstum seines Körpers investieren könnte. Der Substanzverlust wird ihn also härter treffen als den Mehrjährigen.

Wenn sich Böcke aber schon im ersten Lebensjahr verausgaben müssen, darf es nicht wun-

Das Ritual des Parallelmarsches

Beide plätzen

Nun wird es ernst

Der Sieger markiert

dern, dass sie im zweiten nicht mehr das zeigen können, was in ihnen steckt. Aus diesem Grund ist ein höherer Anteil mehr als zweijähriger Böcke unter den Brunftteilnehmern unbedingt wünschenswert. Dabei spielt es absolut keine Rolle, ob diese nun drei- oder sechsjährig sind. Sie müssen nur ausgewachsen sein. Je näher nun der Erlegungszeitpunkt eines starken Trophäenträgers zum Ende der Brunft hingelegt wird, desto größer ist die Wahrscheinlichkeit der verkürzten aktiven Teilnahme eines Jährlings.

Unbegründet dagegen scheint die oft geäußerte Furcht, dass die alten Böcke während der Brunft in „leergeschossene" Nachbarreviere abwandern könnten. Umgekehrt dürfte sich auch die Hoffnung des permanenten „Frühernters" auf reife „Zuwanderer" während dieser Zeit nicht erfüllen. Davon sind natürlich Böcke ausgenommen, deren Territorien sich im Nahbereich von Reviergrenzen befinden bzw. von diesen sogar durchschnitten werden.

Dass Böcke in der Brunft auf der Suche nach weiblichem Wild weite Strecken unter die Läufe nehmen, ist vielfach bezeugt. Dass diese optisch auch reif erscheinen können, steht außer Zweifel. Ob sie allerdings einer kritischen Altersüberprüfung standhalten können, darf doch bezweifelt werden.

Geschlechterverhältnis 1:1 – natürliche Utopie?

Immer wieder wird auch von namhaften Autoren gefordert, das Geschlechterverhältnis des Rehwildes auf 1:1 zu bringen. Dieses 1:1 geistert durch den Blätterwald, begegnet uns auf den Abschussplan-Formularen wieder und beherrscht die Diskussion um die qualitativ optimale Nutzung der Bestände.

PASSARGE gebraucht sogar den Begriff „natürliches Geschlechterverhältnis" und führt dazu aus: „Zahlreiche Beobachtungen, Untersuchungen an Embryonen und Gatterrehen haben ergeben, dass das Geschlechterverhältnis bei den Kitzen 1:1 beträgt bzw. leicht zugunsten des männlichen Wildes verschoben ist."

Nach ANDERSEN (1953) ergab der Rehwildtotalabschuss in Kalø bei den Kitzen ein Geschlechterverhältnis von 1:1. KURT (1970) fand sogar bei 679 markierten Kitzen einen leichten Überhang der männlichen, was sich in Zahlen wie 381 zu 298 oder 1:0,78 ausdrückt. WANDELER (1975) stellte ebenfalls in der Schweiz ein zugunsten des männlichen Parts verschobenes Geschlechterverhältnis von 1:0,78 fest.

32 Rehembryonen im Wildforschungsgebiet Hakel verteilten sich auf 17 männlichen und 15 weiblichen Geschlechts, und PRIOR (1978) fand in Südengland unter 55 Rehembryonen 29 männliche und 26 weibliche. Sie verhalten sich wie 1:0,89. Auch STRANDGAARD teilt die Ansicht, dass die Kitze im Geschlechterverhältnis von 1:1 gesetzt werden.

Dagegen findet er in einer nicht bejagten Rehwildpopulation Dänemarks bei den eineinhalbjährigen und älteren Rehen ein Geschlechterverhältnis von 1:1,8–2,2 und führt das auf das Sozialverhalten des Rehwildes in nicht bejagten Populationen zurück. Das Geschlechterverhältnis bei den Altrehen hängt von der Altersstruktur der Böcke ab.

Bei Böcken mit Territorium beträgt es zu den Geißen 1:3,5 bei einer Variationsbreite von 1:0 bis 1:10. Das Streifgebiet der Geißen richtet sich nämlich nach der Verteilung der Futterschläge, während die Territorienbildung der Böcke durch andere Ursachen ausgelöst wird. Dort, wo sich in den Bockeinständen viel Äsung befindet, sind auch viele Geißen.

Den Überhang an weiblichem Wild bei den adulten Rehen führt STRANDGAARD darauf zurück, dass seine unbejagte Population in einem Gebiet hohen Jagddrucks liegt und die Böcke immer wieder auswandern. Dass sich das nicht von der Hand weisen lässt, haben wir ja in den Kapiteln „Wie viel Platz benötigt ein Bock" und „Jährlinge, die Hälfte verschwindet" gesehen.

Auch ERNST SCHÄFER (1973) spricht für die unberührte Wildnis (die es bei uns bekanntlich nicht gibt) mit hohen Jugendverlusten, scharfer Klimaauslese und niedrigen Siedlungsdichten von 1:1 bis 1:2.

Wir kommen also nicht um die Tatsache herum, dass sich das bei den Kitzen nahezu ausgeglichene Geschlechterverhältnis mit zunehmendem Alter immer mehr zugunsten des weiblichen Wildes verschiebt. Die Gründe liegen auf der Hand. Während Böcke in bejagter Wildbahn selten älter als sechs Jahre werden und viele schon viel früher an den Wänden bleichen, lässt man gesunde Ricken mit starkem Nachwuchs solange stehen, bis sie nicht mehr führen oder schwachen Nachwuchs setzen.

Von dem „starken" Nachwuchs, sofern weiblich, wird wiederum nur ein Teil entnommen, so dass es auf das Äsungsangebot bezogen in aller Regel zu einer beachtlichen Geißendichte kommt, während die Bockdichte, wie wir gesehen haben, sehr von der Anzahl möglicher

Ein Sprung Rehe, wie wir ihn häufig vorfinden. Sobald der Jährling verjagt oder geschossen ist, existiert ein reales Geschlechterverhältnis von 1:3

Territorien abhängt. Mit anderen Worten: Es ist kein Problem, die Rehwilddichte über das weibliche Wild zu erhöhen, doch partizipieren die Böcke nicht im gewünschten Maße. Und genau hier fangen die Probleme an.

Wer nämlich reife Böcke ernten will, braucht einen entsprechenden „Unterbau" an adulten. Das setzt eine maximale Auslastung der Territorien im Revier mit jenen voraus. Ein Geschlechterverhältnis von 1:1 würde demnach bedeuten, dass sich nicht mehr weibliche Stücke im Revier befinden dürfen als besetzte Bockterritorien vorhanden sind.

Nun sind aber Schmalrehe weitaus standorttreuer als Jährlinge, zumal sich ein Teil von ihnen bekanntlich erwachsenen Böcken anschließt und selbstverständlich von denen im Territorium geduldet wird. 1:1 hieße also, entweder das Schmalreh dort belassen und kein weiteres Stück mehr oder das Schmalreh zugunsten einer Geiß schießen. Das ist ja in einigen Bundesländern schon ab 1. Mai möglich. In anderen müssten ohnehin beide Fälle bis zum 1. September, also nach der Brunft, aufgeschoben werden.

Wiederum wegen der höheren Standorttreue der Schmalrehe würde sich ein Frühjahrsgeschlechterverhältnis von 1:1 bei den Altrehen ohne Eingriff in die Böcke schon zu Ungunsten derer verschieben. Wollten wir es jedoch erhalten, müssten wir zu jedem Bock mehr als ein weibliches Reh erlegen.

Unter Einbeziehung der Jährlinge in das Geschlechterverhältnis bedürfte es im Frühjahr eines deutlichen Bocküberhangs, um das angestrebte Ziel zu erreichen. Und selbst da spielt der „Wanderzwang" der Jährlinge die Unbekannte in der Rechnung.

Nehmen wir einmal an, wir könnten unser erlangtes Geschlechterverhältnis so bis zur Brunft konservieren (wozu sonst?), dass auf jeden Bock ein weibliches Stück kommt, dann müssten alle Geißen bzw. Schmalrehe im Revier synchron brunftig werden, damit die Brunft nicht in Kämpfe rivalisierender Böcke ausartet.

Wir wissen jedoch, dass sich die Brunft über einen längeren Zeitraum erstreckt, und die Beobachtungen haben erbracht, dass ein Bock, ohne sich zu verausgaben, im Verlauf der Brunft mehrere Geißen für sich vereinnahmt. Wer will nun festlegen, ob die Grenze des Zumutbaren bei zwei oder fünf Geißen liegt?

In diesem Punkt reguliert sich die Natur selbst und bedarf nicht unserer Hilfestellung. Ein Geschlechterverhältnis von 1:1 würde überdies die Böcke mehr zum Suchen zwingen, und dabei stellt die künstliche Reviergrenze beileibe kein Hindernis dar, wenn jenseits ein Geißenüberhang besteht.

Böcke lassen sich recht genau zählen, weil sich ihre Anzahl auf ein naturgegebenes Maß beschränkt. Bei den Geißen ist das ungleich schwerer, weil ihr Sozialverhalten anderen Gesetzmäßigkeiten unterliegt und damit eine höhere Siedlungsdichte nicht ausschließt. Die schlechtere Identifikationsmöglichkeit der weiblichen Rehe erschwert zudem die exakte Bestandserfassung. Ein „gezähltes“ 1:1 muss also noch lange nicht das wirkliche Verhältnis wiedergeben.

Die teilweise überhöhten Wildbestände sind oft genug das Ergebnis dieses unrealistischen behördlichen Wunsches. Jäger möchten Böcke erlegen und geben selten die ermittelte Zahl der im Revier vorhandenen niedriger an, als sie ist. Ein „ungünstiges“ Geschlechterverhältnis jedoch hätte die Reduktion der Bockabschüsse und eine erhebliche Heraufsetzung der Abschüsse des weiblichen Wildes zur Folge.

Das erste will der Revierinhaber nicht, das zweite der Angrenzer. Deshalb reguliert meist der Bleistift die tatsächlichen Verhältnisse in Richtung geforderte. Wenn also Wunschdenken Schablonen produziert, die als Scheuklappen fungieren, provoziert das geradezu den (Selbst-)Betrug.

Um auf ein reales 1:1 zu kommen, müssten wir uns bei der Bockbejagung sehr zurückhalten, dafür aber in Waldrevieren oder solchen mit hohem Waldanteil unter Ausschöpfung aller jagdlichen Mittel so ziemlich jedes weibliche Stück schießen, das wir sehen. Von Selektion kann dann jedoch nicht mehr die Rede sein. Damit aber würden wir das Sozialgefüge empfindlich stören, daneben das tradierte Fundament unserer trophäenorientierten Rehwildbewirtschaftung unterminieren, weil die Kugel nicht mehr nach alt und jung, stark und schwach differenziert.

Der Nebeneffekt nachhaltiger Verdünnung besteht in dem hohen Jagdaufwand und Jagddruck mit recht geringer Erfolgsquote, die zu neuen Maßnahmen zwingt, doch nicht ohne Konsequenzen bleibt. Bei zu geringen Wilddichten hört nämlich die Freude an der zu zahlenden Jagd auf.

Zugegeben, für deckungsarme Feldreviere gelten eigene Spielregeln, weil sich der Bestand qualitativ und quantitativ wesentlich exakter erfassen und überwachen lässt. Hier ist sogar eine graduelle Reduktion unter weitgehend selektiven Gesichtspunkten durchführbar.

Verdünnung ja, doch nicht radikal. Dann bleiben Positiveffekte wie höheres Wildbretgewicht und (möglicherweise) bessere Trophäen nicht aus. Weg aber mit der Selbstlüge des 1:1, die den Trophäenjäger dort am meisten beschneidet, wo es ihm wehtut, und hin zu einem durchaus realistischen und realisierbaren Wert, der flexibel gehandhabt werden muss, damit er den Revierverhältnissen Rechnung trägt. Das könnte stille Reserven abbauen helfen und dafür sorgen, dass zumindest der reale Zuwachs abgeschöpft wird. Hin also zu einer effektiveren Nutzung der Bestände.

1:1 Utopie?

Ein Geschlechterverhältnis von 1:2, 1:3 oder 1:4 entspricht vielerorts der Realität, auch wenn es sich offiziell niemand eingestehen darf. Unsere Böcke sind daran nicht zugrunde gegangen und auch nicht schwächer geworden. Doch das Eingeständnis höherer weiblicher Bestände offenbart eher den realen Zuwachs und sanktioniert höhere Abschüsse. Und um die kommen wir landesweit ohnehin nicht herum.

Wichtiger als papierkosmetische Korrekturen mit Hilfe von Jährlingen scheint mir eine genügend große Anzahl von mehrjährigen Böcken in der Brunft zu sein, wenn die langfristige Sicherung guter Trophäenträger das erklärte Ziel bleiben soll.

Die Guten müssen sich vererben

Welche Blüten doch verhärtete Meinungen treiben können. Da hatte vor mehr als 30 Jahren ein Jäger einen Bock erlegt, der alles in den Schatten stellte, was weit und breit je gestreckt worden war. Doch bei der Trophäenschau wurde die ihm zustehende (damals noch allgemein übliche) Medaille verwehrt. Der Bock sei zu jung (nach Unterkiefer vierjährig geschätzt!) und überdies vor dem 5. August (25. Juli!) geschossen worden. „Er hätte sich mindestens noch zwei Jahre vererben müssen", stand dann mit roter Tinte auf dem Gehörnanhänger.

Es handelte sich übrigens nachweislich um einen Bock aus heimischem Revier nicht etwa um einen beizeiten einem Gehege entwichenen, irgendwann eingesetzten oder anderweitig zugelaufenen. Wenn er wirklich vier Jahre alt war, dann hatte er gewiss zwei Jahre aktiv gebrunftet, sollte er fünf gewesen sein, sogar drei, und auch dreijährig dürfte er sich wenigstens in einer Saison vererbt haben.

Interessanterweise ist in den nächsten fünf Jahren in dem Revier kein annähernd so starker Bock mehr erlegt worden. Es war demnach wohl nichts mit der Vererbung, genauer mit der Vererbung der starken Trophäe. Andererseits gebietet die Logik, dass auch dieser Bock die Anlage zu starker Gehörnbildung ererbt hat, und zwar von Eltern, deren männliche Hälfte nicht mit der sichtbaren „Güte" auf dem Haupt aufwarten konnte. Wieder einmal wurden also zwei Dinge in einen Topf gegeben und zu Brei gerührt: der Genotyp, also die Gesamtheit der Erbanlagen, und der Phänotyp, das äußere Erscheinungsbild.

Dazu schreibt Brem (1984): „Mit zu den größten Problemen der angewandten Genetik zählt die Schwierigkeit, den Genotyp eines Tieres richtig zu erkennen. Das äußere Erscheinungsbild eines Tieres, der Phänotyp, ist nur zum Teil eine Ausprägung der Veranlagung. Der Phänotyp setzt sich nämlich zusammen aus den Wirkungen der Gene (Genotyp) und den Einflüssen der Umwelt."

Weiße Rehe sind ideale Studienobjekte. Man muss sie nicht bei erster Gelegenheit schießen

Melanismus (Schwarzfärbung) vererbt sich wie viele Mutationen rezessiv

Welche Rolle beispielsweise optimale Fütterung bei der Gehörnbildung spielt, wissen wir seit den Versuchen von VOGT (1937) im Gatter Schneeberg und den Erfolgen Herzog ALBRECHT V. BAYERNS (1978) in Weichselboden. „Durch unterschiedliche Umwelteinflüsse können demnach zwei genetisch vollkommen gleich veranlagte Böcke sehr unterschiedlich aussehen. Diese Erkenntnis hat jeder Jäger durch eigene Beobachtung längst gewonnen, nämlich dadurch, dass er Böcke, deren Genotyp ja unverändert bleibt, über Jahre hinweg beobachtet: Berücksichtigt man die altersbedingten Veränderungen, so zeigt sich, dass die Böcke unter ungünstigen Umweltverhältnissen – fehlende Herbstmast oder sehr harte (milde!) Winter – schlechtere Geweihe tragen. In darauf folgenden ‚guten' Jahren können sie aber wieder hervorragende Geweihe schieben".

Solange von derartigen ungünstigen Umweltverhältnissen alle Böcke gleichermaßen betroffen sind, bleibt die Rangfolge zwischen ihnen mehr oder minder unverändert, vorausgesetzt, es sind keine Genotyp-Umwelt-Interaktionen vorhanden. Problematisch wird es jedoch, wenn der negative Umwelteinfluss nur auf einen Bock einwirkt. So kann ein genetisch sehr gut veranlagter Bock, der etwa durch Erkrankung oder Verletzung geschwächt ist, ein sehr geringes Geweih schieben.

Auch wurde beispielsweise bei Gatterböcken beobachtet, dass der Platz in der sozialen Rangordnung einen starken Einfluss auf die Geweihbildung hat. Die Anwesenheit eines dominierenden älteren Bockes kann sich negativ auf das Geweih des jungen Bockes auswirken. Wird der alte Bock erlegt, so schiebt der junge Bock häufig im nächsten Jahr ein viel besseres Geweih – vorausgesetzt, er ist genetisch entsprechend veranlagt.

Dazu passt auch die von ULRICH STROHHÄCKER (1988, mdl.) in seinem auf der Schwäbischen Alb gelegenen Versuchsrevier gemachte Beobachtung, dass nur die Jährlinge überdurchschnittliche Folgegehörne schoben, die eine Fütterung im Winter mit keinem anderen Bock teilen mussten.

Seit GREGOR MENDEL wissen wir, dass jeder Elternteil an einen Nachkommen jeweils die Hälfte seines Genbestandes weitergibt, so dass die genetisch bedingte Ähnlichkeit zwischen jeweiligem Elternteil und Nachkommen im Durchschnitt die Hälfte beträgt.

Die Gene liegen auf Chromosomen. Von diesen hat das Rehwild 70. Weitergegeben wird von jedem Elternteil die Hälfte seines Chromosomensatzes. Weil jedoch die Verteilung zufällig erfolgt, erhalten zwei Nachkommen eines Elternteils niemals die gleiche Hälfte. Das erklärt auch die nur bedingte Ähnlichkeit von Geschwistern. Ruhrbock und Bühlbock waren das Ergebnis der Paarung von Ruhrbock I und der rechtsroten Ruhrgeiß. Doch während sich der eine zum kapitalen Gehörnträger entwickelte, blieb sein Zwilling gehörnmäßig auf das Revier bezogen nur Mittelmaß.

Starke Gehörne jedoch sind das Produkt von Vererbung und Umwelteinflüssen! „Ruhrbock I"

Vererbt werden zählbare und messbare Merkmale. Zu den zählbaren oder qualitativen Merkmalen zählen beispielsweise das Geschlecht oder die Farbe. Sie werden meist von einem oder einigen wenigen Genen bestimmt. Messbare oder quantitative Merkmale wie Größe und Gewicht werden dagegen von vielen Genen beeinflusst. Dass der Bauplan des Gehörns erbbedingt ist, glaubt man heute zu wissen, und dass das Gehörn ein geschlechtsgebundenes Merkmal ist, steht fest. Ob es jedoch über die Geschlechtschromosomen vererbt wird, weiß niemand mit Bestimmtheit.

In diesem Falle würde der Bock nach RAESFELD seine erkennbare Erbanlage für die Gehörnbildung in einer Art „Überkreuzvererbung" an die Tochter weitergeben. Sie wäre demnach Trägerin der Anlage und mit ihrem Abschuss würde der angestrebte Effekt zunichte gemacht. Andere Autoren bestreiten die Vererbung der Gehörnbildung über das Geschlechtschromosom.

In einer natürlichen Population, wie wir sie bei Rehwild vorfinden, bildet eine Fülle von Erbmaterial den so genannten „Genpool", also die Gesamtheit aller in der Population vorhandenen Gene. Der Genpool bleibt jedoch in seiner Zusammensetzung nicht konstant, weil einige Faktoren permanent einwirken. In erster Linie wäre an Zu- und Abwanderung zu denken, an „Blutauffrischung" durch Einbürgerung. Wo dies zur Veränderung des Genpools führt, sprechen wir von Migration.

Gene können sich bekanntlich auch durch Mutation ändern. Weil sich jedoch Mutationen in der Mehrzahl rezessiv vererben, müssen beide Elternteile das mutierte Gen an ihre Nachkommen weitergeben, damit es auch sichtbar wird. Beispiele dafür wären die Schwarzfärbung (Melanismus) oder die Weißfärbung (Albinismus). Im Genpool gibt es auch zufällige Schwankungen, die Drift. Die genetische Drift tritt umso stärker in Erscheinung, je kleiner die Population ist. Bei wenigen Tieren können nämlich durch Zufall Gene verloren gehen.

Die Drift spielt zudem eine große Rolle bei der Neubesiedlung von vorher wildfreien Gebieten. Das Genmaterial, das die Begründer der Population mitbringen, beeinflusst die Frequenz der Gene im neuen Genpool. Der gezielte Eingriff in den Genpool heißt Selektion. Als natürliche Selektion wirkt sie seit Urzeiten auf das Rehwild ein und sorgt für dem jeweiligen Lebensraum optimal angepasste Tiere, weil alles Kranke, Schwache und schlecht Angepasste auf der Strecke bleibt.

Wo sich Menschen dieser Tätigkeit annehmen, sprechen wir von künstlicher Selektion: Durch Abschuss versuchen wir, die Weitergabe des aus unserer Sicht unerwünschten Erbmaterials zu unterbinden, also das „schlechte“ Erbmaterial auszumerzen. Je mehr schlechte Geweihträger wir schießen, desto mehr steigern wir den Mittelwert des Geweihgewichts der verbliebenen. Wäre nun deren „besseres“ Gehörn allein genetisch bedingt, würden sie es auch entsprechend weitervererben.

Weil dies aber nur zum Teil zutrifft, wird die Überlegenheit auch nur teilweise weitergegeben. Der Selektionserfolg wäre umso größer, je mehr es uns gelingen würde, Stücke mit genetisch bedingt schwachen Geweihen auszumerzen, je stärker sich die Böcke hinsichtlich der genetischen Anlage unterscheiden und je kürzer der „Umtrieb“ der Generationen ist. Das immer unter der Voraussetzung, dass die Erblichkeit des Merkmals „Geweih“ hoch ist.

Weil jedoch Jahrtausende natürlicher Selektion die Geweihbildung nicht nachhaltig (zumindest in unserem Sinne) verbessern konnten, müssen wir annehmen, dass die Erblichkeit oder Heritabilität eher gering ist. BREM hält überdies eine genetische Verbesserung einer Rehwildpopulation durch Wahlabschuss für möglich, wenn gleichzeitig auch die Lebensbedingungen derselben verbessert werden.

Wenn sich jedoch gleichzeitig mit der Intensivierung des Wahlabschusses die Umweltbedingungen für das Rehwild verschlechtern, bleibt auch der Selektionserfolg hinsichtlich der Geweihstärke auf der Strecke.

Herzog ALBRECHT V. BAYERN (1978) sieht allein in den Veränderungen der Lebensbedingungen seit den letzten 200 Jahren den Grund, „dass die Stärke der Rehe an Körper und

Drei aufeinanderfolgende Generationen von Ruhrböcken: Von links: der 4-jährige Dreiecksbock, der 4-jährige Ruhrbock I und der 3-jährige Ruhrbock II

Die „rechtsrote Ruhrgeiß", hier sechsjährig, setzte immer starke Kitze und zog sie auf

Geweihbildung zurückgegangen ist". Weiter führt er aus: „Unsere heutigen Rehe sind einfach zu einer umweltbedingten Kümmerform geworden, da sich die ‚Erbmasse' einer frei lebenden Wiederkäuerart in ein paar hundert Jahren kaum verändert. Könnte man den heutigen Rehen wieder die Lebensbedingungen verschaffen, die sie früher hatten, würden sie bald ebenso stark werden wie ehedem."

Letzteres müssen wir natürlich relativieren, denn sicherlich gab es auch vor 200 Jahren recht unterschiedliche Lebensbedingungen für die einzelnen Populationen, denn nicht überall brachten Land- und Forstwirtschaft auch einschneidende Veränderungen mit sich.

Im herzoglichen Pachtrevier Weichselboden/Steiermark stand nach Körper- und Geweihbildung recht geringes Rehwild. Deshalb trachtete Herzog ALBRECHT V. BAYERN, ihm wenigstens in Bezug auf die Ernährung bessere Lebensbedingungen zu schaffen. Durch intensive Fütterung gelang es, die „unerlässliche und in der Kulturlandschaft völlig fehlende Herbstmast zu ersetzen".

Die Erfolge blieben nicht aus, denn das erwachsene Wild kam gestärkt in den Winter, und das Wachstum der Kitze stagnierte nicht schon ab Mitte September. So schritt das Größen- und Längenwachstum der Knochen und des Schädels kontinuierlich bis zum Frühjahr fort, und die gut genährten Kitze bekamen den langen Gesichtsschädel, der vorher nur den „östlichen Rehen" zugeschrieben wurde.

Sichtbar stärker wurden die Rehe jedoch erst ab der zweiten und dritten Generation, als es genügend starke Geißen gab, die in der Lage waren, Kitze optimal aufzuziehen. Die Intensivfütterung zeitigte ferner eine Steigerung des Durchschnittsgewichtes erwachsener Böcke von früher 14,5 kg mit Haupt auf 20,5 kg. Analog zum Wildbretgewicht erfolgte auch eine Steigerung des Gehörngewichtes.

Natürlich blieben die früher bestehenden Unterschiede in der Gehörnqualität der Böcke zueinander erhalten, aber eben um einige Klassen nach oben hin verschoben: Die „geringeren" waren nach unseren Maßstäben schon „gut", die „guten" in Wirklichkeit „kapital". Das unterstreicht wiederum den Einfluss der erbbedingten Anlage zur Geweihbildung, denn selbst da, wo kein Bock zu irgendeiner Jahreszeit darben musste, gab es immer wieder welche, die zeitlebens schlecht aufsetzten. Ungeachtet dieser Tatsache hält Herzog ALBRECHT den Versuch, „durch Abschuss oder Schonung einzelner Böcke die Vererbung der Geweiheigenschaften beeinflussen zu wollen, für überflüssig und aussichtslos". Das ist völlig logisch, solange die Auslese nicht auch den weiblichen Part erfasst. Somit widersprechen die Ergebnisse von Weichselboden nicht der These BREMS vom möglichen Selektionserfolg mittels Wahlabschuss bei gleichzeitiger Verbesserung der Lebensbedingungen.

Der freilich ist sogar bei optimalen Voraussetzungen recht gering. Selbst wenn alljährlich die 10 bis 20 Prozent schlechtesten Böcke erlegt würden und das Generationsintervall drei Jahre betrüge, kämen als genetisch bedingter Erfolg nur 0,1 bis 0,2 Prozent des phänologischen Mittelwertes heraus. Das macht bei einem Durchschnitt der Gehörngewichte von 300 Gramm (ein schon hoher Wert!) im ersten Jahr eine Steigerung von 0,6 Gramm aus. Nach zehn Jahren hätten wir demnach unser Durchschnittsgewicht von 300 auf 306,5 g gesteigert. Das ist für mehr als eine Pachtperiode sehr wenig.

Daraus resümiert BREM, „dass der Wahlabschuss zur Verbesserung der genetischen Veranlagung für das Geweihgewicht nur wenig beitragen kann". Insofern ist es seinen Erachtens durchaus vertretbar, sich bei der Auswahl der zu schießenden Böcke nicht von züchterischen Überlegungen leiten zu lassen, sondern vielmehr zu versuchen, die Böcke im Jahr ihrer Geweihkulmination zu erlegen.

Wie wir gesehen haben, brunften adulte Böcke weitgehend in ihren Territorien. Daher ist die Paarungswahrscheinlichkeit mit einer dort lebenden Geiß höher als mit einer territoriumsfremden. Insofern unterliegt die Partnerwahl nicht dem puren Zufall. Damit sei keinesfalls gesagt, dass derselbe Bock alle in seinem Territorium beheimateten Geißen beschlägt.

Sollten nämlich mehrere von ihnen synchron oder mit nur kurzer zeitlicher Verzögerung brunftig werden, steigt die Wahrscheinlichkeit, dass auch andere Böcke hier zum Beschlag gelangen. Das erschwert eine Kontrolle des Paarungserfolges in freier Wildbahn erheblich.

Ganz anders natürlich, wenn die Symbolmarkierung der Geißen Verwechslungen ausschließt. So hielt FRANZ RIEGER in einigen Fällen nicht nur die Brunftpartner fest, er verfolgte auch die Paarungsresultate weiter. Zweifelsfrei war der „Ruhrbock I" (Gehörngewicht über 500 g) das Produkt von „Dreiecksbock" und „Talgeiß I". Wie sein Erzeuger wies er als besonderes Merkmal eine überwallende rechte Rose auf. Als Territoriumsnachfolger brunftete er wiederholt mit der rechtsroten „Ruhrgeiß". Diese setzte immer starke Kitze, zu denen auch der „Ruhrbock II" (Gehörngewicht 660 g) gehörte.

Ihrer Verbindung mit diesem entsprang der „Ruhrbock III", der als Jährling alle Anlagen zum Kapitalbock zeigte, zweijährig nicht den ganz großen Sprung in der Gehörnentwicklung vollzog und dreijährig als „Abschussbock" der Wildbahn entnommen wurde. Siebenjährig kam die für den betreffenden Revierteil so wertvolle Ruhrgeiß unter die Räder. Von diesem Zeitpunkt ab war es vorbei mit starken

Der kapitale Erlebock. Sein starkes Gehörn vererbte sich nicht sichtbar

Böcken in der Ruhrklinge. Obwohl die herausragenden Gehörnträger dort auch andere Geißen erfolgreich beschlagen hatten, vererbte nur diese eine das von Trophäenjägern so begehrte Merkmal sichtbar. Übrigens stammten auch „Herkules“ und „Knickohr“ von derselben Geiß ab, wie Ulrich Strohhäcker zu berichten wusste. Zwei Perioden brunftete der schon erwähnte kapitale „Erlebock“ mit den beiden rechtsblauen „Klostergeißen“.

Obzwar wiederholt beschlagen, setzte die eine ein Jahr später nicht und das Jahr darauf ein sehr schwaches Bockkitz. Daraufhin wurde sie zusammen mit ihrem Nachwuchs erlegt. Die phänotypisch starke Geiß wog immerhin aufgebrochen 20 kg! Die andere setzte u. a. ein Bockkitz, das als Jährling Knöpfe trug und zweijährig ein mittelmäßiges Gabelgehörn.

Die erwähnte Liaison von „Erlebock“ und „Bienengeiß“ erbrachte übrigens zweimal weibliche Zwillingskitze, die später ebenfalls nur mäßigen Nachwuchs setzten. Auch das „Erle“ beherbergt traditionell gute Böcke. Als die eine „Erlegeiß“ überfahren und die andere versehentlich geschossen wurde, hatte es damit auffälligerweise ein Ende.

Es nützt demnach der „beste“ Bock nicht viel, wenn der weibliche Part entweder schlecht vererbt oder nicht imstande ist, den Nachwuchs optimal zu versorgen.

Wenn umgekehrt die Anlage zu einem starken Gehörn nur von bestimmten Geißen weitergegeben wird, müssen diese bekannt sein und wie Perlen gehütet werden. Ihr Ableben wiederum würde auf einen Schlag langjährige Hegebemühungen zunichte machen. Daher darf der Wahlabschuss von weiblichem Wild weder an Jagdgäste noch an Jungjäger übertragen werden, sondern muss dem vorbehalten bleiben, der mit seinen Rehen bestens vertraut ist. Ein Vorgehen nach dem Motto Zahl vor Wahl sowie Abschusserfüllung über Bewegungsjagden wären selbstredend ebenso kontraproduktiv.

Beobachtungen an Gatterböcken

Wir wissen aus zahlreichen Veröffentlichungen, dass Böcke im Gatter hinsichtlich Wildbret und Trophäe besonders stark werden können, weil ja bei ihnen kein jahreszeitlich bedingter Nahrungsengpass Einfluss auf das Wachstum der Knochen im Jugendalter und später auf die Anlage von Energiedepots für das Gehörnwachstum nimmt.

Doch schon VOGT (1937) kam bei seinen Ernährungsversuchen im Gatter Schneeberg zu dem Ergebnis, dass die Veranlagung zu starker Gehörnbildung beim Rehbock eine größere Rolle als beim Hirsch spielt. Seiner Meinung nach scheint die Veranlagung beim Rehwild sogar wichtiger zu sein als alle anderen Faktoren. Selbst bei standardisierter Haltung und optimaler Ernährung blieb nämlich die große Variation in der Gehörnbildung bestehen. Die Gehörne der besten Böcke waren mehr als doppelt so stark wie die der geringsten.

WAGENKNECHT bildet die Abwurfreihen zweier unter gleichen Bedingungen im Gatter gehaltenen Böcke ab, die in ihrer Stärke erheblich differieren und zwar vom Jährlingsgehörn bis zum 9. Abwurf. Dieser Unterschied wird auf die Veranlagung zurückgeführt. Interessant vielleicht in diesem Zusammenhang, dass beide Böcke im 9. Jahr kulminierten, die Abwürfe des einen 350 Gramm wogen und die des anderen 195 Gramm.

„Hansi", der zehnjährige Gatterbock

Der Wunsch, einen starken Bock täglich beobachten zu können und Erkenntnisse über die Gehörnentwicklung zu erhalten, war der Anlass, dass sich mein Bruder 1978 einen Jährling kaufen und in einem Gehege halten wollte. Natürlich musste es einer allerbester Abstammung sein. Bei einem bekannten Tiergroßhändler wurde er schließlich fündig und erstand für eine horrende Summe einen Ungarnimport, stark im Wildbret und als bestveranlagt gepriesen.

„Heinrich", der Rohdiamant, wurde wie ein Augapfel gehütet und versorgt, doch sein zweites Gehörn enttäuschte: schwach vereckt, relativ dünn und nicht allzu hoch. Im dritten Jahr spätestens war allen Beteiligten klar, dass man sich nicht den erhofften Brillanten eingekauft hatte, sondern allenfalls einen Industriediamanten. Der Bock blieb auch in den nächsten Jahren den sichtbaren Beweis seiner Veranlagung schuldig: Mittelmaß!

Dafür war er ungemein aggressiv, sobald er den Bast seines Gehörns abgestreift hatte. Nach dem Fegen war niemand am Zaun mehr vor den spitzen Enden des Gehörns sicher. Oft döste der Bock mit halb geschlossenen Lichtern in seinem Bett, um aus dieser Haltung blitzschnell und ohne Vorwarnung anzugreifen. Mit zunehmendem Alter wurde der Bock immer unverträglicher. Zuletzt versuchte er sogar die weiblichen Stücke im Gehege zu forkeln. Deshalb musste er mit fünf Jahren getötet werden.

Sein Sohn „Henry", hier zweijährig, enttäuschte hinsichtlich der weiteren Gehörnentwicklung

Das genaue Gegenstück war „Hansi". Spaziergänger fanden ihn 1971 als Kitz im Wald und nahmen ihn mit. Kurz vor dem Eingehen übergaben sie ihn einem Tierfreund, der das kleine Geschöpf mit der Flasche aufpäppelte. Das Bockkitz gedieh prächtig und schob als Jährling überlauscherhohe Spieße. Im zweiten Jahr setzte „Hansi" wieder Spieße auf, 25 cm hoch und mit großen Rosen. Dreijährig zeigte er ein Gabelgehörn. Während sich an der Höhe nichts mehr änderte, nahmen Perlung, Volumen und vor allem der Rosenumfang weiter zu. Mit vier Jahren „produzierte" der Bock endlich den erhofften Sechser, und von da ab jedes Jahr wieder.

Bis zum 8. Lebensjahr legte das Gehörn ständig zu und erreichte dann mit 27 cm Länge, 21 cm Rosenumfang und 400 g Gewicht der Abwurfstangen (zwei Jahre später gewogen!) seinen Zenit. Der Petschaftdurchmesser betrug hier beachtliche 4,5 cm. Übrigens wogen die Abwürfe des 7. Jahres 335 Gramm, die des 9. Jahres 365 Gramm. Zeitlebens wahrte der Bock Besuchern gegenüber Distanz. Sein Pfleger durfte aber jederzeit zu ihm ins Gehege. Die mit ihm zusammen gehaltene Geiß setzte jedes Jahr Kitze, die im Jährlingsalter veräußert wurden.

Nach der Enttäuschung mit „Heinrich" startete mein Bruder einen erneuten Versuch mit einem Sohn von „Hansi". Der hieß „Henry" und schob als Zweijähriger ein hoffnungsvolles, sehr gut verecktes Sechsergehörn. Alle sahen in ihm schon den kommenden „Kapitalbock". Doch eine weitere Steigerung blieb leider aus, denn die Folgegehörne wurden nicht um ein Jota stärker, jedoch glichen sie sich bis ins Detail.

Eine Ähnlichkeit mit dem Gehörn des Vaters bestand zu keiner Zeit, auch schien die Anlage zur Massebildung zu fehlen. Also wieder ein Fehlschlag, was die Gehörnentwicklung betrifft. „Henry" verhielt sich – anders als die vorher genannten Böcke – auffallend scheu und wich auch dem Pfleger aus. Nie nahm er Futter aus dessen Hand.

Um dieselbe Zeit wurde im gleichen Tal ein weiterer Bock in einem Gehege gehalten. Ihn hatte man als Kitz mit der Flasche aufgezogen und „Hans" getauft. Schon im ersten Jahr legte er aggressives Verhalten an den Tag. Das steigerte sich im Laufe der Jahre bis zur Bösartigkeit. Nach dem Fegen war niemand am Zaun mehr vor den spitzen Enden des Gehörns sicher.

Sechs Enden zierten bereits das Jährlingsgeweih. Hinsichtlich der weiteren Gehörnentwicklung ließ sich zwar eine kontinuierliche, jedoch insgesamt mäßige Steigerung von Jahr zu Jahr beobachten. Als der Bock im 6. Jahr getötet werden musste, war die Trophäe nicht über den guten Durchschnitt hinausgewachsen.

Keiner der Böcke war im Gebäude schwach, und konditionell präsentierten sie sich in bester Verfassung, so dass die größten Unterschiede allein das Gehörn betrafen. Doch auch hier wiesen sie eine Gemeinsamkeit auf: die hellen Stangen. Das beweist, dass die dunkle Farbe in freier Wildbahn weder durch Licht, Sonne, Schweiß und Sekrete des Stirnorgans hervorgerufen wird, sondern dass die Anfärbung wohl von Pflanzenrinden und Humusstoffen herrührt.

„Hans", ein fünfjähriger Gatterbock. Er musste schließlich wegen seines aggressiven Verhaltens getötet werden

Feldrehe

Von Natur aus ist das Reh ein Bewohner der buschreichen Waldrandzone, wo es als „Schlüpfer" Schutz vor ungünstiger Witterung, Versteck vor den wichtigsten Feinden (früher Großraubwild, heute Mensch), aber auch die für sein Sozialverhalten erforderliche Sichtdeckung gegenüber benachbarten Artgenossen sucht. Aufgrund ihres licht- und sonnenreichen Mikroklimas bildet die Waldrandzone zudem eine abwechslungsreiche Kraut- und Triebäsung, so dass das Rehwild hier sehr günstige Lebensbedingungen vorfindet.

Nach Passarge dringt das Rehwild bei ansteigender Wilddichte und bei Mangel an Sommer- oder Winteräsung dort, wo die Gelegenheit gegeben ist, mehr und mehr in waldarme Ackerlandschaften ein und passt sich als „Feldreh" den Besonderheiten dieses neu erschlossenen Biotops an, wobei kleinere Feldgehölze, Gebüsche und kupiertes Gelände gern als Deckung benutzt werden. Es besiedelt jedoch auch große Wiesen- und Weideflächen, wie sie für die Norddeutsche Tiefebene typisch sind.

Neben den Rehen, die im Sommer im Feld stehen und sich nach dem Abernten wieder in den Wald zurückziehen, existierte bei uns im Revier bis 1994 noch eine stabile Feldrehpopulation. Zu Zeiten ihres Höchststandes (1974) umfasste sie 40 Rehe. Nunmehr ist sie ausgelöscht.

Die Gründe dafür liegen zum einen in den zahlreichen Straßen, die das früher unberührte Siedlungsgebiet durchschneiden, vor allem aber in der Bejagung: Früher waren die drei aneinander grenzenden Reviere in einer Hand, später wurden sie getrennt, und es erfolgte eine Über-

Trotz räumlicher Nähe zum Wald meidet der Sprung Feldrehe diese Deckung

nutzung des gemeinsamen Bestandes. Etwa zehn Jahre blieb die Population auf dem gleichen niedrigen Niveau, weil sich Zuwachs und Abgänge die Waage hielten, doch dann machte ein Jagdausübungsberechtigter zum Ende der Pachtperiode kurzen Prozess mit dem Bestand.

Diese Feldrehe unterschieden sich in Lebensweise und Verhalten deutlich von den anderen Cerviden im Revier. Zunächst einmal ließen sich alle ganzjährig und nach der Ernte auch zu jeder Tageszeit und bei jeder Witterung beobachten, weil sie selbst bei höherer und geschlossener Schneedecke die benachbarten Wälder gänzlich mieden. Den Sommer über lebten sie solitär, doch ab Mitte Oktober bilden sie einen Sprung, der in seiner Zusammensetzung bis Anfang Mai erhalten blieb Das Absondern der ersten Geißen kurz vor dem Setzen löst dann den Sprung wieder auf.

Der Lebensraum dieser Rehe umfasste ein Areal von maximal 200 Hektar. Gewöhnlich betrug jedoch der Aktionsradius weniger als 500 Meter. Das bewies die hohe Standorttreue der Population.

Die Leitfunktion im Sprung hatte grundsätzlich eine führende Geiß inne. Sie suchte die Ruhe- und Äsungsplätze aus und bestimmte bei Gefahr die Fluchtrichtung.

Die Ruheplätze befanden sich überwiegend in Südhanglagen. Dabei wählte der Sprung bevorzugt Kuppen oder erhöhte Feldkanten, die eine bessere Rundumsicht gewährleisten. Nur bei starkem Wind oder Schneetreiben zogen die Rehe den Windschatten von Senken, Mulden oder Hecken vor.

Während sich gewöhnlich Rehe primär mittels Geruch und Gehör orientieren, steht bei den Feldrehen der Sehsinn an erster Stelle. Deshalb nehmen sie beim Ruhen grundsätzlich entgegengesetzte Positionen ein, die den Rundumblick für die Gruppe gewährleisten. In aller Regel sichern und wachen zwei Mitglieder sitzend mit erhobenem Haupt, wenn die übrigen Ruhe- oder Schlafhaltung eingenommen haben.

Sobald ein Wächter eine Gefahr bemerkt, steht er auf, spreizt den Spiegel und legt bisweilen einige Meter im Stechschritt zurück. Das ist das Alarmsignal für die anderen, die sich sofort

Typisch für Feldrehe: Ein Teil ruht, während der andere äst

erheben und ebenfalls die Spiegel spreizen. Nun entscheidet die Leitgeiß das weitere Verhalten: Setzt sie sich in Bewegung, folgen ihr die anderen, bleibt sie stehen, tun es ihr die Mitglieder gleich.

Das Ausweichen einer Gefahr ähnelt auch eher einem geordneten Rückzug als einer panischen Flucht. Der Sprung strebt eine gewisse Distanz zur Gefahrenquelle an, verhofft dann, um sich neu zu orientieren. Auch hier sind die Rehe auf Sichtkontakt bedacht, weswegen die Flucht immer in Richtung offenes Gelände geht, nie aber in den Wald. Bei nicht genau identifizierten Gefahren warnen die Feldrehe nicht akustisch, sondern visuell: Sie schrecken demnach nicht wie ihre Artgenossen im Wald.

Die Fluchtdistanz wechselte je nach Wetter, Tages- und Jahreszeit sowie Grad der Störung. Fahrzeuge durften sich mitunter bis auf weniger als 100 Meter nähern, bevor die Rehe Anzeichen der Beunruhigung erkennen ließen. Bei Personen betrugen die minimale Fluchtdistanz im deckungslosen Gelände etwa 200 Meter. Wo die Vegetation Sichtdeckung gewährte, versuchten sich die Rehe bisweilen unsichtbar zu machen: Sie drückten sich bis buchstäblich zum letzten Moment, um dann allerdings explosionsartig zu flüchten. Wurde der Sprung im Herbst bejagt, vergrößerte sich die Fluchtdistanz erheblich und ließ eine Annäherung auf Büchsenschussweite selten mehr zu. Das Territorialverhalten der Feldböcke zeigte eine andere Ausprägung als das der übrigen. Es fehlten nämlich die typischen Einstandskämpfe mit Drohgebärden und Verfolgungsjagden. Vielmehr lebten die Böcke bis zum Auflösen des Sprunges durch die Altgeißen beisammen.

Danach beanspruchte der stärkste Bock das Zentrum des Areals für sich. Die Schmalrehe blieben weiterhin bei ihm oder hielten sich in seiner Nähe auf, während sich die übrigen Böcke in die Randbereiche zurückzogen und solitär lebten. Ganz offensichtlich kannten die männlichen Mitglieder des Sprunges ihren Rang in der Hierarchie durch das ständige Zusammenleben recht genau und kämpften ihn nicht innerhalb weniger Tage aus.

Die Bejagung von Feldrehen unterliegt eigenen Gesetzen

Wer gleichsam inmitten einer Äsung lebt, braucht natürlich nicht zwischen Einstands- und Äsungsflächen hin- und herzupendeln. Deswegen sind die Äsungsaktivitätsphasen bei den Feldrehen nicht so deutlich von den Ruhephasen getrennt wie bei den übrigen Artgenossen. Wir könnten sie demnach zu jeder Tageszeit entweder äsend oder ruhend beobachten.

Im Schnitt wogen die Feldrehe bei uns im Wildbret um ein bis zwei Kilo mehr als die übrigen, was sich vielleicht mit der größeren Ruhe und der anderen Äsungsaktivität erklären lässt. Geißen erreichten Gewichte von 20 kg aufgebrochen, der stärkste Bock wog in der Brunft erlegt 21,5 kg (ohne Haupt!). Das muss insofern erstaunen, da ja die Feldrehe nicht wie die anderen in den Genuss einer zusätzlichen Fütterung und schon gar nicht von sogenanntem Kraftfutter gelangten.

Unterdurchschnittliche Trophäen waren selten, desgleichen traten selbst zu Zeiten höherer Population keine Knopfböcke auf. Dagegen wurden einige der stärksten Gehörne im Feld erbeutet. Sie machten durch verhältnismäßig helle Färbung und geringe Perlung auf sich aufmerksam wie auch durch den Umstand, dass die Stangen nicht immer restlos von eingetrockneten Bastfetzen befreit waren.

Feldrehen wurde wiederholt nachgesagt, dass sie früher als die anderen senil werden. Diese Behauptung kann ich – was den weiblichen Part betrifft – nicht teilen, denn immerhin beobachtete ich zwei Geißen neun bzw. zehn Jahre. Eine davon führte jahrelang den Sprung und trat ihren Rang erst ab, als sie im achten Jahr nicht mehr gesetzt hatte.

Sie rutschte danach auffällig in der Hierarchie nach unten und bildete fortan beim Ziehen die Nachhut. Im zehnten Jahr folgte sie dem Sprung immer mit einigem Abstand. Aller Wahrscheinlichkeit nach ist sie im gleichen Sommer eingegangen, denn bei der Getreideernte fand man das Skelett einer uralten Geiß. Jedenfalls ward sie im Herbst nicht mehr gesehen.

Dass die Böcke nicht so alt werden, liegt allein an der Bejagung. So ist auch in den letzten 15 Jahren nicht einer eines natürlichen Todes gestorben.

Es ist nicht anzunehmen, dass sich bei uns die Feldrehe nur untereinander paarten, denn während der Brunft tauchten schon öfter Böcke aus den angrenzenden Wäldern im Feldteil auf und wurden sowohl suchend als auch treibend beobachtet. Ob es sich allerdings bei den Partnerinnen um Feldgeißen handelte, konnte nicht geklärt werden.

Unsere Feldrehe waren auf den Lebensraum geprägt, und es deutet alles darauf hin, dass die Kitze die typischen, von den anderen Rehen im Revier abweichenden Verhaltensweisen durch die Geißen erlernten und wiederum weitergaben. Das stand auch einer Neubesiedlung des Feldes durch den „Ökotyp Feldreh" im Wege, nachdem die vorhandene Population ausgelöscht worden war.

Bezeichnenderweise blieben nämlich die einst von Rehen ganzjährig besiedelten Feldteile im Winterhalbjahr tagsüber verwaist, nachdem man die letzten Feldrehe erlegt hatte.

Wie alt werden Rehe eigentlich?

„Klärchen" war der Liebling der Landwirtsfamilie P. im Revier Mindorf. Der Bauer hatte ihm einst als Kitz beim Grasschnitt mit dem Balkenmäher den linken Vorderlauf abgetrennt und dann das Geschöpf nach Hause gebracht. Seine Frau zog es mit der Flasche auf. Fortan wurde das Reh im Garten gehalten.

Im vierzehnten Jahr magerte die Geiß innerhalb weniger Wochen ab, nahm immer spärlicher Futter auf und ging schließlich ohne erkennbare Krankheitssymptome ein. Ein Blick in den Äser erbrachte schließlich die Todesursache: Die Geiß hatte fast alle Backenzähne verloren und war nicht mehr in der Lage, das Futter zu zerkauen. Deshalb musste sie verhungern.

Die 16-jährige „Dannegeiß". Man sieht ihr das wahre Alter nicht an. Allerdings hat sie nie geführt

Der bereits erwähnte Gatterbock „Hansi" erreichte ein Alter von knapp 13 Jahren. Auch er verhungerte. Die mit ihm zusammen gehaltene Geiß ging mit elf Jahren und zwei Monaten schließlich ein.

Sechzehn Jahre wurde in Pyras die „Dannegeiß" in einem Gehege gehalten. Ende August 1986 ließ man aus Versehen das Tor offen, und die Geiß entwich. Alle Versuche, sie

Portrait einer „alten Tante“

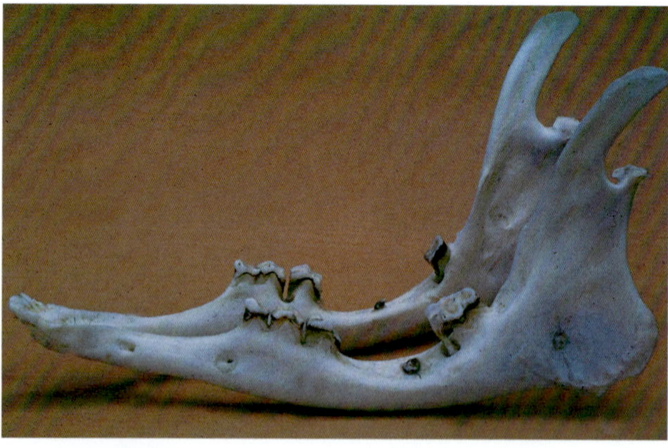

Der Unterkiefer einer vierzehnjährigen Geiß. So sieht das Ende aus

wieder in die Umzäunung zu locken, schlugen fehl. Die Geiß stellte sich vierhundert Meter vom Dorf entfernt in einer Hecke ein und wurde dort drei Wochen lang täglich beobachtet. Dann war sie verschwunden.

Jeder glaubte an den Alterstod, bis sie Anfang Mai 1987 wiederum an der besagten Hecke auftauchte und aufgrund ihrer ovalen Kopfform eindeutig identifiziert werden konnte. Genau dort gab sie 1988 wieder ein Gastspiel, und am 4. Mai 1989 um 19.45 Uhr erblickte ich sie ein weiteres Mal. Zu diesem Zeitpunkt war die Geiß 19 Jahre alt. Es sollte die letzte Begegnung bleiben.

Im Herbst 1963 wurde in einem Revier bei Braunschweig eine Geiß erlegt, die man 1943 als Kitz mit einer Schafohrmarke gekennzeichnet hatte. Ihre 20 1/2 Jahre sind das höchste bisher in freier Wildbahn bei Rehen nachgewiesene Alter, und niemand weiß, wie lange die Geiß noch bis zum natürlichen Alterstod gelebt hätte. PASSARGE berichtet von drei Ricken aus Gehegen, die ein Alter von 25 Jahren, 21 Jahren und 19 Jahren erreichten.

Der nachweislich älteste Bock wurde am 12. Juni 1908 im Revier Coswig, Kreis Zerbst, als Kitz markiert und kam am 29. Juli 1925 in der Anhaltischen Oberförsterei Mörlitz durch den preußischen Staatsförster E. FLÜGEL zur Strecke. Der zum Erlegungszeitpunkt 17 Jahre, einen Monat und 17 Tage alte Bock brachte noch 15 Kilogramm auf die Waage. Dazu schreibt BIEGER (1932): „Der weitaus älteste Bock, der seither bekannt geworden ist. Es ist daher ganz besonders bedauerlich und ein scharf zu verurteilender Fehler, dass der Erleger es nicht der Mühe wert hielt, den Unterkiefer dieses seltenen Stückes zu sichern."

In der Auflistung BIEGERs findet sich noch ein zehnjähriger Bock, der am 23. Februar 1932 in Schwerin/Mecklenburg erlegt wurde und 17,5 kg wog. Ebenfalls aus Mecklenburg stammte der Unterkiefer einer siebenjährigen Geiß, bei der die Randbemerkung BIEGERs interessant erscheint: „Abweichung gegen Zahnalterslehre; nach letzterer wäre das Stück über zehn Jahre alt."

Fälle hohen Alters, wie die eingangs geschilderten, sind außerordentlich selten (und am ehesten mit Menschenaltern von über 100 Jahren zu vergleichen). Daher haben sie auch Eingang in die jagdliche Literatur gefunden. Doch gibt es immer noch genügend Zeitgenossen, die nach Beurteilung des Unterkiefers gerne bereit sind, bei entsprechendem Abschliff einem erlegten Stück ein zweistelliges Alter zuzubilligen. Von zwölfjährigen Böcken und vierzehnjährigen Geißen ist dann die Rede.

RAESFELD schreibt zur Lebensdauer: „Das Höchstalter, das Rehwild überhaupt erreicht, muss demnach wohl mit 20 Jahren angenommen werden. Im allgemeinen wird der Alterstod jedoch früher eintreten, denn Rehe im Alter von 11, 12 und 13 Jahren haben zum Teil so abgenutzte Zähne, dass sie dem Lebensende nahe sein müssen. Das Verenden

Der zehnjährige Gatterbock „Hansi"

Die neunjährige „Runzel" mit ihrem markanten „Gesichtsausdruck"

Die „linke Rosa" ging mit neun Jahren ein

an Altersschwäche wird im Durchschnitt mit 12 bis 15 Jahren erfolgen. Genauere Untersuchungen wären hier dringend erwünscht."

ELLENBERG fand bei seinen Forschungen im Gatter Stammham heraus, dass sich die Lebensdauer von Rehen, die unter verschiedenen Ernährungsbedingungen aufwachsen, ändert. Und zwar dahingehend, dass gut genährte Rehe weniger alt werden als solche, die unter schlechtesten Ernährungsbedingungen aufwachsen. So erreichten Mitglieder der ersten Generation im Gatter mit seinem durch Automatenfütterung optimierten Nahrungsangebot ein maximales Alter von nicht ganz 7,5 Jahren. Der älteste Bock (siebenjährig) war im Sommer 1977 als „Greis" nicht mehr territorial und wurde nach der Brunft nicht mehr gesehen.

Die älteste Geiß des gleichen Geburtsjahrganges wurde übrigens 6,5 Jahre alt, wirkte in ihrem letzten Lebenssommer ausgesprochen „alt" und hatte mit sechs Jahren eine Fehlgeburt. Dieser Trend des frühen Alterns setzte sich mit den gleichen Erscheinungen bei der zweiten und dritten Generation fort: Mit gut sechs Jahren standen die Mitglieder an der Schwelle des Eingehens.

Ganz anders jedoch gestaltete sich die Entwicklung der noch in freier Wildbahn unter begrenzteren Nahrungsbedingungen aufgewachsenen Rehe. 14 von ihnen wurden im Alter von mindestens 2½ Jahren im Dezember 1971 in den Versuch einbezogen. Davon lebten im Spätherbst 1976 noch neun. Sie erreichten schließlich ein wahrscheinliches Alter zwischen 8¾ und 11,5 Jahren.

Nicht minder aufschlussreich in Bezug auf das Höchstalter sind die Rückmeldungen markierter Rehe in Baden-Württemberg. Unter 1440 geschossenen und 560 aufgefundenen Stücken beider Geschlechter befand sich kein Bock, der älter als 7 Jahre war. Das ist unter dem Aspekt der Trophäenjagd noch verständlich. Schließlich lässt selten jemand, der eine gute Trophäe erbeuten will, einen Gehörnträger bis zum völligen Zurücksetzen leben. Erstaunlicherweise wurde aber auch keine Geiß zurückgemeldet, die älter als neun Jahre war.

1983 wurde im Bereich der Hegegemeinschaft Heideck/ Mittelfranken ein markierter achtjähriger Bock erlegt, der ein typisches Altersgehörn und sehr starken Zahnabschliff aufwies. Bei ihm handelt es sich um den nachweislich ältesten Bock, der in unserem Kreis in den letzten zehn Jahren zur Strecke gekommen ist. Das Alter aller anderen „Greise" wurde nämlich nur aufgrund der geläufigen Altersbestimmungsmerkmale geschätzt.

Interessanterweise erreichten von den vielen markierten Altgeißen Franz RIEGERS bisher nur drei ein nennenswert hohes Alter. Es waren die „Schilfgeiß" mit 11 Jahren, gefolgt von

Oben: die „Blaugeiß“ mit acht Jahren. Mitte: mit neun Jahren. Unten: Im zehnten Jahr machte sie noch einen gesunden Eindruck. Doch im selben Jahr ging sie ein

der linken „Blaugeiß“. Diese oft gesehene Geiß machte im 10. Jahr noch einen gesunden Eindruck. Mit einem Mal war sie verschwunden. Ihre Marke wurde an einem Fuchsbau gefunden. Auch das Ende der neunjährigen „Rosa“ vom Schilf kam ebenso unerwartet wie plötzlich: kein Durchfall, kein langsames Abmagern, sondern ein schneller Alterstod.

Das plötzliche Verschwinden der über siebenjährigen markierten Geißen erklärte sich RIEGER weder mit Wanderlust im Alter – sonst hätte er ja schon einmal eine Rückmeldung der ebenfalls markierenden Nachbarn bekommen – noch mit ständigem Ausreißen der Marken, sondern schlicht und einfach mit dem Ableben derselben.

Am 31. Mai 1980 markierte ich in dem von mir betreuten Revier Mindorf ein weibliches Kitz an der Harrerwiese. Wie es sich später herausstellte, hatte drei Tage zuvor ein Mitjäger das Zwillingskitz gekennzeichnet. Dieses kam ein Jahr später ganz in der Nähe unter die Räder eines Autos und wog 15,5 kg (aufgebrochen). Das war zum damaligen Zeitpunkt ein hohes Wildbretgewicht für ein einjähriges Stück.

Wider Erwarten wurde das andere Kitz als Schmalreh von der Geiß in der Markierungswiese weiterhin geduldet und konnte fortan täglich über Jahre hinweg dort beobachtet werden. Die „Harrergeiß“ zählte bald zu den stärksten im Revier und nach sieben Jahren wohl auch zu den ältesten im Revier.

Fünf Jahre dominierte sie auf der Harrerwiese, nach dem achten Jahr war sie wie vom Erdboden verschwunden. Demnach zählte ich sie schon nicht mehr zu den Lebenden.

Doch am 13. Mai 1989 bekam ich sie wieder in Anblick: noch völlig grau, jedoch nicht abgekommen und allem Anschein nach nicht trächtig. Sie hielt sich etwas abseits ihres früheren Einstandes auf. Genau einen Monat später aber entdeckte ich sie zusammen mit einem Kitz in ihrem neuen Einstand 150m vom alten entfernt. Weil dieser neue Lebensraum schwer einsehbar ist, erfolgten keine Beobachtungen mehr.

Das Wiedersehen mit dieser Geiß am 15. Oktober des Jahres wiederum bot keinen Anlass zur Freude. Denn überfahren lag sie im einstandsnahen Graben der Kreisstraße am Ortsrand von Mindorf. Das Verfärbestadium war fortgeschritten, die Spinne enthielt Milch, und die Geiß erweckte alles andere als einen vergreisten Eindruck. Die Schneidezähne des zu diesem Zeitpunkt neun Jahre und viereinhalb Monate alten Rehs waren völlig intakt und noch erstaunlich hoch. Dem Abschliff der Backenzähne nach hätte man ihm ein Alter von kaum mehr als fünf Jahren zugebilligt. Beim Aufbrechen traten sogar Ansätze von Feistdepots zutage. Normalerweise hätte ich mir diese Arbeit erspart, doch das bahnfertige Gewicht sollte wenigstens in die Aufzeichnungen. Mit 20,5kg repräsentierte es für unser Revier einen Spitzenwert. Noch am selben Tag gelang es mir unweit der Unfallstelle ihre beiden Kitze zu erlegen, als sie aus einem Zwischenfruchtschlag sicherten. Ganze fünf Kilo brachte das Geißkitz auf die Waage, ein halbes mehr sein männliches Geschwister. Starke Kitze aber wiegen bei uns zu dieser Zeit gut das Doppelte, und in der Vergangenheit setzte und führte die Harrergeiß immer starken Nachwuchs. Ein Indiz für die Schwelle zum Greisenalter? Die allgemeine körperliche Verfassung und der Zustand des Gebisses stehen jedenfalls dieser Annahme entgegen.

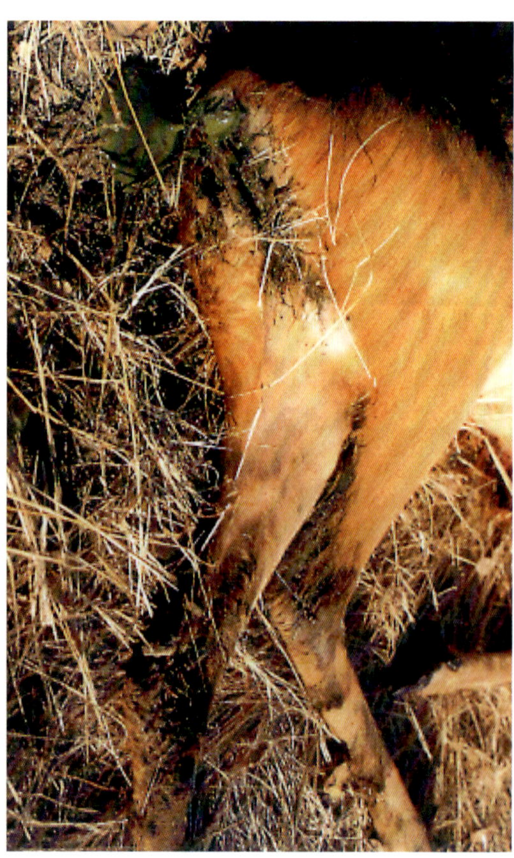

Durchfall zählt zu den häufigsten natürlichen Todesursachen

Auch bei Geißen ist der Alterstod nicht an der Tagesordnung. Lassen wir mal den Verkehr, der ja alle Altersklassen erfasst, außer acht, so bleibt neben dem Abschuss noch Krankheit als häufige Todesursache bestehen. ELLENBERG erwähnt die relativ große Anzahl der Durchfall-Toten im Rehgatter. Nach WETZEL und RIECK ist Durchfall eine gerade bei Rehwild häufig auftretende Krankheit mit verschiedenen Ursachen. Im sehr feuchten Sommer 1975 wurden vielerorts Durchfallerkrankungen registriert, die sich nicht auf plötzliche Umstellung von schwer- auf leichtverdauliche Nahrung zurückführen ließen.

Soweit sie das Rehgatter Stammham betrafen, konnte selbst die Einschaltung der zuständigen veterinärmedizinischen Untersuchungsstellen die Ursache der Durchfallerkrankungen nicht klären, denn sie ließen sich in allen Altersklassen und Qualitätsgruppen sowie zu verschiedenen Jahreszeiten bei einigen Individuen sogar mehrfach beobachten.

Sehr viele Rehe mit Sommerdurchfall sah ich im September 1988 im Revier Karakus/Ostbulgarien. Dort hatte es drei Monate nicht mehr geregnet. Auf meine Frage nach der Ursache, erklärte mir der Forstdirektor, dass in seinen Revieren der Sommerdurchfall alljährlich auftrete, und zwar von dem Zeitpunkt an, wenn die großflächigen Felder mit Herbiziden gespritzt würden. Ferner zwinge die akute Wasserknappheit das Rehwild, aus den wenigen, künstlich bewässerten Suhlen mit sehr schlechter Wasserqualität zu schöpfen. Das Zusammentreffen beider Umstände würde den Sommerdurchfall protegieren.

Dass Rehwild-Populationen im Schnitt bei uns nicht alt werden, dürfte angesichts der permanenten Abgänge nicht weiter verwundern. Daher erreichen nur wenige, meist weibliche Individuen das maximale Höchstalter. Nachdem in den meisten unserer Reviere während des Winterhalbjahres zunehmend hochwertigeres Futter gereicht und auch der Äsungsverbesserung mehr Augenmerk gewidmet wird, hat sich vielerorts als Folge des Wohlergehens eine gewisse Frühreife des Rehwildes bemerkbar gemacht. So gesehen müssen wir wohl auch beim Höchstalter gewisse Abstriche machen: Das dürfte bei uns eher unter als über zehn Jahre anzusiedeln sein, wobei immer wieder Ausnahmen die Regel bestätigen.

Eine davon rückte 2008 in den Fokus. Während eines Ansitzes im Fichtenaltholz mit Anfluginseln, erhaschte ich in einem der hüfthohen Horste für den Bruchteil einer Sekunde eine Bewegung und konzentrierte mich auf eine bestimmte Stelle. Und plötzlich zeigte mir die 15-fache Vergrößerung meines Fernglases für einen Moment ein Rehhaupt mit Knöpfen. Im Nachschlag wirkten sie eher wie Billardkugeln und nicht wie die zylindrischen Gehörnansätze eines schwachen Jährlings. Als das Stück seine Deckung verlassen hatte, sprach ich es als führende Geiß an. Eine Rarität und natürlich ein exklusives Studienobjekt für die folgenden Jahre. Diese Geiß führte immer Zwillingskitze, dreimal männlichen Geschlechts und dreimal Pinsel- sowie Schürzenträger. Alljährlich verriet ihre pralle Spinne, dass sie bereits in der ersten Maiwoche gesetzt hatte, und ihre Kitze wirkten im September vergleichsweise stark, so dass von deren Abschuss abgesehen wurde. 2015 führte die Gehörnte erstmals nicht mehr. Mittlerweile hatte sie geschätzt ein zweistelliges Alter erreicht und machte einen abgekommenen Eindruck. Daher ließ ich sie erlegen. Gerade mal 11,5 kg brachte sie aufgebrochen noch auf die Waage, doch war ihr Gebiss entgegen aller Erwartungen noch intakt. Dem Abrieb nach zu urteilen, hätte es si-

Die gehörnte Geiß war zum Erlegungszeitpunkt 12 Jahre alt

cher noch das eine oder andere Jahr seinen Dienst verrichtet. Wie eine professionelle Untersuchung nach dem Zahnzementzonenverfahren ergab, war die Gehörnte zum Zeitpunkt ihrer Erlegung 12 Jahre alt.

2009 wurde ein Wildunfall gemeldet, doch Suche und Nachsuche blieben erfolglos. Ein halbes Jahr später entdeckte ich unweit des Geschehnisses eine Geiß mit merkwürdig abgewinkeltem rechtem Vorderlauf. Er wurde beim Ziehen nicht aufgesetzt, baumelte auch nicht nach unten, sondern wirkte von der Seite betrachtet steif getragen wie zwei Seiten eines Quadrates. Weil das Stück einerseits keinen kranken Eindruck machte und ich es auch keinem zur Verwertung andienen mochte, ließ ich es laufen und hatte so wiederum ein interessantes Unikat für Feldstudien. In den nächsten Jahren beteiligte sich die Geiß am Brunftgeschehen und führte mehrfach schwache Einzelkitze. Fünf Jahre nach dem Malheur blieb sie zum ersten Mal leer, und in den folgenden Jahren sonderte sie sich mehr und mehr von ihren Artgenossen ab. Ihr Aktionsradius verringerte sich auf zuletzt ca. 250 Meter, und interessanterweise gab es nicht eine Sichtbeobachtung jenseits der gefährlichen Fahrbahn, die sie ja dereinst überquert hatte.

Im März 2020 beobachtete ich die Hinkende ein letztes Mal. Von da ab blieb sie verschwunden, und meiner Suche nach ihrem Skelett respektive Haupt war leider kein Erfolg beschieden.

Sicher ist nur, dass dieses Reh zu diesem Zeitpunkt wenigstens 15 Jahre alt gewesen sein muss.

Man soll ja Rehe nicht mit Menschen vergleichen, doch zu Zeiten weniger kalorienhaltiger aber ballaststoffreicherer Nahrung waren in Deutschland intakte Gebisse ohne Plomben noch häufiger anzutreffen als heute. Bei uns Menschen kompensieren Zahnarzt und -labor auftretenden Verschleiß. Bei den Rehen jedoch wird dieser zum Regulativ.

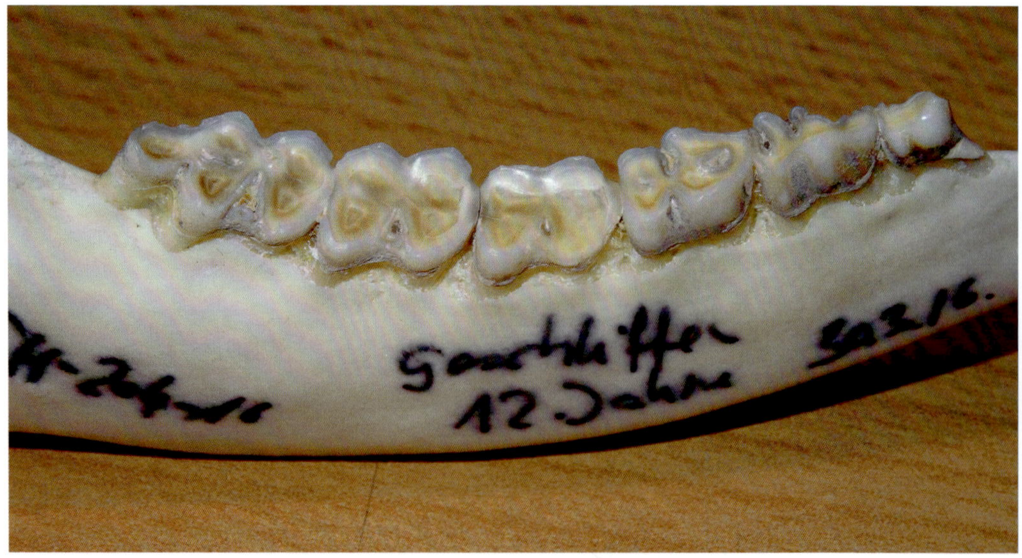

Die Zähne des 12-jährigen Stückes sind intakt und vollständig erhalten

Unzeitiges Brunftverhalten

Am 29. Oktober 1984 saß ich bei diesigem Wetter, jedoch Windstille in einem kleinen Schlag im Waldteil des Reviers Pyras auf weibliches Wild an. Gegen 17.10 Uhr hörte ich es im Bestand knacken, als ob Wild hin und her flüchtete: Wenig später erschien ein Schmalreh auf der Freifläche, gefolgt von einem zweijährigen Bock, der noch „auf" hatte. Die typische Brunfthaltung ließ keinen Zweifel über das Geschehen vor mir aufkommen. Insgesamt trieb der Bock dreimal das Schmalreh über den Schlag, einmal sogar unter meinem Sitz hindurch. Ein Beschlag ließ sich jedoch nicht beobachten.

Das war in 41 Jagdjahren meine erste und einzige Beobachtung einer so genannten Nachbrunft. STIEVE (in PASSARGE) fand 1950 heraus, dass einige wenige Ricken (drei Prozent), die in der Hauptbrunft nicht beschlagen wurden oder noch unterentwickelt waren (Schmalrehe), Ende November/Anfang Dezember brunftig werden und erfolgreich beschlagen werden können. Diese zweite Brunft bezeichnet er als Nebenbrunft.

Die Hoden, die sich bei den Böcken nach der Brunft schnell zurückbilden, können zwar zu diesem Zeitpunkt keine neuen Samenzellen mehr produzieren, doch existieren noch lebende Samenzellen in den Nebenhoden. Sie fungieren bekanntlich als Speicherorgan und bilden sich nach der Brunft wesentlich langsamer zurück als die Hoden. Demnach wären Böcke von Anfang Mai bis Ende Dezember befruchtungsfähig. Ungewiss ist jedoch die Befruchtungskapazität der in den Nebenhoden gespeicherten Spermien.

Brunftverhalten beim Bock wird ganz offensichtlich durch Duftstoffe ausgelöst, die u. a. vom weiblichen Feuchtblatt aufgrund von Schleimabsonderungen ausgehen. So beobachtete mein Bruder Detlev am 20. Mai 1974 im Staatsjagdrevier Bräuhaken-Forst/FA Viechtach (Bayerischer Wald), wie ein Bock eine hochbeschlagene und sich offenbar kurz vor dem Setzen befindliche Geiß mehr als zwei Stunden lang intensiv trieb. Vier Tage später wurde die Geiß mit Zwillingskitzen am selben Ort wieder gesehen. Der ebenfalls bestätigte Bock ließ kein Brunftverhalten mehr erkennen.

Nicht minder interessant erscheint eine Beobachtung FRANZ RIEGERS vom 18. August 1983, 11.40 Uhr. Er traut seinen Augen kaum, als sich das zum Ende der Brunft von einem dreijährigen Bock getriebene Stück als Kitz identifizieren lässt. Der Bock ist hochbrunftig und zeigt alle Anzeichen der Phase unmittelbar vor dem Beschlag. Mit langgestrecktem Träger beleckt er immer wieder das Feuchtblatt des Kitzes. Dann tut er sich

Im ersten Novemberdrittel treibt ein Bock ein weibliches Stück: Nachbrunft?

plötzlich nieder, wie es Böcke machen, die vom Brunfttreiben ermüdet sind. Das Kitz steht daneben, äst an jungem Farnkraut. Mit einem Mal zieht es mit tiefem Haupt zum sitzenden Bock, stupst ihn mit dem Windfang an die Keule und versucht ihn regelrecht aufzumuntern.

Um 12.20 Uhr wird der Bock wieder hoch und beginnt an einem Dürrast zu schlagen und zu plätzen. Um 12.25 Uhr zieht das Kitz auf eine feuchte Blöße im Altholz. Der Bock folgt dorthin und tut sich erneut nieder. Um 13.00 Uhr beginnt er wieder zu treiben. Das Paar verschwindet im Bestand. Ungewiss bleibt, ob es zum Beschlag gekommen ist.

Im gleichen Revier sollte 1987 die damals sechsjährige „Bienengeiß“ erlegt werden. Sie hatte nämlich während der nasskalten Witterung im Mai ihre beiden Kitze verloren und war ohnehin nicht stark. Interessanterweise nahm sie an der Brunft nicht teil und blieb den Juli und August über verschwunden. Als Anfang September das Getreide gedroschen war, kam die Geiß wieder zum Vorschein, verhielt sich jedoch entgegen ihrer sonstigen Gewohnheit überaus vorsichtig.

Beim ersten Ansitz klappte es mit dem Abschuss nicht. Beim zweiten Mal erschien sie flüchtig, gefolgt vom zweijährigen Bock „Richard“. Der trieb die Geiß den ganzen Abend über. Auch diesmal blieb die Kugel im Lauf, schon deshalb, weil man niemandem eine brunftige Geiß zur Verwertung anbieten wollte.

Am folgenden Tag fand ein Partnertausch statt. Diesmal trieb der dreijährige „Hüttenbock“, dessen Territorium etwa 350 Meter entfernt liegt, die „Bienengeiß“. Das rief auch seinen Sohn, den einjährigen „Weiherbock“ auf den Plan, und schließlich gesellte sich noch der einjährige „Erlebock“ dazu. Alle ließen Anzeichen höchster Brunfterregung erkennen, doch auch hier konnte kein Beschlag registriert werden. Und doch muss sie beschlagen worden sein, denn im Jahr darauf setzte sie ein Kitz.

Nun war diese Brunft wohl verspätet, aber nicht das, was gemeinhin als Nachbrunft bezeichnet wird. Letztere nämlich würde eine Eiruhe, wie sie bei Rehwild üblich ist, vor der Tragezeit ausschließen.

Namhafte Autoren (u. a. WANDELER) bezweifeln die Zeugungsfähigkeit von Böcken im Spätherbst. Auch ELLENBERGs Versuch, eine Nachbrunft zu provozieren, misslang. Er setzte Anfang Oktober sechs erwachsene Rehgeißen in guter Kondition aus der Rehfarm in ein Gehege mit mehreren Böcken. Diese Geißen hatten den Sommer über keinen Kontakt zum anderen Geschlecht. Im Jahr darauf war keine trächtig. Ebenso negativ verlief ein zweites Experiment, bei dem fünf Geißen in der Rehfarm nur im Herbst und Winter mit Böcken zusammen gehalten worden waren. In Bezug auf Frühreife ist ein Fall bezeugt, bei dem in einem engen Gehege ein männliches Kitz seine Mutter befruchtete. Sie setzte im folgenden Jahr wieder Kitze. Über einen weiteren Fall von Frühreife bei Gehege-Rehen berichtet RAESFELD: „Ende März und Anfang April beschlug innerhalb von 14 Tagen ein Bockkitz öfter ein Rickenkitz. Am 28. August setzte das weibliche Stück ein Kitz, das gut gediehen ist. Beide Rehe sind im Alter von etwa 10 Monaten brunftig geworden, das Schmalreh hat nach einer Tragzeit von fünf Monaten, also ohne Vortragzeit, ein Kitz gesetzt.“

Die erfolgreiche Befruchtung weiblicher Kitze in freier Wildbahn wurde schon mehrfach nachgewiesen, wenngleich bisher niemand den Zeitpunkt des Beschlages belegen konnte. Dennoch spricht vieles für die Auffassung, dass die „frühreifen“ Kitze, die in ihrem ersten Lebensjahr bereits brunften, nicht schon zur Hauptbrunft im Sommer beschlagen werden, also in einem Alter von zwei bis drei Monaten, sondern erst zur „Nachbrunft“ im Herbst.

Zur Fruchtbarkeit des Rehwildes

Am 9. April 1978 wurde auf der Kreisstraße Pyras-Hilpoltstein ein schwaches weibliches Stück überfahren, das ein Kitz in der Tracht hatte. Groß war die Überraschung, als ein Blick in den Unterkiefer die Geiß als noch nicht einjährig identifizierte: der dreiteilige dritte Prämolar ließ keine Zweifel zu.

Nicht zu übersehen war auch die Spinne eines einjährigen Stückes mit der weißen Dalton-Marke im linken Lauscher Ende Mai 1980 im Revier Mindorf. Also ein weiterer Fall des übersprungenen Schmalrehstadiums. Kitze führte die Junggeiß keine mit. Sie wurden auch nie gefunden, und Mitte Juni zog die Geiß wieder mit zurückgebildetem Gesäuge solo umher.

Wiederum im Revier Mindorf markierte ich am 6. Mai 1983 ein weibliches Kitz mit einer blauen Herberholz-Marke und sichtete es im Verlaufe des Jahres zusammen mit seiner Mutter mehrmals. Im Jahr darauf schien es zunächst verschwunden. Das Wiedersehen am 12. Dezember barg jedoch eine weitere Überraschung, denn das vermeintliche Schmalreh führte eindeutig ein Bockkitz.

Am 20. Mai 1984 markierte ich im Feldteil des Reviers Mindorf ein Kitz des dortigen Feldrehsprunges rechts gelb mit der Aufschrift „Pyras 07". Noch nicht ein Jahr später, am 28. März 1985, benachrichtigte mich der Jagdaufseher des Nachbarreviers Jahrsdorf, dass er genau diesem weiblichen Stück in einer eingezäunten Hecke den Fangschuss habe geben müssen. Es hatte ein Kitz in der Tracht und wog aufgebrochen 13 kg.

Eine weitere markierte einjährige Geiß erlegte ich zusammen mit ihrem schwachen Bockkitz am 12. September 1986. 14 kg wog die Geiß, 5 kg das Kitz.

Auch Franz Riegers „Gelbgeiß" wurde als Kitz beschlagen und setzte im darauffolgenden Jahr zwei starke Bockkitze. Ein Jahr später allerdings folgte ein schwaches Geißkitz. Offensichtlich hatte die verfrühte Trächtigkeit dem noch nicht ausgewachsenen Körper der Mutter ihren Tribut abverlangt. Über ihr weiteres Schicksal ist nichts bekannt, denn sie stand an der Reviergrenze und hat wohl in den nächsten Jahren ihren Einstand im Nachbarrevier gewählt.

Die hier vierjährige „Bienengeiß" setzte immer nur Geißkitze

Natürlich ist eine Trächtigkeit im Kitzalter nicht die Regel, doch offenbar auch nicht ganz selten. Meistens jedoch erbringt nur die Markierung den Beweis dafür. Wenn nämlich eine führende, offensichtlich junge Geiß im Herbst erlegt wird, ist auch der Zahnwechsel

Eine zweijährige Geiß, die als Schmalreh nicht beschlagen wurde

schon vollzogen, und niemand kommt auf die Idee, sie als einjährig zu klassifizieren, und im Februar, wo die Föten schon feststellbar wären, werden zum Glück selten Kitze geschossen.

Allgemein herrscht die Ansicht vor, dass Schmalrehe erfolgreich beschlagen werden und als zweijährige Geißen Kitze setzen. Ich hatte bisher fünf Fälle markierter Schmalrehe, wo dies nicht zutraf. Sie führten demnach zweijährig nicht. Unter diesen befand sich auch meine schon erwähnte „Harrergeiß". Sie setzte mit drei Jahren zum ersten Mal ein Geißkitz. Vier-, fünf- und sechsjährig jeweils weibliche Zwillingskitze und siebenjährig sogar Drillinge, wiederum weiblichen Geschlechts. Im achten Jahr brachte sie nur ein Kitz zur Welt, ebenfalls weiblich.

Mit dem Verlust des Kitzes verkehrte sich auffällig die Beobachtungshäufigkeit ins Gegenteil, und die körperlich wohl stärkste Geiß des Reviers verlor ihre Dominanz auf der Harrerwiese an eine andere. Fortan musste sie mit einem Randbezirk vorliebnehmen. Über ihr Ende und das ihrer Zwillingskitze wurde bereits zwei Kapitel vorher berichtet.

Bemerkenswert erscheinen auch die Fälle zweier markierter Geißen des Jahrgangs 1983 im Revier Pyras. Die eine brachte, obwohl jedes Jahr tragend, bisher erst ein einziges Bockkitz in den Herbst, hatte also regelmäßig ihre Kitze bei der Mahd verloren, die andere wurde noch nie mit Gesäuge beobachtet. Jedes Mal nach dem Abmähen der Wiesen verschwand sie auf Nimmerwiedersehen, um sich im Frühjahr wieder an ihrem Geburtsort einzufinden. RIEGERs rechte „Blaugeiß" zog in ihrem zehnjährigen Leben 14 Kitze im Geschlechterverhältnis 9:5 auf, wobei sich die Bockkitze samt und sonders zu starken Böcken mauserten. Diese starke Geiß wurde als Kitz im Nachbarrevier markiert und wanderte als Schmalreh in das RIEGERsche Revier ein. Zweijährig musste sie noch mit den äsungsarmen

Eine der beiden „Talgeißen". Sie setzte dreimal hintereinander zwei Bockkitze

Streuobstwiesen begnügen. Doch dann etablierte sie sich in den äsungsreichen „Bühlwiesen". Dort behauptete sie sich bis zum achten Jahr. Dann wurde sie von einer jüngeren Geiß wiederum in die Streuobstwiesen abgedrängt. Mit Ausnahme des zweiten und des letzten Jahres setzte sie immer Zwillingskitze.

Für eine hohe Nachwuchsrate sorgte ebenfalls die „linke Rosa". Sie brachte im zweiten, sechsten und siebten Jahr Einzelkitze, im dritten und vierten Zwillinge und im fünften sowie achten Jahr sogar Drillinge zur Welt und hoch. Jedoch waren ihre Kitze nie sehr stark. In der Hierarchie zählte diese eher kleinwüchsige Geiß zu den Rangniederen, weswegen sie zeitlebens ihren Einstand im schlechten Biotop der Schilfwiesen nehmen musste.

Erstaunliche Parallelen zur „Harrergeiß" gab es auch bei der ebenfalls bereits erwähnten „Bienengeiß". Auch sie führte das erste Mal im dritten Jahr, jedoch zwei Geißkitze. Von da ab setzte sie in den folgenden drei Jahren wiederum weibliche Zwillinge, im siebten Jahr jedoch nur ein schwaches Geißkitz. Mit diesem zusammen wurde sie erlegt.

Sieben schwache Geißkitze zog die „rote Bühlgeiß" in vier Jahren auf, bevor sie sechsjährig der Kugel anheim fiel.

Das Gegenteil repräsentierten die beiden „Talgeißen". Sie eroberten sich beizeiten ihren Einstand im äsungsbegünstigten Tal und setzten dreimal hintereinander jeweils starke Bockkitze. Leider kamen beide auf der nahen Straße um.

Die Aufzählung der markierten Geißen mit ihrem Nachwuchs ließe sich noch um einige erweitern. Dabei fällt auf, dass die stärksten Geißen in den äsungsreichsten Biotopen stehen und starke Kitze aufziehen, während sich die jüngeren und schwachen Geißen in äsungsärmeren Habitaten finden und ihrerseits auch schwächeren Nachwuchs bringen.

Im besten Gebäralter, also zwischen drei und sechs Jahren, sind Zwillingskitze die Regel. Danach treten Einzelkitze auffällig gehäuft auf. In dieser Phase beginnen die ranghohen

Die fünfjährige „Linsengeiß" sucht ihr verunglücktes Kitz

Mit fünf Jahren im besten Setzalter, doch die „Klostergeiß“ hatte wieder kein Kitz

Die sechsjährige „rote Ruhrgeiß“

Geißen ihre Dominanz zu verlieren und werden von starken jüngeren abgedrängt. Meistens ist dann ihr Ende nicht mehr weit.

Diese Beobachtungen bestätigen die von ELLENBERG im Gatter gewonnenen Erkenntnisse, dass die stärksten Geißen dort lebten, wo die üppigste Vegetation zur Setzzeit vorkam, dass sie die vergleichsweise schwersten Kitze setzten und die höchsten Nachwuchs- und Aufziehraten verzeichneten. Mit anderen Worten: Je größer die Geißen wurden und je mehr Äsung ihnen zur Verfügung stand, desto mehr und bessere Kitze zogen sie auf.

Dort, wo die Struktur des Streifgebietes es zulässt, besetzen also dominante ältere Weibchen normalerweise die besten Habitate mit Deckung und Äsung in enger räumlicher Verzahnung. Sie verdrängen auf diese Weise die unterlegenen jüngeren Geißen, bis sie als Greisinnen selbst keine Kitze mehr führen.

Geißenwohnräume

Anders als Böcke leben Geißen nicht streng territorial in dem Sinn, dass sie ein Revier durch Markierung abgrenzen und Artgenossen hartnäckig daraus vertreiben, sondern sie beanspruchen einen bestimmten Teil des verfügbaren Lebensraumes dauerhaft für sich.

Wir haben es also mit einem Wohnraum (*homerange*) zu tun. Hier suchen und finden sie Nahrung, Unterschlupf und Ruhe. Bestimmender Faktor für die *homerange*-Wahl und dessen Größe ist das jeweilige Äsungsangebot. Weil sich das im Laufe des Jahres ändert, beeinflusst es selbstredend die Ausdehnung der beanspruchten Fläche.

Finden die Geißen in ihren „Wohnräumen" alles das, was sie brauchen,kommen sie mit wenig Hektar aus und bleiben sehr standorttreu

ELLENBERG gibt den Wohnraum einer laktierenden Geiß mit etwa sechs Hektar an. Damit ist er etwa halb so groß wie ein Bockterritorium, und anders als jenes kann sich der Wohnraum einer Geiß sehr wohl mit dem anderer Geißen überlappen. Das trifft besonders für Gebiete mit hoher Wilddichte zu. Aus Beobachtungen wissen wir um die besondere Standorttreue älterer Geißen und können sie uns mit deren Wissen um das beste Nahrungsangebot im betreffenden Lebensraum erklären.

Von Rehen ist allgemein bekannt, dass sie in wesentlich stärkerem Maße als andere Wiederkäuer auf die Nutzung leicht verdaulicher Pflanzenteile angewiesen sind. Prof. REINHOLD HOFMANN hat dafür den Begriff „Konzentratselektierer" geprägt. Der Pansen des „Naschers" Reh unterscheidet sich demnach von dem der „Rupfer" Rot-, Dam- und Muffelwild durch seine in Relation zum Körpergewicht geringere Größe, geringeren Füllungsgrad und eine dichtere Besetzung mit Pansenzotten.

Das macht ein häufigeres Füllen des Pansens notwendig und drückt sich in häufigeren Äsungsperioden am Tag aus. Dabei erreicht der Energiebedarf der Geißen wenige Wochen vor der Geburt und in der Phase der erhöhten Milchproduktion einen Spitzenwert. In dieser Zeit fällt auch deren geringe Bewegungsaktivität auf.

Zur Setzzeit massieren sich die Geißen oft in bestimmten Wiesen, weil sie um diese Jahreszeit wohl das optimale Äsungsangebot liefern. Im Revier Pyras grenzt eine solche „Aufzuchtwiese" direkt an einen ausgedehnten Wald. Sie beherbergt bei einer Fläche von rund 7,5 Hektar bis zu acht führende Geißen. Wir haben es hier also mit einem typischen Überlappungs-Wohnraum zu tun.

Die Geißen kennen sich untereinander sehr wohl. Dabei weichen die jüngeren und schwächeren der dominanten aus und wahren eine Distanz, die nach meiner Beobachtung zwischen 30 und 50 Meter liegt. Kommt eine rangniedere Geiß einer ranghohen zu nahe, wirft diese auf und zieht ein paar Schritte auf die andere zu. Diese reagiert mit einigen Fluchten, bis die entsprechende Toleranzdistanz wieder hergestellt ist.

Interessant ist auch das Verhalten beim Austreten. Während ranghohe Geißen nach Sichern gemessenen Schrittes ihren Äsungsplatz aufsuchen, flüchten die rangniederen regelrecht dorthin, besonders, wenn sie dabei eine ranghohe Geiß passieren müssen.

Auch die Platzverteilung in der Wiese spiegelt die Rangordnung wieder, denn die schwächeren Geißen müssen mit den Teilen der Wiese vorliebnehmen, die weiter vom Wald

Vorsichtige Annäherung. Bei diesen jungen Stücken scheint die Rangordnung noch nicht festgelegt zu sein

entfernt und gleichzeitig näher an der Straße bzw. am öfter begangenen Weg liegen. Dort werden sie auch häufiger gestört.

Sobald die Wiese abgemäht ist, löst sich die Geißenmassierung wieder auf. Einige Kitze, die ich dort markiert hatte, entdeckte ich im Juni Luftlinie bis zu 500 Meter vom Zeichnungsort entfernt mit ihren Müttern wieder, während andere weiterhin im unmittelbaren Nahbereich beobachtet wurden. Es spricht vieles dafür, dass sich alljährlich die gleichen Geißen hier zur Setzzeit einfinden bzw. dass es sich bei Ableben der einen oder anderen um deren Nachkommen handelt. Das beweist, dass Rehgeißen für die erfolgreiche Kitzaufzucht nicht an Bockterritorien gebunden sind, sofern ausreichend Äsung zur Verfügung steht. Geißen sind es auch, die weitab von Bockterritorien in der Feldflur gelegene Wiesen aufsuchen, dort ihre Kitze setzen und sich den Sommer über mit ihrem Nachwuchs im Feld aufhalten.

Sippenbildung

„Die engste soziale Beziehung, die zwischen zwei Rehen besteht, ist zweifellos diejenige zwischen Mutter und Kind“, schreibt KURT. Diese engen Bande lösen sich erst auf, wenn die Geiß kurz vor dem Setzen den vorjährigen Nachwuchs abschlägt. Während Jährlingsböcke meist eigene Wege gehen, ziehen Schmalrehe zusammen mit anderen oder schließen sich einem Bock an. Das kann ein ansässiger Territorialer sein, der Auswanderer oder ein Bock in einem entfernten Territorium.

Das Schmalreh wandert also entweder ab oder hält sich im Nahbereich des mütterlichen Sommergebietes auf. Es lebt demnach den Sommer über nicht isoliert. Im Herbst schließt es sich im Falle der Bleibe gemeinsam mit dem Bock der Mutter und den neuen Kitzen zum Sprung zusammen. Das Mutter-Tochter-Verhältnis bleibt auch noch später bestehen, wenn die Tochter selbst Kitze führt. Sie darf im Wohnraum bleiben, muss sich jedoch mit den äsungsungünstigeren Randbereichen begnügen. Auf diese Weise wird ein *homerange* von Mitgliedern einer Sippe, also untereinander verwandten Rehen, bewohnt. Innerhalb der Mitglieder besteht eine strenge Hierarchie mit einer starken Altgeiß an der Spitze. Schmalrehe rangieren weit unten.

Unter Einhaltung von Überlegenheits- bzw. Demutsgebärden tolerieren sich die Sippenmitglieder untereinander. Dagegen zeigen sie sich ihnen unbekannten Rehen gegenüber sehr unverträglich. Das erschwert auch einem Schmalreh den Anschluss an eine fremde Sippe. Wo dieser beobachtet wurde, fand er immer über einen territorialen Bock statt, dem sich das Schmalreh angeschlossen hatte. Und auch hier werden die blutsfremden von den zum Herbst/Winter-Sprung gehörigen Geißen anscheinend widerstrebend geduldet und im darauffolgenden Frühjahr gelegentlich gescheucht.

Nach ELLENBERG halten die zweijährigen Geißen einen größeren Abstand zur Mutter als die Schmalrehe. Dennoch bleibt der soziale Zusammenhang der Geißen in Form von Sippen bemerkenswert stabil, und zwar umso mehr, je höher die Wilddichte ist. Der Geißenwohnraum ist also in Wirklichkeit ein Wohnraum von Geißensippen, der sich am ehesten mit einem Haus vergleichen lässt, das in Eigentumswohnungen mit Gemeinschaftsräumen aufgeteilt ist.

Verwaiste Kitze werden in der Sippe geduldet und können sich ohne Schwierigkeiten einer älteren Verwandten anschließen. Auch wurde der Zusammenschluss von Geißen, die ihre

Der soziale Zusammenhalt der Sippen steigt mit der Wilddichte

Kitze verloren hatten, mit vorjährigen Schmalrehen wiederholt bezeugt. Für verwaiste Kitze, die in Sippengebieten aufwachsen, erhöhen sich somit die Überlebenschancen gegenüber solchen, die mit der Geiß jegliche Führung verloren haben.

Diese Führung innerhalb einer Sippe kann auch in Ausnahmefällen ein Bock übernehmen. Im Juli 1976 beobachtete ich wiederholt einen etwa dreijährigen Bock, wie er ein Kitz nach Art der Geißen beleckte. Dieses Kitz wurde bis Anfang September mit ihm zusammen gesehen und dann erlegt. Franz RIEGER hat sogar einen Fall dokumentiert, bei dem ein Bock zwei markierte Kitze nach dem Tode ihrer Geiß führte.

Die Sippenbildung erlaubt nicht nur einen langdauernden Sozialkontakt zwischen den Mitgliedern, sie erscheint auch – was bei den territorialen Böcken nicht möglich ist – bestimmte Verhaltensweisen weiterzugeben, die sich in einer speziellen Umweltsituation (Feldrehe!) bewährt haben. Darauf lässt sich möglicherweise die auffällige Vertrautheit oder das „Scheu-Sein" auch junger Rehe zurückführen.

ELLENBERG berichtet von der auffallenden Scheue der überlebenden Tiere und ihrer Nachkommen im 15-Hektar-Gehege „Umgriff", nachdem 34 von 46 vorhandenen Rehen erlegt und weitere vier als Fallwild gefunden worden sind. Zweieinhalb Jahre nach dieser Aktion verhielten sich die Tiere derart vorsichtig, dass ihnen weder mit Pirsch noch Ansitz beizukommen war. Und das, obwohl in der Zwischenzeit keinerlei Störung und auch kein Jagddruck ausgeübt wurde.

Die Bedeutung dieser Erkenntnis für den Jagdbetrieb mag sich jeder ausmalen: Geißen, die mehrmals ihren Nachwuchs an bestimmten Orten verloren haben, wissen um die Gefahr, die ihnen von einschlägigen Einrichtungen an gewissen Stellen im Revier droht, und noch mehr, wenn sie diese in Zusammenhang mit dem Menschen gebracht haben. Sie meiden fortan die Gefahrenquellen, und ihr Nachwuchs übernimmt das Verhalten, ohne je mit der Erfahrung direkt konfrontiert worden zu sein. Das ist sicher mit ein Grund, weshalb in Waldrevieren hoher Jagddruck bald keine Erfolge mehr zeitigt und andere Bejagungsmethoden erfordert.

Sippenbildung und Sippenzusammenhalt sorgen in zweierlei Hinsicht für verbesserte Überlebenschancen der Mitglieder gegenüber territorialer Organisation: Die stärksten

Sippenmitglieder dulden einander und teilen den Wohnraum

Geißen, also die ranghohen, erfahrenen, sichern für sich und ihren Nachwuchs im Wohnraum die besten Überlebensbedingungen. Bei einer Verschlechterung werden also zunächst die rangniederen betroffen, was wiederum den ranghöheren zum Vorteil gereicht. Umgekehrt verschafft der „Folgedrang" im Sprung auch den rangniederen gewisse Vorteile.

Nach ELLENBERG können Geißen, die ihre Sippenmitglieder verloren haben, sich nur schwer behaupten. Sie versuchen sich in aller Regel fremden Sippen anzuschließen und werden meistens abgeschlagen, im günstigsten Fall widerwillig und auf Distanz geduldet.

Eine erstaunliche Toleranz wies auch FRANZ RIEGER bei den territorialen Böcken gegenüber Jährlingen aus der eigenen Sippe nach. Sie dulden diese nämlich dann in ihrem Einstand, wenn sie keine territorialen Verhaltensweisen an den Tag legen. Dagegen vertreiben sie jeden sippenfremden Jährling, auch wenn er sich nicht territorial gebärdet.

Die Sippenbildung erklärt auch das lokale Vorhandensein und die räumliche Trennung starker und schwacher Rehfamilien. Diesen Aspekt gilt es bei der Bewirtschaftung des Rehwildes im Hinblick auf die Trophäenjagd zu berücksichtigen. „Mäus' bringen Mäus'", sagt der Volksmund. Schwaches bringt also Schwaches. Warum das so ist, verdeutlicht der Zusammenhang zwischen Äsungsangebot, Milchproduktion und Aufzuchterfolg bei Geißen.

Die beiden verwaisten Kitze werden von dem zweijährigen Bock dauerhaft geführt

Geißen und Kitze

Untersuchungen von STRANDGAARD und WANDELER zufolge entwickeln sich die Föten älterer Geißen rascher als die erstmals trächtiger. ELLENBERG fand zudem einen um sieben bis acht Tage früheren mittleren Geburtstermin der Kitze älterer Geißen gegenüber den erstmals setzenden im Rehgatter heraus und führt diesen Umstand primär auf die mindere Kondition der erstmals gebärenden Geißen zurück. Schließlich sind die wenigsten von ihnen während der ersten Trächtigkeit voll ausgewachsen.

Das bleibt natürlich nicht ohne Auswirkungen auf das Wachstum der Kitze. In der Phase höchsten Milchbedarfs bzw. höchster Milchproduktion spielt nämlich das Äsungsangebot, insbesondere die Verdaulichkeit der Pflanzen, eine besondere Rolle. Je früher nun eine Geiß setzt, desto mehr leicht verdauliche Äsung steht ihr zur Verfügung und desto mehr Milch kann sie produzieren. Die wiederum kommt den Kitzen zugute.

Am größten werden eindeutig Bockkitze dominanter Geißen, wenn sie als Einzelkitze aufwachsen

Unter Geschwistern dominieren eindeutig die männlichen über die weiblichen

Mit fortschreitender Jahreszeit jedoch nimmt die Verdaulichkeit der Äsungspflanzen ab. Folglich haben im Mai gesetzte Kitze wesentlich bessere Wachstumsbedingungen als „Junikitze". Hinzu gesellt sich die Tatsache, dass bei hoher Wilddichte die Junggeißen ohnehin mit den äsungsungünstigeren Biotopen vorlieb nehmen müssen. Demnach finden spät gesetzte Kitze von Junggeißen die schlechtesten Ernährungsvoraussetzungen vor.

Allerdings sorgt die Natur für einen gewissen Ausgleich. Bei gleichen äußeren Bedingungen ist der Anteil von Einzelkitzen bei erstmals gebärenden Geißen eindeutig höher als bei älteren. Einzelkitze wiederum wiegen zur Geburt mehr als Zwillingskitze. Zum anderen scheinen erstmals setzende Geißen mehr Bockkitze als Geißkitze zu setzen, und die sind um etwa neun Prozent schwerer als die weiblichen. Das gilt ebenfalls für ungleichgeschlechtliche Zwillingskitze.

Darüber hinaus hat ELLENBERG einen engen Zusammenhang zwischen dem Gewicht der Mutter und dem Geburts-

Weibliche Zwillingskitze rangniedriger Geißen werden bevorzugt erlegt

gewicht der Kitze festgestellt. Demnach kann mit jedem Kilogramm der Mutter das Durchschnittsgewicht der Kitze am Tag der Geburt um 80 bis 100 Gramm zunehmen. Größere Geißen setzen daher im Schnitt auch größere Kitze. Weil aber viele der erstmals setzenden Geißen noch nicht das maximale Körpergewicht erreicht haben, wiegen ihre Kitze auch weniger. Folglich dürfen wir von schwachen Erstlingsgeißen auch die geringsten Kitze erwarten. Entsprechend differierten die Geburtsgewichte zwischen 1050 Gramm (weibliches Vierlingskitz aus freier Wildbahn) und 2260 Gramm (Bockkitz, Rehfarm).

Am größten werden eindeutig männliche Kitze dominanter Mütter aus den besten Biotopen, wenn sie als Einzelkitze aufwachsen. Aus diesen rekrutieren sich vor allem die so genannten „Frühentwickler", die später als Jährling territoriale Verhaltensweisen an den Tag legen und bei höherer Wilddichte bzw. besetzten Territorien eher abwandern.

Weibliche Kitze wiederum haben die besten Entwicklungsmöglichkeiten als Einzelkitz oder gleichgeschlechtlicher Zwilling dominanter Mütter. Das erklärt auch die Bildung von Weibchensippen in günstigen Habitaten.

Unter den Geschwistern dominieren eindeutig die männlichen über die weiblichen. Sie bewahren nicht nur den Gewichtsvorsprung bei der Geburt, sondern bauen ihn im Kitzalter aus. Dieser Effekt scheint bei Kitzen unterlegener Geißen größer zu sein als bei denen dominanter. Daher haben die weiblichen Zwillingskitze rangniederer Geißen aus ungünstigen Biotopen die schlechtesten Überlebenschancen.

Erstaunlicherweise rangiert im Hinblick auf die Stärke des Nachwuchses die Dominanz der Mutter eindeutig vor ihrem absoluten Körpergewicht. Das erklärt auch das Vorhandensein relativ schwerer Bockkitze von vergleichsweise „kleinen", doch dominanten Geißen.

Starke Bockkitze einer dominanten Geiß

Ellenberg wies sogar einen Gewichtsunterschied der männlichen Kitze dominanter, kleinwüchsiger Geißen gegenüber unterlegenen kleinwüchsigen von etwa vier bis fünf Kilo im Dezember nach.

Entscheidende Bedeutung für die Entwicklung des Kitzes kommt ganz offensichtlich der Gewichtszunahme in den ersten Lebenswochen zu. Mit unterschiedlichen Methoden ermittelten Sägesser, Kurt, Wandeler, Kraus und Drescher-Kaden tägliche Gewichtszunahmen bei kleinen Kitzen in der Säugezeit zwischen 74 Gramm und 155 Gramm. Ellenberg registrierte in freier Wildbahn und im Rehgatter Zunahmen von 145 Gramm vom ersten auf den zweiten Tag, 156 Gramm vom 1. auf den 6. Tag, 187 Gramm vom 3. auf den 7. Tag, 192 Gramm vom 3. auf den 12. Tag und 129 Gramm vom 4. auf den 19. Tag. Es existieren also erhebliche individuelle Unterschiede.

Weibliche Kitze haben die besten Entwicklungsmöglichkeiten als Einzelkitz

Bei der Kitzaufzucht 1972 im „Köschinger Waldhaus“ bei Stammham beobachtete er im Wochendurchschnitt innerhalb der ersten zwei Lebensmonate bei 71 gesunden Kitzen Werte zwischen 70 Gramm und maximal 207 Gramm pro Tag. Es ist logisch, dass erstere gegenüber letzteren in der Entwicklung bald ins Hintertreffen geraten. Der permanente Gewichtszuwachs stagnierte übrigens sofort, sobald Kitze krank wurden. Stagnation trat aber auch bei gesunden Kitzen auf, wenn in den ersten drei Lebenswochen nasskaltes Wetter herrschte, wenn sich die Nahrungszusammensetzung änderte (erste Aufnahme von Grünfutter) und wenn die soziale Struktur der Kitzgruppe eine Änderung erfuhr. Schon die Versetzung von Einzelkitzen in eine andere Stallbox zeitigte diesbezügliche Folgen.

Die meiste Milch verzehrten die Kitze während der Aufzucht übrigens in der letzten Juni- und in den beiden ersten Juliwochen. Und zwar im Wochendurchschnitt rund 860 Gramm pro Tag bei gleichzeitiger Aufnahme von etwa 100 Gramm Trockenfutter (Kaninchenfutter-Pellets) und einer geringen Menge frischer Laubblätter.

Demnach muss eine Rehgeiß auf dem Höhepunkt der Laktation im Durchschnitt täglich rund 1700 Gramm Milch produzieren, um den Bedarf zweier Kitze zu befriedigen. Dabei setzt ELLENBERG voraus, dass die Muttermilch die gleiche Verdaulichkeit aufweist wie der gereichte Milchersatz („Biofix L, zehnprozentig mit Wasser angerührt und im Verhältnis 2:1 mit ungezuckerter Kondensmilch gemischt; Gesamtfettgehalt: 5,3 Prozent). Als unterste Grenze für das Überleben von Kitzen wurde eine Menge von 300 bis 400 Gramm Milch pro Tag ermittelt.

Wie schon an anderer Stelle beschrieben, benötigen Geißen zur Zeit der Laktation besonders viel Energie. Sie drosseln ihre Nahrungsaufnahme proportional, wenn sie eines von zwei Kitzen verlieren oder man eines ihnen wegnimmt. Sie erhöhen sie aber wieder, wenn man ihnen nach einigen Tagen das Kitz wieder zurückgibt. Es reguliert demnach die Beanspruchung der Milchquelle während der Laktation die Menge der aufgenommenen Nahrung. Durch entsprechendes ausgiebiges Saugen beeinflussen daher die Kitze den Milchfluss bis zu einem gewissen Grad. Natürliche Grenzen jedoch setzt die Pansenkapazität der Geiß, die kaum mehr als 3kg Äsung pro Tag beträgt.

Abnehmende Verdaulichkeit der Nahrung wegen Verholzung und anderer physiologischer Prozesse in den Pflanzen mit fortschreitender Jahreszeit jedoch führt unweigerlich zu einer

In Hinblick auf die Stärke der Kitze rangiert die Dominanz der Geiß eindeutig vor ihrem absoluten Körpergewicht

Drosselung der Milchproduktion. Das trifft vor allem für ungünstige und übersetzte Biotope zu und hat geringeres Wachstum des Milchkitzes und Überbeanspruchung der Mutter zur Folge.

Nach KURT beginnen Kitze im Alter von drei bis vier Wochen selbst zu äsen und können aufgrund der gewachsenen Pansenkapazität mit einem Alter von etwa sechs Wochen von der Milch entwöhnt werden. In der Rehfarm gelang das ab einem Alter von acht bis neun Wochen und einem Lebendgewicht der Kitze von sieben bis zwölf Kilogramm anstandslos. Es überlebten sogar zwei Kitze, die am 18. Juli im Rehgatter durch Unfall ihre Mutter verloren hatten. Sie erreichten schließlich im Dezember mit 15,7 (männlich) und 13,3kg (weiblich) durchschnittliche Lebendgewichte.

Die Milchproduktion der Geiß wird durch das Angebot leicht verdaulicher, eiweißreicher Äsung beeinflusst

Wir dürfen also davon ausgehen, dass sich Kitze im Alter von sechs bis neun Wochen vom Säugling zum Fresser entwickeln. Damit sind sie grundsätzlich nicht mehr auf die Geiß als Nahrungsquelle angewiesen. Natürlich lassen sich zu fortgeschrittener Jahreszeit, sogar im Frühherbst, immer wieder Kitze beim Säugen beobachten. Doch dauert dieser Akt nur wenige Sekunden und ist für die Ernährung sekundär.

Die geringere Sichtbarkeit des Gesäuges bei Geißen ab Julimitte ist demnach nicht eine Folge häufigerer Entleerung, sondern eine Zurückbildung mangels Beanspruchung.

Dazu ein ebenso interessantes wie aufschlussreiches Experiment ELLENBERGs. Kurz vor der Brunft wurden die Futtertröge zweier Geißen etwas höher gehängt und gleichzeitig Tröge am Boden eingerichtet, die nur den Kitzen zugänglich waren. Ab einem Alter von vier Wochen ließ sich hier ein Pelletverzehr feststellen, der sich bis zur Brunft langsam steigerte. Während der Brunft nahm der Pelletverzehr sprunghaft zu und blieb anschließend hoch. Bezeichnenderweise produzierte die eine Geiß nach der Brunft noch etwa vier Wochen lang wenig Milch, während die andere die Milchproduktion nach der Brunft völlig einstellte.

Dieses Einstellen verzögert sich individuell verschieden bis in den Herbst und führt bei vielen Zeitgenossen zu Trugschlüssen. Immer noch heißt es nämlich, man solle von Zwillingskitzen eines wegnehmen, damit das verbleibende mehr Milch bekommt und dadurch gestärkt in den Winter gelangt. Nun beginnt aber die Schusszeit bundesweit ab 1. September. Zu einem Zeitpunkt also, wo der Milchbedarf sowieso auf ein Minimum abgesunken und demnach auch die Produktion stark gedrosselt ist.

Die Geiß wird aller Wahrscheinlichkeit nach auf das Wegnehmen eines Säugers mit noch geringerer Milchproduktion reagieren, weil nicht anzunehmen ist, dass sie das verbliebene Kitz mit einem Mal doppelt so lange saugen lässt bzw. dieses einen größeren Bedarf zeigt.

Der Schein trügt. Ab Mitte August nehmen Milchproduktion und Milchverzehr rapide ab

Der positive Nebeneffekt besteht also allein im verminderten Energiebedarf der Geiß bzw. freiwerdender Energie für den anstehenden Haarwechsel und die Anlage von Feistdepots.

Die Gewichtszunahme der Kitze vollzieht sich hauptsächlich in den Sommermonaten. Sie verzögert sich von Ende September an auffallend und sinkt selbst bei gleichbleibend gutem Nahrungsangebot von Mitte November bis Mitte Februar nahezu auf den Nullpunkt. Das Wiedereinsetzen des Wachstums im Spätwinter und Vorfrühling erklärt den schlagartig steigenden Energie- und somit Äsungsbedarf und gleichzeitig auch das Auftreten von Fallwild, wenn dieser nicht saturiert werden kann.

Über die Beobachtbarkeit von Rehwild

Im aufgelockert strukturierten, recht übersichtlichen und überdies wegemäßig gut erschlossenen Revier Pyras lässt sich das Rehwild flächendeckend vom Auto aus leicht beobachten und erfassen. So hat die tägliche Revierrundfahrt an den Frühjahrsabenden zwecks Bestandsermittlung und -zählung lange Tradition.

Dieses Vorgehen, über einen längeren Zeitraum betrieben, gilt als recht verlässlich, weil die Waldinseln weiträumig umfahren werden können. Das gewährleistet unabhängig von der jeweiligen Windrichtung immer Einblick in die windschattigen Seiten und damit Anblick. Zudem werden alle Beobachtungen nach Zahl und Geschlecht protokolliert. Die so registrierten Rehe an der Eysöldener Straße pendelten sich bei zehn Stück ein: drei Jährlinge, zwei mehrjährige Böcke, ein Schmalreh und vier Geißen, eine davon rechts blau markiert.

Ein Ansitz bei windstillem und warmem Wetter Ende April an einem strategisch günstigen Platz zwischen 18 und 20.30 Uhr ergab dann folgendes Bild: Das Maximum der gleichzeitig beobachteten Rehe lag bei acht Stück, doch im Laufe des Ansitzes erschienen neun verschie-

Im wegemäßig gut erschlossenen und übersichtlichen Revier lässt sich das Rehwild flächendeckend vom Auto aus erfassen

dene Geißen, davon drei mit blauer Lauschermarke statt der einen bestätigten, drei Schmalrehe, vier Jährlinge und die bereits bekannten erwachsenen Böcke. Das macht also 19 Rehe, fast die doppelte Anzahl. Nicht darunter waren eine öfter gesehene einäugige Geiß und ein symbolmarkiertes Schmalreh.

Sicherlich kam hier der größte Teil der in diesem Waldteil beheimateten Rehe in Anblick, doch ob sich die Zahl der gesehenen mit der der tatsächlich vorhandenen deckt, wage ich doch zu bezweifeln.

Zur selben Zeit traten am „Hansloh" allabendlich 14 Rehe aus – zumindest wurden nie mehr beim Vorbeifahren gesichtet. Zufällig kam ich an einem Montagvormittag eben dort vorbei und registrierte zu meinem Erstaunen gleichzeitig 22 Rehe, in der Mehrzahl weibliche. Bezeichnenderweise befand sich kein mehrjähriger Bock darunter. Die vier bestätigten zu den 22 gesehenen addiert, gibt bereits eine Anzahl von 26.

Diese Auflistung ließe sich noch um einige Beispiele erweitern. Nun ist, wie gesagt, unser Revier sehr übersichtlich, und ich befinde mich in der glücklichen Lage, sieben Tage in der Woche wenigstens stundenweise dort zu sein. Wäre es nicht so, würde ich fast zwangsläufig eine wesentlich geringere Anzahl von Wild auf unserer Revierfläche sehen, zählen und hochrechnen.

Eine Bestandserfassung per Ansitz jedoch stößt schon bei uns auf gewisse Grenzen. Sie erfordert einen immensen Personenaufwand. Angenommen ich ließe alle für den flächendeckenden Überblick wichtigen Sitze gleichzeitig nur einmal besetzen, müsste ich für den einen Gemeinschaftsansitz rund 40 Personen herbemühen. Unter Preisgabe des für die Zählung nicht unwichtigen Moments der Gleichzeitigkeit und durch sukzessives Besetzen der einzelnen Revierteile mit drei Jagdhelfern wären ebenfalls schon zehn Ansitze pro Person notwendig. Die auf den minimalen Zeitraum zu komprimieren, dürfte nicht leicht fallen.

Die Schwierigkeiten mit der Zählung also, die sich bei uns auftun, werden wohl in vielen anderen Revieren kaum kleiner sein. Und doch ist die quantitative und qualitative Erfassung

Nur das deckungslose Feldrevier erlaubt genaues Zählen des Rehwildes

des Rehwildes innerhalb einer Revierfläche und auf Hegegemeinschaftsebene nach wie vor in den meisten Bundesländern die Basis für die Bewirtschaftung der Bestände.

Unter den Rehen im Revier gibt es einige, die sich fast täglich beobachten lassen und eine erstaunlich geringe Fluchtdistanz wahren, aber auch andere, die sich so gut wie nie blicken lassen. 1983 markierte ich ein weibliches Kitz erst links, dann noch einmal rechts, weil die linke Marke beim Wegziehen der Zange ausgeschlitzt war.

Ein Jahr später begegnete es mir als Schmalreh am Markierungsort wieder und blieb dann zwei Jahre wie vom Erdboden verschluckt. Im Mai 1987 investierte ich auf dem besagten Platz insgesamt neun Ansitze für einen Bock. Bei dieser Gelegenheit gab es ein einmaliges Wiedersehen mit der Geiß. Sie führte sogar zwei Kitze. Seither wurde sie nicht mehr beobachtet, aber auch nicht als erlegt gemeldet.

1986 erhielt eine Geiß, die ihre Kitze verloren hatte, an der östlichen Hanslohspitze einen hohen Vorderlaufschuss. Die Nachsuche blieb erfolglos, und das vorher oft bestätigte Stück kam nicht mehr in Anblick. Anlässlich einer kleinen Hasenjagd Mitte November ließ ich eben diesen Wald in kleinen Partien durchtreiben. Dabei sichtete einer der Schützen ein weibliches Reh, das nur den linken Vorderlauf aufsetzte. Der rechte dagegen ragte – eigenartig verkrümmt – kaum über den Rumpf hinaus.

Sofort gab ich das Stück zum Abschuss frei, und wir versuchten es auch mit Einsatz von Hunden zu bekommen. Das Unterfangen endete ebenso erfolglos wie weitere Ansitze. Unter 28 Rehen, die ich in einer mondhellen Januarnacht auf schneebedecktem Rapsacker nach Äsung schlagen sah, entdeckte ich auch die „dreiläufige" Geiß. Im Frühjahr, wenn doch vermeintlich alle Rehe auf das frische Grün drängen, war sie nicht unter den gesichteten. Auch nicht im Sommer, im Herbst und im darauffolgenden Frühjahr. Erst im September 1988 erspähte ich sie gut gedeckt in ihrem alten Einstand zwischen Himbeersträuchern und konnte ihr die Kugel antragen.

Das beweist einmal mehr, wie sich Rehwild selbst in relativ überschaubarem Terrain über einen langen Zeitraum hinweg unsichtbar machen kann. Der Aktionsradius der Geiß muss nach der Verletzung unter 150 Metern gelegen haben. Sie war übrigens keineswegs abgekommen und wog aufgebrochen 17,5 Kilo.

Weiße Rehe sind bekanntlich selten und schon deshalb interessante Studienobjekte. 1972 wurde im elterlichen Pachtrevier „Bernrieth" eine Geiß bestätigt, die neben einem normal gefärbten auch ein albinotisches Kitz führte. Doch zählte der Anblick des Trios zu den absoluten Ausnahmen.

Als Schmalreh wurde der „Weißling" überhaupt nur zweimal gesehen, und auch in den nächsten Jahren blieb die Geiß – obwohl standorttreu – meist unsichtbar. Dabei hätte doch die „Signalfarbe" eher das Gegenteil erwarten lassen.

Im reinen Waldrevier Rehe quantitativ erfassen zu wollen, grenzt meines Erachtens an Utopie. In den beiden Staatsjagden der 1900 Hektar umfassenden väterlichen Pachtfläche wurde die zulässige Wilddichte auf drei Rehe pro 100 Hektar (Wald-)Fläche beziffert. Dieser Wert bildete auch jahrelang die Basis für die fiskalische Bewirtschaftung.

Drei Rehe pro 100 Hektar als Frühjahrsbestand billigte uns auch der geschlossene Pachtvertrag zu. Unübersehbare Verbissschäden machten bald eine Abschusserhöhung notwendig. Man legte die neue Quote auf vier Stück pro 100 Hektar fest – an dem Verbiss änderte sich nichts. Weil aber Wildschadenersatz drohte, tat Selbsthilfe not.

Wir beschlossen, einen größeren Teil des Gesamtabschusses in dem besagten Staatsrevier zu tätigen, um über Reduktion des Bestandes eine Minderung des Verbissdruckes zu erreichen. Anstelle der für die Teilfläche genehmigten zwölf Rehe erlegten wir in einem Jahr im Zeitraum vom 1. September bis Mitte November deren 43. Dabei rangierte selbstverständlich Zahl vor Wahl, jedoch wurde kein führendes Stück ohne die Kitze geschossen.

Mit zunehmender Bejagungsdauer gestaltete sich der Jagdaufwand in Relation zum Erfolg unökonomischer. Als schließlich mehr als zwanzig Ansitzeinheiten für die Erlegung eines Stückes notwendig waren, wurde die Bejagung eingestellt. Natürlich hatten wir eine Senkung des Bestandes erreicht, doch bei weitem nicht im erhofften Maße, wie später Fährtenbilder und Futterverbrauch bewiesen.

Das vorüber gehende Vakuum füllte sich auch nach und nach durch Zuwanderer aus den angrenzenden Revierteilen wieder auf. Dort hatten wir demnach ebenfalls, jedoch ungewollt, für eine vorübergehende Verdünnung gesorgt – mit dem Erfolg, dass in den nächsten Jahren viele Geißen Zwillings-, manche sogar Drillingskitze führten.

Im nächsten Jahr verlagerten wir die jagdlichen Aktivitäten schwerpunktmäßig in das andere Staatswaldrevier. Auch hier wichen die raschen Anfangserfolge bald der Ernüchterung. Die überlebenden Rehe kannten offenbar die Stellen im Wald sehr wohl, von denen Gefahr drohte, und mieden sie.

Wieder bestätigte sich die vorher gemachte Erkenntnis, dass sich die Bejagung regelrecht totläuft, sobald der Bestand bis zu einem gewissen Grad abgeschöpft ist und solange das Rehwild Deckung hat. Umgerechnet auf 100 Hektar Wald erreichte im zweiten Fall übrigens der getätigte Abschuss die Zahl von 19 Rehen.

Obwohl wir den Gesamtabschuss auf der zusammenhängenden Fläche nicht überzogen hatten, taten wir – wie man später unverblümt bekundete – des Bösen zuviel. Unter anderem mit der Begründung des überhöhten Abschusses wurden die Pachtverträge für die beiden Staatsjagden nicht mehr verlängert.

Das ist jetzt über 40 Jahre her. Wie sehr sich doch Zeiten und Meinungen der zuständigen Forstbehörden geändert haben. Heute stöhnen die Nachpächter geradezu unter dem Joch der von denselben Leuten bzw. ihren Nachrückern aufgebürdeten hohen Abschüsse mit dem Dolch der Regresspflicht bei auftretenden Wildschäden im Rücken.

Nur tote Rehe lassen sich zählen. Das bewies zum ersten Mal STRANDGAARD im Revier Kalø. Dort sollte die ansässige Population abgeschossen und durch neu eingeführte Rehe ersetzt werden. Von dieser Maßnahme erhoffte man sich bessere Erträge. Vor Beginn der Aktion schätzte man die Zahl der vorhandenen Individuen nach den herkömmlichen Methoden. Der Vergleich zwischen den geschätzten und dem tatsächlich vorhandenen Bestand sollte unter anderem Hinweise auf die Zuverlässigkeit der Zählmethoden geben.

Die Aufgabe des Zählens oblag mehreren erfahrenen Wildhütern, die mit dem Gebiet vertraut waren. Sie registrierten unabhängig voneinander morgens und abends alle austretenden Rehe. Aufgrund der Übersichtlichkeit des Geländes – nur ein Drittel war bewaldet – schien eine ausreichend genaue Erfassung des Bestandes sicher.

Die Wildhüter gelangten auch einmütig zum selben Resultat: Im 1 000 Hektar großen Gebiet leben 70 Rehe. Die waren schnell erlegt, und weitere 143 Rehe lagen zusätzlich auf der Strecke. Außerdem konnten noch einige den Treiberketten entkommen.

Im Februar 1956 ließ ANDERSEN 38 Rehe in Fallen fangen und mit Halsbändern markieren. Nach ihrer Freilassung beauftragte der Leiter des Forschungsteams sechs erfahrene Wildkenner, zusammen mit Hunden ein Zähltreiben durchzuführen. Mehrere Stunden durchkämmten sie systematisch den isolierten Wald. Elf Rehe hatten sie insgesamt gesehen, von denen vier Exemplare Halsbänder trugen. Den anderen 34 gelang es ganz offensichtlich, sich unsichtbar zu machen. Verlassen hatte nämlich den Wald kein Reh.

Aufschlussreich sind auch die Aufzeichnungen KURTs über die Beobachtbarkeit seiner fünf künstlich aufgezogenen und in die Freiheit entlassenen Bockkitze sowie die der im gleichen Gebiet lebenden 31 „wilden“ Artgenossen. Während er seine „zahmen“ Kitze in 61 Tagen zwischen 26 und 34 mal sichtete, im Mittel also 30 Mal, variierte die Beobachtbarkeit der übrigen zwischen einmal und 23 Mal, im Schnitt neunmal.

KURT (mdl.) berichtet ebenfalls von einer Aktion auf dem Züricher Flughafen. Wie bei anderen Einrichtungen dieser Art ist das Flughafengelände dauerhaft und rehsicher eingezäunt und zudem aufgrund geringer Bewaldung recht übersichtlich. Nun sollten aus Gründen der Flugsicherheit die dort quasi gegattert lebenden Rehe in ihrer Gesamtheit abgeschossen werden. Mit 42 bezifferte der angestellte Wildhüter die Population. Erlegt aber wurde das Fünffache: 215 Stück.

Vorhandensein und Sichtbarkeit von Rehen sind also zwei Größen, die nicht unter einen Hut passen wollen. Nach all dem Gesagten drängt sich eigentlich nur der Schluss auf, dass es bundesweit erheblich mehr Rehe geben muss als wir mit unseren Methoden erfassen können.

ELLENBERG machte anlässlich eines Vortrages auf einer LJV-Sonderveranstaltung in Stuttgart deutlich, dass trotz einer vollständig mit Halsbändern individuell sichtmarkierten Rehpopulation im schon mehrfach erwähnten Gatter Stammham keine Richtwerte für die Beobachtbarkeit von Rehen erarbeitet werden konnten. Fest steht nur, dass diese mit zunehmender Deckungsmöglichkeit rapide abnimmt.

Mit zunehmender Deckung nimmt die Beobachtbarkeit rapide ab

Steigende Wilddichte erhöht logischerweise auch die Beobachtungshäufigkeit des Rehwildes, jedoch nicht proportional. Anders ausgedrückt: Bei vierfacher Wilddichte gegenüber dem Ausgangswert sehen wir die Rehe nicht viermal so häufig, sondern vielleicht nur zwei- bis dreimal.

Im Gatter traf das ebenso zu wie anderswo: Manche „dickfelligen" Individuen ließen sich im selben Biotopausschnitt gut zehnmal so oft beobachten wie vorsichtige Einzeltiere. Scharfe Bejagung jedoch trifft in erster Linie die meistens sichtbaren, also die vertrauten Rehe. Sind sie ausgemerzt, bleiben nur mehr die „scheueren" übrig. Sie werden natürlich nicht von heute auf morgen vertrauter, vermehren sich jedoch nach den gemeinhin bekannten Gesetzmäßigkeiten.

In wenigen Jahren füllt dann eine sehr viel vorsichtigere und schwer zu bejagende Population den Lebensraum bis an seine Kapazitätsgrenzen. Versagen dann die herkömmlichen Jagdmethoden, wird der Ruf nach neuen laut. Und auch die müssen sich über kurz oder lang abnützen.

Dass die Beobachtungshäufigkeit im Jahreszyklus starken Schwankungen unterliegt, wissen wir alle: Vor und nach der Brunft sind die Böcke relativ wenig unterwegs und damit auch seltener zu Gesicht zu bekommen. Dagegen lassen sie sich vom Spätwinter bis in den Juni hinein insgesamt häufiger beobachten als die Gesamtheit der Geißen. Nach der Brunft jedoch ist die Tendenz umgekehrt.

Eines der Ziele der Forschung im Rehgatter war unter anderem die Ermittlung der maximal möglichen Wilddichte. Sie ist dann überschritten, wenn das Wild auffallend zu kümmern beginnt und/oder eingeht. Das traf selbst bei einer rechnerischen Dichte von 300 Stück pro 100 Hektar nicht zu und findet seine Erklärung im jederzeit verfügbaren und ausreichenden Futterangebot. Selbst bei dieser in „offenen" Revieren nicht realisierbaren Dichte sind noch weit höhere Körpergewichte und Trächtigkeitsraten festgestellt worden als in der benachbarten freien Wildbahn.

Damit steht fest: Das Äsungsangebot steuert die maximale Wilddichte, und die wurde in früheren Zeiten namentlich in Waldrevieren oft genug überschritten. Als klassisches Beispiel mögen die „Minirehe" des Nürnberger Reichswaldes dienen.

„Kümmerer" gab es auch bei uns vor 40 Jahren mehr als genug. Damit befanden sich also auch bei uns Wilddichte und Äsungsangebot nicht im Einklang. Es ließen sich auch in einzelnen Territorien mehrere erwachsene Böcke beobachten, von denen einige mit Sicherheit nicht territorial waren. ELLENBERG nennt sie „Pazifisten", weil sie territorialen Auseinandersetzungen aus dem Weg gehen. Ihr Vorhandensein wird übrigens immer dort bezeugt, wo wir es mit überhöhten Rehwildpopulationen zu tun haben.

In den verflossenen drei Dekaden wurde bei uns im Schnitt mehr Rehwild als zuvor erlegt. So nimmt es auch nicht wunder, dass sich im Frühjahr nicht mehr so viele Rehe wie ehedem zählen lassen. Zweifellos erhöhte sich auch der Jagddruck auf das Wild. Noch mehr jedoch der Publikumsdruck: Radwanderwege, Trimm-Dich-Pfade, gesteigertes Freizeit- und Erholungsbedürfnis der Einheimischen und der motorisierten Städter.

Wo früher mit dem Abstellen der landwirtschaftlichen Maschinen Ruhe einkehrte, wiehern heute Pferde, keuchen Jogger und knattern Motorräder. Die an den Waldrändern entlang führenden befestigten und unbefestigten Wege laden ja direkt dazu ein. Es braucht demnach nicht zu wundern, wenn die Beobachtbarkeit des Wildes mehr abnahm als die absolute Dichte.

Gestiegen dagegen sind die Zahlen der Verkehrsopfer – bei einer Verdreifachung der Kfz-Zulassungen in den letzten zehn Jahren keine Überraschung. Es gibt heute bei uns Reviere, wo die Straße für mehr Abgänge sorgt als der Abschussplan vorsieht. So musste der Betreuer eines 120-Hektar-Staatswaldrevieres in der Nähe meines Wohnortes in einem Jahr 22 Rehe von der Straße klauben.

Das und die Tatsache landesweit gestiegener Mahdverluste beim Jungwild durch Silageschnitt und Kreiselmäher indizieren nach wie vor höhere als die gezählten und auch angenommenen Bestände. Aus diesem Fundus schöpfen auch die Befürworter drastisch erhöhter Abschüsse.

Natürlich lassen sich die Abschusszahlen noch deutlich steigern. Notfalls durch Liberalisierung der Praktiken, wenn die konservativen nicht mehr greifen: Druckjagd, Riegeljagd, Treibjagd, in letzter Konsequenz mit rauem Schuss. Abschuss an Kirrung, Fütterung, Nachtjagd mit Nachtzielgeräten … Dann jedoch hat das Rehwild seinen Status des für die Freizeitjäger – die weitaus meisten Jagdscheininhaber zählen dazu – jederzeit nutz- und bejagbaren Schalenwildes verloren. Das würde auch das Ende der selektiven Bejagung und das Todesurteil für unsere traditionelle Trophäenjagd bedeuten.

Jagd ist eine Freizeitbeschäftigung, zumindest für diejenigen, die sie nicht im Rahmen ihres Dienstes ausüben müssen oder die gar für die Ausübung bezahlt werden. Eine bekanntermaßen teure dazu. Die Privatjäger lassen sich nämlich das Recht der Ausübung erhebliche Summen kosten. Viele Millionen an Pachterträgen fließen Jahr für Jahr in die Säckel von Privatleuten, Genossenschaften, Kommunen, und nicht zuletzt profitiert auch der Fiskus davon. Und zwar nicht schlecht. Die Jagd stellt demnach für einen nicht kleinen Kreis einen bedeutenden Einnahmefaktor dar.

Ein „Hobby“ aber trägt die Bezeichnung nur dann zu Recht, wenn es der Freude, dem Ausgleich von beruflicher Anspannung und der inneren Befriedigung dient. Allein schon der Anblick von Wild auf ihrer gepachteten Fläche rechtfertigt für viele Jäger finanzielle Opfer. Beobachten, planen, hegen, die Entscheidungsfreiheit, bestimmte Individuen zu erlegen oder laufen zu lassen, in letzter Konsequenz schließlich das erfolgreiche Überlisten, das Erbeuten also, die Summe dessen macht die Freude an der Jagd.

Wenn Jagd aber nur mehr im Spazierentragen eines Gewehres besteht, wenn zwanzig Ansitze und mehr für den Anblick eines einzigen Rehs notwendig sind, wenn Rehe aufgestöbert werden müssen, um sie vor das Gewehr zu bringen, hört die Freude daran auf. Zumindest für denjenigen, der sich nicht als Henker einer Wildart versteht und der das Pachtverhältnis unter anderen Voraussetzungen und mit anderen Intentionen abgeschlossen hat.

Für Ärger, Stress und Schikane noch zu zahlen, läuft dem Verständnis des Normalbürgers zuwider. Leute, die das trotzdem tun, bezeichnet er als Masochisten. Wir Jäger sehen uns keineswegs so, doch mehren sich Anzeichen dafür, dass man uns in diese Rolle drängt.

Jagdliche Erfüllung, wie sie der deutsche Waidmann versteht, setzt also nicht nur einen ausreichenden, sondern vor allem einen ausreichend sichtbaren Wildbestand voraus. Wie kopfstark nun eine Population sein muss, damit man wenigstens einen Teil davon zu Gesicht kriegt, hängt von vielen Faktoren ab, nicht zuletzt von Deckung, Äsung, Jagddruck und Störung, aber auch verfügbarer Zeit seitens des Jägers.

Wem die Terminhetze nur einen einzigen Revierbesuch in der Woche oder gar noch weniger gestattet, der darf aus diesem Umstand noch lange nicht das Recht auf Wilddichten ableiten, die selbst bei sporadischen Revieraufenthalten noch genügend Anblick bescheren. Wenn

Im Waldrevier Rehwild zahlenmäßig erfassen zu wollen, ist illusorisch

umgekehrt aber selbst die ständige Anwesenheit nurmehr gelegentliche Wildbegegnungen garantiert, dann ist ebenfalls die Grenze des Zumutbaren überschritten.

Die jeweils zumutbare Wilddichte stellt aber keine absolute Größe dar, sondern muss in Bezug auf den Lebensraum gesehen werden. Wo Wild nicht sichtbar kümmert und vor allem seinen Lebensraum nicht langfristig qualitativ mindert oder sogar zerstört, ist die Dichte in jedem Falle tragbar. Wo dies nicht zutrifft, müssen Ursachenforschung betrieben und Abhilfe ersonnen werden. Dabei ist der Griff zur Kugel nur eine, zugegeben eine – vordergründig betrachtet – recht bequeme.

Leute, die dem Wild eine Existenzberechtigung einräumen, aber alles tun, es zahlenmäßig möglichst auf das Minimum der Arterhaltung zu beschränken, betreiben eine Politik des Feigenblattes: Sie waschen sich frei von dem Vorwurf der Ausrottung. Mehr nicht.

Dabei läuft es praktisch auf dasselbe hinaus. Wenn nämlich das geschulte Auge des Jägers vergeblich nach einem Stück roter oder grauer Decke Ausschau hält, dann bleibt der Anblick eines Rehs dem naturbewussten Normalbürger erst recht versagt. Unseren Enkeln dürfte es nicht anders ergehen, und denen will man doch das Wild bewahren.

Wer nach Milch verlangt, muss seinen Kühen auch zu fressen reichen, und wer weiterhin die Jäger melken möchte, muss ebenfalls seinen Obolus entrichten. Der besteht zum einen in einer gewissen Toleranz gegenüber den durch Wild verursachten Schäden, zum anderen in der Bereitschaft, durch wildfreundliche Lebensraumgestaltung und vorbeugende Schutzmaßnahmen die potenziellen Schäden zu minimieren. Kühe aber, die nur mit dem Stecken „gefüttert" werden, geben bald keine Milch mehr, dafür über kurz oder lang den Geist auf.

Bezahlen die Rehe die Sanierung der kranken Wälder?

In unserem Revier sieht eine nicht geringe Anzahl von Dickungen der Vollendung des zwanzigsten Lebensjahres entgegen. Nichts deutet darauf hin, dass die einzelnen Bäume im Jugendstadium von zahlreichen Rehwildäsern gestutzt wurden. Heute stehen sie so da, wie es sich die Grundstückseigentümer erhofft haben: dicht an dicht und hochgeschossen. Teils als Naturverjüngung gewachsen, zum Teil hinterm Zaun. Kiefern und Fichten sind es je nach Standort. Monokulturen.

Woanders das gleiche Bild. Auch dort sind selbst zu Zeiten höchster Wilddichte Wälder nachgewachsen. Natürlich in Reinform. So hatten es die Betreiber gewünscht, so wurde es von forstlichen Beratern empfohlen, und so hatte es der staatliche Waldbau vorexerziert.

Junge Buchen finden sich bei uns nur wenige, ebenso wie Ahorn und Esche. Dafür nicht zu knapp Eiche. Edellaubholz wollten vor 30 Jahren nur wenige und auch nur zu geringem Anteil in den Wäldern, und der Naturanflug gelangte höchst selten über die Äser des Rehwildes hinaus. In den fiskalischen Wäldern an der tschechischen Grenze ließ man sogar Samenbuchen „ringeln", damit sie abstarben, und Naturverjüngung herausschlagen. Buche galt nämlich als schwer verkäuflich, wenig Rendite bringend und damit als nahezu wertlos.

Die Apokalypse des Waldsterbens vor Augen, machte sich in der Forstwirtschaft radikales Umdenken breit. Weg von der anfälligeren Monokultur hin zum stabileren, naturnahen Mischwald, heißt jetzt die Devise. Man will den Mischwald nicht nur, sein Anbau wird auch forciert.

Rehe verbeißen gern Laubholz. Stehen sie dem naturnahen Waldbau im Wege?

Die Jungbäume würden auf ihren Standorten auch wachsen, gäbe es nicht die Rehe. Die stürzen sich geradezu auf die seltenen belaubten Leckerbissen und machen ihnen in kurzer Zeit den Garaus. Das tun sie übrigens auch mit Fichten aus Pflanzgärten. Gezielt werden sie beäst, während die daneben wachsenden naturverjüngten unbehelligt bleiben.

Die Rehe stehen also dem naturnahen Mischwaldbau im Weg. Darum müssen sie weg. Zäunung kommt teuer, Abschuss kostet nichts. So einfach ist die Rechnung.

Auf die forstlichen Sünden der Vergangenheit angesprochen, reagiert die neue Generation von Forstleuten dahingehend, dass die Fehler der Vergangenheit erkannt worden seien und man aus ihnen gelernt habe. Irren ist menschlich, Fehler einzugestehen, zeugt von Größe. Es fragt sich nur, ob die Forstverwaltung nicht neue Fehler begeht, wenn sie das Rehwild als Waldschädling Nr. 1 einstuft und das Personal entsprechend darauf einstellt.

Genau dies hat ein hoher Beamter der Oberforstdirektion Mittelfranken vor 35 Jahren anlässlich einer Tagung praktiziert. Es wäre mehr als schade, wenn die nächste Generation von Forstleuten wiederum eingestehen müsste, dass die Fehler der Vergangenheit erkannt seien. Zu allen Zeiten war nämlich die Forstwirtschaft in Sachen Waldbau Vorreiter und Berater der privaten Waldbesitzer.

Der Staatsforst pflanzte doch die Monokulturen im großen Stil, als der Bedarf die Nachfrage ankurbelte. Er entdeckte dann die Sozialverpflichtung des Eigentums, als sich Holz schlechter vermarkten ließ und unterstützte den Waldtourismus. Er gestaltete desgleichen mit Siebenmeilenstiefeln die Wälder in Richtung durchmischte Bestände um, nicht zuletzt beschleunigt durch die Windwürfe, die von den Orkanen Vivian, Wibke und Lothar verursacht wurden.

Nun wäre es eigentlich an der Zeit, Jungwuchspflege zu betreiben. Wäre. Aber mit der Umstellung auf einen nach wirtschaftlichen Gesichtspunkten geführten Forstbetrieb ticken die Uhren erneut anders. Jetzt wird erst einmal genutzt, und zwar mit Erntemaschinen, denn der Forstbetrieb hat als wichtigste Dienstleistung Geld in die leeren Kassen zu scheffeln. Natürlich auf Kosten der Vorräte. Dass bei der Vollernte mancherorts mehr an Jungpflanzen durch Raupenketten als vordem durch Rehäser zerstört wird, nimmt man achselzuckend in Kauf.

Und wenn fürdem rationell geerntet werden soll, wird man nicht um ein entsprechendes waldbauliches Fundament herumkommen. Schachbrettartig werden sich künftig wohl die Reinkulturen nach Laub- und Nadelholz getrennt in fiskalischen Forsten aneinanderreihen müssen, wenn sich der personelle Aufwand für Pflegemaßnahmen auf unterstem Level bewegen soll. Damit aber weicht der Waldbau deutlich von dem ab, was die forstlichen Berater ihrer privaten Klientel ans Herz legen: Dass nämlich möglichst alles auf kleinsten Parzellen hochwachsen soll, was an einem Standort gedeihen könnte. Egal, ob das im Einzelfall der Waldbesitzer wünscht oder nicht.

Mit dem Vegetationsgutachten, noch mehr aber durch seine ebenso eigenwillige wie einseitige Interpretation konnte der Forst den Knüppel aus dem Sack lassen und über die Untere Jagdbehörde nach Belieben Druck auf die Vertragspartner Pächter sowie Jagdgenossenschaft ausüben. Nicht die durften einvernehmlich darüber befinden, wieviel Wild auf den genossenschaftlichen Flächen tragbar ist, sondern das erledigte ein Zahlenjongleur vom Schreibtisch eines Amtes aus. Nunmehr haben die Selbstgefälligkeit und Selbstherrlichkeit fürs Erste ein Ende, denn diejeni-

Aufnahme für das Vegetationsgutachten. Von seinem Ergebnis hängt künftig ab, wieviel Rehe weiter in den Wäldern leben dürfen

Verbiss sogar an Kiefern. Vorzugsweise jedoch an Koniferen aus Pflanzgärten

Sie arbeiteten unter anderen Vorzeichen: So sehen heute die Wälder aus, die die vorherige Förstergeneration pflanzte

gen, die aufnehmen, müssen für die Jagdausübung zahlen, und diejenigen, die jagen, sind nicht mehr ihre eigene Behörde und unterliegen denselben Regularien wie die Privaten.

Die Schmutzarbeit des Rehvernichtens aber geht in andere Hände über. Pirschbezirksinhaber kriegen saftige Rabatte, wenn sie Wild liefern bzw. die Rote Karte, wenn sie versagen. Pächtern von Flächen des Forstbetriebes aber werden über Knebelverträge die Wildschäden aufgebürdet. Und was deren Einschätzung anbetrifft, da können nunmehr die Grünbetressten ohne Rücksicht auf eigene Versäumnisse anschaffen, wer zahlt. Letztendlich erwischt es also wieder die Rehe.

Mit Recht dürfen Waldbesitzer fordern, dass sich die bodenständigen und vorhandenen Hauptbaumarten natürlich, d.h. ohne Zaunschutz, in ausreichendem Maße verjüngen können. Das wird auch jeder Jäger, dem der Wald am Herzen liegt, zugestehen, und das ist auch mit gutem Willen durchaus zu erreichen.

Franz Rieger demonstrierte jahrelang, dass der Wunsch nach starken Trophäen und hoher Wilddichte sich sehr wohl mit der Forderung nach geringem Wildverbiss in Einklang bringen lässt, dass demnach Wald und Wild miteinander gedeihen können. Wer jedoch Mangelbaumarten hochbringen will, muss diese zäunen oder Einzelschutz betreiben.

Geradezu makaber wird es, wenn Rehe dort für Waldbaumaßnahmen mit dem Leben bezahlen müssen, wo die Beseitigung genau dieser Wälder zugunsten von Verkehrseinrichtungen aller Art längst beschlossene Sache ist.

„Stirbt der Wald, stirbt das Volk", weiß ein altes Sprichwort. Beides wollen wir nicht. Wir brauchen den Wald, und für seine Erhaltung muss das ganze Volk Opfer bringen. Bisher ver-

Hohe Wilddichten müssen Naturverjüngung nicht zwangsläufig ausschließen

langt man sie aber nur einer kleinen Gruppe ab, weil sich Minderheiten schlecht zur Wehr setzen können – und den Rehen.

Bedauerlich wäre es, wenn die Worte Professor NÜSSLEINS in Vergessenheit gerieten, der da sagte: „ Es ist keine große Kunst, Forstwirtschaft zu treiben, wenn man den Faktor Wild ausschalten würde, und es ist nicht schwer, Jagdwirtschaft zu treiben, wenn man auf den Wald keine Rücksicht zu nehmen braucht. Eine Kunst ist es aber, beide so zu treiben, dass Wald und Wild zu ihrem Recht kommen."

Genau diese Kunst aber fordern wir Jäger heute von der Forstwirtschaft – zum Wohle des Wildes.

Die Hege mit der Büchse

RAESFELD schrieb im Jahre 1906: „Die Klage über den Rückgang des Rehwildes an Körperstärke und Gehörn ist ein ständiger Gegenstand der Unterhaltung in den Jagdzeitschriften und den Gesprächen der Waidmänner." Den Grund für diesen unbefriedigenden Zustand sah er in einer grundsätzlich falschen Bejagung: Galt doch allein der Sechserbock als jagdbar; Ricken- und Kitzabschuss wurden völlig vernachlässigt, ja vielfach sogar für unwaidmännisch erklärt. Man schoss ausschließlich Sechserböcke, im Glauben, dass aus den geringen Spieß- und Gabelböcken mit zunehmendem Alter Sechser würden. Außerdem wollte man einen möglichst hohen Wildbestand haben, um viele Böcke schießen zu können.

RAESFELD verurteilte diese Einstellung als „völlig missverstandene Hege" und entwickelte stattdessen den Gedanken des Wahlabschusses als „Hege mit der Büchse", forderte ein ausgewogenes Geschlechterverhältnis von 1:1 und eine Begrenzung des Wildbestandes, ohne jedoch schon zahlenmäßige Angaben für eine optimale Wilddichte zu machen. Soweit EGON WAGENKNECHT im Vorwort seines Buches: „Rehwildhege mit der Büchse".

Die Büchse hegt nicht, sie vollstreckt nur. Und zwar das, was der Steuermann als abschusswürdig ansieht

RAESFELD betrachtete also die Jagd vom biologisch-wissenschaftlichen Standpunkt aus. Sein Gedankengut fiel 1934 auf fruchtbaren Boden und floss in das Reichsjagdgesetz ein. Seither sind Abschussplanung, Wahlabschuss und Pflichttrophäenschauen für alle deutschen Reviere verbindlich.

Mehr als ein halbes Jahrhundert später treten wir immer noch auf der Stelle: Das, was sich die geistigen Väter von der „Hege mit der Büchse" erhofft hatten, gesundes Wild und vor allem starke Trophäen, ist weitgehend ausgeblieben. Die Hege mit der Büchse habe völlig versagt, heißt es nun, und gar mancher redet das wilde Jagen unserer Großväter mit Treibjagd und Flinte wieder herbei: Zahl vor Wahl!

Solche Böcke sind nicht das Produkt einer Hege per Verwaltungsakt

Schuld an diesem Sinneswandel trägt nicht zuletzt eine falsche Interpretation des Begriffs „Hege“. Dieser wurde nämlich mit hohem Wildbestand gleichgesetzt. Je mehr Wild einer vorzeigen konnte, desto besser „hegte“ er seinen Bestand. Wer dagegen seine Bestände nachhaltig nutzte oder nur zu nutzen trachtete, erhielt schnell das Brandmal „Schießer“ aufgedrückt.

Zu sehr richteten die „Zahlenheger“ auch ihr Augenmerk auf das männliche Wild, und zu wenig wurden wildbiologische Gesetzmäßigkeiten beachtet. Die „Hege“, die man dem weiblichen Wild angedeihen ließ, äußerte sich meist in einer sehr zurückhaltenden Bejagung in den ersten Monaten der Jagdzeit und dem schwerpunktmäßigen Abschuss im November und Dezember bzw. – wo gesetzlich erlaubt – bis Januar.

Der Hege mit der Büchse oblag es nun, die schwächsten der Schwachen herauszuselektieren. Das wurde auch sehr ernsthaft betrieben. Wer aber ständig nur an Symptomen herumdoktert, ohne der Krankheit auf den Grund zu gehen, kriegt sie auch nicht in den Griff. Und genau dies war in der Vergangenheit oft der Fall. Dazu ein altbekanntes Beispiel:

Über Jahrzehnte beherrschte das Knopfbockproblem die Hegediskussionen. Jahrelang wurden mickrige Jährlinge in großer Zahl pflichtgemäß geschossen, und trotzdem tauchten Jahr für Jahr wieder neue auf. Der Patient „Rehbockqualität“ siechte vor sich hin, weil die Medizin „Kugel“ immer nur behandelnd, nie aber vorbeugend verabreicht wurde. Eine Genesung zeichnete sich erst mit der Lichtung der Bestände und noch mehr durch gleichzeitig intensivierte Fütterung bzw. Äsungsverbesserung ab.

Parallel dazu gelang es jedoch, in einigen wenigen Revieren, in denen Hegemaßnahmen und Abschussdurchführung sorgfältig aufeinander abgestimmt waren, überzeugende Erfolge vorzuweisen.

Eine nicht führende Geiß Mitte September. Hege- oder abschusswürdig?

Die Büchse hegt nicht, sie vollstreckt nur. Und zwar das, was der Steuermann als abschusswürdig ansieht. Damit fungiert sie als wirksames Regulativ lediglich, wenn sie entsprechend eingesetzt wird. Über den zweckmäßigen Einsatz entscheiden nicht Wissen, Können und Verantwortungsbewusstsein des Jagdausübungsberechtigten allein, denn eine enggefasste jagdliche Gesetzgebung lässt ihm wenig Handlungsspielraum. Gehegt wird heute immer noch per Verwaltungsakt. Wir bekommen nach wie vor von Leuten, die sich anmaßen, die örtlichen Verhältnisse besser zu kennen – Jagdberater, Hegegemeinschaftsleiter, Jagdnachbarn – diktiert und serviert, was zu tun und zu lassen ist, und bleiben mehr oder minder Erfüllungsgehilfen der „Grünen Bürokratie".

Richtig, wir dürfen innerhalb eines abgesteckten Rahmens Vorschläge unterbreiten. Über diese befinden dann auch noch Nichtjäger bei der zuständigen Behörde oder in den Entscheidungsgremien. Sind aber die Vorschläge festgeschrieben, wird jede notwendige Änderung zum Papierkrieg und langwierigen Behördengang: Der zusätzliche Knopfbock darf nicht einfach erlegt werden, auch wenn sein Abschuss noch so sinnvoll sein mag. Zuerst bedarf es der Genehmigung …

Wehe auch, wenn die eingereichte Abschussliste Unstimmigkeiten mit dem Abschussplan offenlegt; wehe vor allem, wenn trotz reichen Wildbestandes der Revierinhaber über den von der Straße erfüllten „Abschuss" hinaus noch ein paar Stücke erlegt. Höhere Abschussforderungen müssen glaubhaft gemacht werden, aber wie? Auf keinen Fall wird der Beweis der höheren als der genehmigten Strecke akzeptiert.

Inzwischen ist der Steuermann „Jäger" ein wenig hilflos, weil er nicht mehr weiß, wie er sein Schiff manövrieren muss. Hier die Fesseln der Bürokratie, die Ketten des Gesetzes und dort das Postulat radikaler Reduktion als Folge des Versagens der Hege mit der Büchse. Versagt hat aber nicht sie, sondern der Gedanke, Rehwild verwaltungstechnisch bewirtschaften zu können.

Soll die Büchse endlich zu einem zahlenmäßig tragbaren und dabei gesunden Wildbestand beitragen, ist nicht zuletzt der Gesetzgeber gefordert. Dann können die Jäger auch beweisen, ob sie in der Lage sind, die anders akzentuierten Anforderungen in ihrem Sinne zu meistern. Dabei vermögen geänderte Jagdzeiten und nicht zu knapp bemessener Handlungsspielraum des einzelnen sicher Positiveres bewirken als Drückjagden mit der Büchse oder gar Treibjagden mit der Flinte. Letztere bedarf schließlich auch des Plazets seitens des Gesetzgebers.

Umdenken lernen müssen jedoch auch Teile der Jägerschaft. Wer seine Mitjäger verteufelt, weil sie noch graue Böcke schießen, umgekehrt aber im Herbst möglichst kein rotes Stück auf der Decke liegen sehen möchte, wem die Maijährlinge zu unappetitlich aussehen, die Oktoberkitze aber immer noch zu wenig auf den Rippen haben, der mag in diesem Sinne weiterfahren, wenn er sein Abschussziel erreicht. Er darf sich jedoch nicht beklagen, wenn er in Verzug gerät, nicht die Jäger beneiden, die sichtbare Erfolge vorzeigen können, und sich schließlich auch nicht wundern, wenn der Ruf nach neuen Jagdmethoden laut wird.

Je früher, desto besser

Schmalrehabschuss im Mai

17. Mai, Bockansitz. Die Büchse über der Auflage, das ausgezogene Spektiv griffbereit neben mir und die Markierungszange in der Jackentasche, sitze ich auf meinem luftigen Ausguck und harre auf Anblick. Lange brauche ich nicht zu warten.

Urplötzlich ragt ein Haupt aus den Gräserhalmen – eine Geiß. Ein Stückchen weiter durchtrennt ein Sechsergehörn die Rispen, und so nach und nach lokalisiere ich ein gutes Dutzend Rehe im grünen Gräserdschungel.

Sie waren schon vor meinem Erscheinen hier und werden es auch nach dem Abbaumen bleiben – es sei denn, eine nachhaltige Störung würde sie aus ihrem Schlaraffenland vertreiben.

Dort äsen sie, ruhen und brauchen sich in den Aktivitätsphasen nicht mehr als ein paar Schritte zu bewegen. Solche Ecken gibt es um diese Zeit in jedem Feld-Wald-Wiesen-Revier, und sie ziehen das Rehwild magisch an. Die Geißen setzen hier, wissen ihre Kitze in Sicherheit, und die Böcke erholen sich von den Einstandskämpfen.

Hinter mir knackt es, und wenig später schiebt sich ein zierlicher Wildkörper an den Bestandesrand. Rot sind Träger, Rücken und Kruppe, und rot schimmert es durch die letzten grauen Strähnen des Winterhaares an den Flanken. Ein Schmalreh ist's. Vermutlich hier gesetzt und nach der Mahd zusammen mit der Geiß woanders hin verschwunden.

Als Kitz hätte ich es mit Sicherheit und nach Möglichkeit zusammen mit der Geiß erlegt, wäre es mir im Herbst vor die Büchse gekommen. So wie es vor mir steht, dürfte es nämlich kaum mehr als zehn Kilogramm wiegen. Ein zweites Stück folgt mit bastüberzogenen Spießchen. Der Bruder?

Da und dort an einer Grasspitze naschend, zieht das Schmalreh langsam in die Wiese hinein. Es lässt sich zweifelsfrei als solches ansprechen: Der schlanke Rumpf, das fortgeschrittene Verfärbestadium, das zierliche, kurze Haupt, die eingefallene Bauchdecke und natürlich das fehlende Gesäuge schließen jeden Zweifel aus. Also schießen! Tu felix Bavaria! Ich darf es kraft Länderverordnung, und ich mache von dem Recht Gebrauch.

Zu keiner Zeit lässt sich ein führendes Stück sicherer ansprechen als im Mai. Ein Blick zwischen die Hinterläufe genügt

Das Fadenkreuz sucht auf die kurze Distanz den Haltepunkt am Träger. Draußen ist der Schuss, und am Boden

16. Mai: Schmalreh oder mehrjähriges Stück? Sorgfältiges Ansprechen ist keine Frage des Datums

schlegelt das Schmalreh. Der Jährling reckt überrascht den Träger, sichert zu den sich bewegenden Grasspitzen hin. Auch er sinkt im Knall zusammen. Klotzen ist besser als Kleckern.

Im Wald schreckt ein Stück. Überall in der Wiese werfen die Rehe auf. Nach einer Viertelstunde ist alles wie vordem. Als hätte es keine Schüsse gegeben. Nichts von kopfloser Flucht und deshalb auch keine leere Bühne. Unbemerkt baume ich noch bei gutem Licht ab und hole den Wagen. Ich fahre an die beiden Stücke heran und lade sie ein. Das Aufbrechen besorge ich an einem rehfreien Ort. Natürlich springen die Rehe nun ab. Doch sie werden sich bald wieder beruhigen und noch am gleichen Abend die gewohnte Äsung aufsuchen.

Früher hätte ich auch in Bayern das Schmalreh pardonieren müssen. Es wäre in den Sommer gekommen, möglicherweise spät brunftig geworden und eventuell erst im nächsten Mai wieder aufgetaucht: als nicht führende schwache Geiß, als hochbeschlagener, noch schwächerer Nachzügler oder gar als mickrige Kitzgeiß. Jedenfalls um diese Zeit tabu. Eine schwache Rehsippe hätte ich mir auf diese Weise herangezogen und sie nicht leicht wieder losgekriegt.

Natürlich ließe sich das eine oder andere Mitglied im September oder Oktober erwischen – vorausgesetzt ihr Standort ist um diese Zeit bekannt und die Anstrengungen richteten sich allein auf diese Sippe. Und selbstverständlich bliebe als Alternative noch der Winteransitz am Wildacker, bei Misserfolg am Tresterhaufen oder sogar am Wechsel zur Fütterung. Doch das will ich nicht, und das muss ich nicht.

Schmalrehbejagung im Mai: Ich erinnere mich noch an den Aufschrei der Entrüstung im Blätterwald, als die Vorverlegung der Schusszeit für weibliche Jährlinge vom 1. September auf den 16. Mai publik wurde. Vom Muttermord war die Rede, von tropfenden Spinnen beim Aufbrechen, vom kunstlosen Abschlachten weiblichen Wildes. In einigen Bundesländern dürfen Schmalrehe inzwischen schon ab 1. April bejagt werden.

Muttermord! Zu keiner Zeit des Jahres unterscheidet sich eine Geiß – ob beschlagen oder führend – deutlicher von einem Schmalreh und lässt sich einfacher ansprechen. Wem jetzt nicht die hell leuchtende, pralle Spinne durch das Glas auffällt, dem entgeht die zurückgebildete im September erst recht. Und es ist nun mal so: Der Muttermord bleibt im Prinzip immer der gleiche – unabhängig von der Größe der Kitze und der legalen Verkaufsmöglichkeit des Muttertieres.

Wer im Mai eine führende Geiß anstelle eines Schmalrehs schießt, kann nicht auf mildernde Umstände plädieren, denn er hat seine Ansprechpflicht sträflich vernachlässigt und ist des Jagdscheins nicht würdig. Solange nämlich der geringste Zweifel besteht, solange nicht ein Blick in Richtung Gesäuge für absolute Gewissheit sorgt, muss eben der Finger gerade bleiben. Niemand ist gezwungen, unbedarfte Jungjäger mit dieser Abschussaufgabe zu betrauen, und einem erfahrenen Jäger sollte man die Fähigkeit zutrauen.

Zugegeben, schwieriger wird es mit dem Ansprechen nach der Mahd, wenn die eine oder andere junge Geiß ihre Kitze verloren und umgefärbt hat und mit zurückgebildeter Spinne die Äsungsflächen aufsucht. Hier bedarf das Erkennen schon großer Erfahrung. Noch viel schwerer ist es, ein Schmalreh, das einiges vom Wachstumsrückstand gegenüber den ausgewachsenen Rehen aufgeholt hat, in der Winterdecke von einer Geiß zu unterscheiden.

Ebenfalls teilweise verfärbt. Dasselbe Problem. Diesmal handelt es sich um eine zweijährige Geiß

Kunstlose Bejagung, zu leichtes Erbeuten? Wenn es um die Mai-Schmalrehe geht, sicherlich. Sie sind noch recht vertraut und können ohne großen Aufwand und damit ohne große Beunruhigung des anderen Wildes erlegt werden. Je mehr Ansitze wir nämlich investieren, um unser Ziel zu erreichen, desto öfter stören wir auch. Der Schussknall aber, verbunden mit Störung, erzeugt Stress für das Wild. Der wächst mit zunehmender Bejagungsdauer und je öfter das Wild Gelegenheit hat, die Ursache kennenzulernen.

Beim Schmalreh im Mai sind die Bindungen zum Muttertier aufgehoben, es ist abgeschlagen, zieht vorübergehend allein oder hat sich einem Bock angeschlossen. Den Abschuss kriegen die anderen Rehe bei weitem nicht so bewusst mit wie später zur Zeit der Sprungbildung. Außerdem verteilen sich die wenigen Abschüsse räumlich mehr und lassen sich durch die hohe Beobachtbarkeit auch kurzfristig tätigen.

Zwar bringen auch schwache Schmalrehe im Herbst einiges mehr auf die Waage, doch dünkt es mich pharisäerhaft, von Hege zu sprechen und sich von der Krämerseele im Handeln leiten zu lassen. Wir setzen uns durch die Vorverlegung des Abschusses weniger unter Druck und haben Kapazitäten für die Bejagung des übrigen weiblichen Wildes frei. Außerdem würden wir das Geschlechterverhältnis vor der Brunft ein wenig korrigieren.

Durch die Brille des Wildverbisses gesehen, spielt es ebenfalls eine Rolle, ob ein zum Abschuss auserkorenes Stück Wild ein halbes Jahr mehr – die Zeitspanne von Mai bis Januar nämlich – Gelegenheit hat, sich an Forstpflanzen gütlich zu tun.

Je früher wir also mit dem Abschuss beginnen, desto besser für Wald und Wild. Der Stress für die Rehe fängt im Spätherbst, im Dezember und Januar erst richtig an, wenn sie beim Austreten zu den wenigen Äsungsflächen oder beim Erscheinen auf einer Waldblöße damit

Hier heißt es warten, bis das „Schmalreh" völlig frei steht

rechnen müssen, dass es kracht. Die Tiere lernen schnell, erscheinen später, unregelmäßiger, der Stress wächst.

Doch der Pansen fordert auch sein Recht. Gestresste Tiere jedoch verbrauchen mehr Energie, die wieder zugeführt werden muss – durch Verbiss in der Dickung, wenn außerhalb die Luft zu bleihaltig ist.

Der Hegegedanke fordert die Selektion. Dabei sollen nicht die stärksten Individuen geschossen werden, sondern die schwächsten. Wenn aber die Abschusserfüllung gegen Ultimo auf den Nägeln brennt, gilt wirklich nurmehr die Zahl und nicht die Wahl. Auf der Strecke liegen gar manches Mal die wirklichen Hoffnungsträger des Reviers: Schmalrehe mit 18 kg und mehr. Diejenigen aber, denen die Kugel gelten sollte, überdauern die kritische Zeit. Der Teufelskreis schließt sich somit.

Kein Zweifel, Mutterschutz für alle drei Rehe

Nicht führende Geißen: Selektion im Mai?

25. Mai: Die Geiß, die da vorsichtig durch Bäume gedeckt heranwechselte, hatte schon völlig verfärbt und machte keinen abgekommenen Eindruck. Sie war weder trächtig noch führend. Aber das wie ein Rammsporn nach vorne stehende Brustbein, der magere Träger, das trockene Haupt mit den überdimensional erscheinenden Lauschern wiesen darauf hin, dass ihre fruchtbaren Tage der Vergangenheit angehörten: eine sprichwörtlich Alte!

Ihre ganze Aufmerksamkeit galt nicht der reichen Äsung auf der ungemähten Wiese vor der Kanzel, sondern allein dieser jagdlichen Einrichtung. Immer wieder sicherte sie hoch, dazwischen senkte sie das Haupt zum Scheinäsen. Die ganze Körperhaltung aber verriet höchste Anspannung. Plötzlich warf sie das Haupt ruckartig in die Höhe, begann zu schrecken und trollte in den Wald. Ihr Bass sollte den ganzen Abend nicht mehr verstummen.

Zwei Tage später das gleiche Spiel mit der Variante, dass sie erst gar nicht auf die Wiese austrat. Ihr Schrecken riss mich aus allen Gedanken, und es hallte aus dem Bestand in meinem Rücken zu mir hoch. Sie hatte tatsächlich die Kanzel umschlagen. Natürlich stimmten nun weitere Rehe in das Konzert ein. Die Alte wusste demnach ganz genau, was gespielt wurde, sie kannte die Gefahr, die von der Kanzel drohte, und sie tat ihr Wissen kund.

Ich musste wirklich gegen die Versuchung ankämpfen, sie zu erlegen. Aber ich hätte mich eines Jagdvergehens schuldig gemacht. Daher blieb die Kugel im Lauf. Erwischt haben wir die Geiß später übrigens nicht. Die Gelegenheit bot sich allein im Mai, und sie konnte legal nicht genutzt werden.

Fälle wie der geschilderte sind keine Ausnahmen. In jedem Revier gibt es weibliche Stücke, die – aus welchen Gründen auch immer – weder tragen noch führen, die damit der Kugel anheim fallen sollten. Während der Setzzeit und vor der Mahd lassen sie sich eindeutig ansprechen und von allen führenden unterscheiden.

Nach dem Mähen, wenn einige Geißen ihre Kitze verloren haben und nicht mehr mit prallem Gesäuge umherziehen, fehlt das wichtigste Ansprechmerkmal. Wir wollen doch die nicht führenden Geißen und nicht die zufällig nicht mehr führenden der Wildbahn entnehmen. Im Herbst, insbesondere nach dem Verfärben, gleichen sie aber einander sehr, allein schon, weil sich die individuellen Merkmale, die die Sommerfärbung mehr zur Geltung bringt, zunehmend verwischen. Somit steigt auch die Verwechslungsgefahr. Ebenso natürlich die Wahrscheinlichkeit, dass eine kitzlose Geiß im besten Alter anstelle einer „gelten" auf der Strecke liegt.

Warum verwehren uns eigentlich dieselben Leute, die ständig den Wahlabschuss predigen, die Chance, ihn wirklich zu praktizieren? Moralische Gründe können es wohl nicht sein, denn warum sollte der Abschuss eines Bockes oder Schmalrehs moralkonform gehen, der einer Sologeiß jedoch nicht?

Auch das Argument der notwendigen Ruhe für weibliche Stücke steht auf tönernen Füßen, solange das Wild genau zu der Zeit, in der es der meisten Ruhe bedarf, im Winter nämlich, durch Bejagung beunruhigt wird. Eine Vorverlegung mag also auch diesbezüglich sinnvoll sein.

Wer ständig der Reduktion das Wort redet, sollte uns Jägern auch die Gelegenheit nicht verwehren, sie selektiv zu betreiben. Sie lässt sich am sinnvollsten mittels Vorverlegung der Jagdzeit auf alles nicht führende Rehwild praktizieren und schließt den Abschuss schwacher

Weder trächtig noch führend. Warum sollte sie nicht geschossen werden dürfen?

Geißen, die ihre Kitze verloren haben, nicht aus. Dagegen gebietet uns die Waidgerechtigkeit den Mutterschutz, solange Kitze der Führung bedürfen. Und das ist auch im Januar noch der Fall.

Gefordert wird also Handlungsspielraum. Ob ihn der einzelne auch ausschöpfen will, bleibt in seinem Ermessen. Niemand zwingt ihn schließlich dazu. Aber es sind damit wenigstens demjenigen die Hände nicht gebunden, der mit der Freiheit im Sinne des traditionellen Waidwerkens unter strenger Beachtung waidmännischer Regeln etwas anzufangen weiß.

Kitze im September

Die Sonne geht am 1. September exakt um 20.09 Uhr mitteleuropäischer Sommerzeit unter und am 23. September, dem Herbstanfang, um 19.19 Uhr. Am 29. Oktober werden die Uhren wieder zurückgestellt und verkürzen den Abend um eine Stunde. 17.01 Uhr versinkt nun der Glutball hinter dem Horizont und um 16.58 Uhr am Letzten des Monats. Bei diesem Zahlenwerk handelt es sich um feste, alljährlich wiederkehrende Größen, immer auf einen zentral gelegenen Ort in Deutschland bezogen.

Das Gros der unterdessen über 400000 bundesdeutschen Jäger aber geht einer geregelten Beschäftigung nach mit Feierabend zwischen 16 und 17 Uhr. Eine zeitlich noch tragbare Anfahrt zum Revier vorausgesetzt, bedeutet das die Möglichkeit, im neunten Monat des Jahres auch werktags ansitzen zu können. Das macht – theoretisch – 30 Abendansitze im September.

Genau einen Monat später, am 31. Oktober, fällt für viele der Dienst- bzw. Arbeitsschluss mit dem Sonnenuntergang zusammen: 16.58 Uhr. Von da ab beschränkt sich die abendliche Jagdausübung für den angesprochenen Personenkreis auf das Wochenende: maximal 10 Ansitze, die Feiertage im November schon eingerechnet. Also nurmehr ein Drittel. Im Dezember stellt sich die Situation nicht anders dar.

Der September ist also der einzige Monat während der Jagdzeit auf alles weibliche Wild, der zeitlich voll ausgeschöpft werden kann. Ein nicht zu unterschätzender Faktor.

Von Mittelgebirgen und Voralpenland einmal abgesehen, wird heute in vielen genossenschaftlichen Revieren der Bundesrepublik Maisanbau betrieben. Diese Pflanze bietet dem Rehwild ausgezeichnete Deckung im Feld. Eben dort, wo es sich den Sommer über aufgehalten hat. Im Mais fühlt sich das Wild sehr sicher. Es hat nur kurze Wege zur Äsung und tritt deshalb noch bei bestem Licht aus.

Zeit seitens des Jägers und Sichtbarkeit des Wildes prädestinieren also den September als „Erntemonat“ im Rehwildrevier. Hinzu kommt, dass sich das Wild flächenmäßig verteilt, solange der Mais nicht abgeerntet ist. Damit bleibt der Jagddruck auf die Population recht gering, besteht eine reelle Chance, alle Mitglieder einer schwachen Sippe (wenn schon nicht auf einmal) mit wenigen Ansitzen hintereinander zu erwischen: Selektion par excellence! Die Rehe vertrauen auf die gewohnte Deckung und stellen sich nicht um.

Mit dem Abernten der Felder jedoch wird die Flur von heute auf morgen leer. Die große Herbstwanderung beginnt: Weg vom Feld und hinein in den Wald. Das heißt nichts anderes als erneutes Suchen des vorher bestätigten Wildes, bedeutet andere Aktivitätsverteilung, geringere Sichtbarkeit und somit weniger Jagderfolg. Und trotzdem drücken sich die meisten Jäger vor dem Abschuss der Septemberkitze. Warum eigentlich?

Ganz einfach. Sie wiegen zu wenig, sie haben nicht „genug auf den Rippen“. Sie gelten als schwer verkäuflich. Ohne Zweifel wachsen die Kitze im September und Oktober noch. Doch nicht in dem Maße, wie es sich die Gegner der Septemberjagd erhoffen. Mehr als zwei Kilo Gewichtszunahme lassen vorher schon schwache Kitze nicht erwarten. Die Differenz macht dann, immer vorausgesetzt, man würde später dieser Kitze auch habhaft, bei einem Kilopreis von 5 Euro deren 10 Euro pro Stück. Auf 10 Kitze umgelegt, letztlich 100 Euro Mehrerlös.

Richtig, das sind 5 Zentner Kraftfutter, wie ganz schlaue Rechner herausgefunden haben (doch auch 10 Kostgänger weniger!). Es ist schon wundersam, dass die gleichen Leute, die

Ende August: Die Kitzflecken sind noch sichtbar. Vormerken für September

10 Euro und mehr pro Hektar Pacht bezahlen und sonstige Sonderleistungen erbringen, plötzlich bei geringen Einnahmen das Sparen lernen.

Es stimmt, dass der Wildhandel geringe Kitze nicht gerne abnimmt und unterhalb eines Mindestgewichtes Preisabschläge macht. Doch wer seinem Abnehmer sonst die starken Stücke nicht vorenthält, darf auch auf ein gewisses Entgegenkommen rechnen, wenn es um die schwachen geht. Es gibt aber auch genügend Privatkunden, die schon des Preises wegen gerne zu etwas „Zartem" greifen. Freilich will dieser Kundenkreis erschlossen sein und betreut werden: Die Mehrzahl möchte ihr Reh zerwirkt. Doch braucht der Mehraufwand nicht kostenlos zu sein.

Kitze mit struppiger Decke außerhalb des Forstzaunes. Bei erster Gelegenheit erlegen.

Unbestritten steigt die Nachfrage nach Wildbret zum Ende des Jahres hin. Das sollte uns die geringsten Probleme bereiten, schließlich lässt sich Wild sehr gut einfrieren und über einen längeren Zeitraum in der Truhe aufbewahren. An den Mann zu bringen sind also auch die Septemberkitze.

Aus rein jagdlicher Sicht fällt der Vergleich zwischen „stark" und „schwach" im September, wenn die Kitze noch nicht verfärbt haben, leichter als später in der grauen Winterdecke. Diese trägt nämlich mehr auf und täuscht höhere Gewichte vor. Kitze mit Flecken und männliche ohne sichtbare Höcker auf der Stirn zählen zu den geringen und signalisieren das optisch.

Manche Leute scheuen den Schuss auf gefleckte Kitze, weil sie das „Bambi-Image“ im Hinterkopf haben. Sobald aber eben diese „Bambis“ umgefärbt haben, wird ihnen mit größtem Eifer nachgestellt, weil sie nun wegen ihrer geringen Größe als besonders abschusswürdig gelten.

Eins, zwei oder drei?

Was mit verwaisten Kitzen oder auffällig kümmernden zu geschehen hat, ist doch eigentlich keine Frage. Sie werden natürlich erlegt, und zwar so bald wie irgend möglich, also in den ersten Septembertagen. Glücklicherweise stellen sie in aller Regel das geringere Abschusskontingent. Mit ihnen allein lässt sich demnach der Abschuss nicht erfüllen.

Nun wissen wir schon aus dem Kapitel „Geißen und Kitze“, dass Einzelkitze eher von Erstlingsgeißen und solchen, die an der Schwelle zum Greisenalter stehen, gesetzt werden. Wo es sich um schwache handelt, steht dem Abschuss nichts im Wege: zuerst das Kitz und dann die Geiß.

Bei jungen Geißen klappt das meist auf Anhieb, und zwar umso sicherer, je weniger Deckung der Standort aufweist und je besser die Lichtverhältnisse sind. Selbst, wenn die Geiß auf den Knall mit ein paar Fluchten in den Sichtschutz reagiert, kehrt sie bald zum Kitz zurück, sofern keine weitere Störung erfolgt. Ihr Rückwechseln lässt sich nicht selten mit dem Kitzfiep beschleunigen.

Geißen dagegen, die über mehrere Jahre ihre Kitze durch die Kugel verloren haben, kennen die Bedeutung des Knalls genau und verhalten sich entsprechend: Sie fliehen ohne Schrecksekunde und meiden den Ort des Geschehens (der ja von Jahr zu Jahr meist derselbe ist). Sie zu erwischen, fällt nicht leicht, zumal, wenn sie umgefärbt haben. Dann unterscheidet sie nämlich nicht viel von anderen.

Zudem müssen wir bei einzeln anwechselnden Altrehen immer mit nachfolgenden Kitzen rechnen. Daher heißt es, geraume Zeit zu warten. Die allerdings gewähren uns solch gewitzte Stücke im offenen Gelände selten, und im unübersichtlichen nimmt uns die Deckung die Gewissheit, dass wir eine solitäre Geiß vor uns haben.

Haben wir beide Stücke vor, dann ausnahmsweise zuerst die Geiß und dann das Kitz. Dabei muss die Kugel so platziert werden, dass die Geiß im Knall liegt. Für Momente weiß dann das Kitz nicht wohin. Es bleibt entweder wie angewurzelt stehen oder macht einige zögernde Schritte. In jedem Fall sucht es den Blickkontakt zum Führungstier.

Wenn es jetzt freilich schon gedeckt steht, wird sein Abschuss ungleich schwerer. Daher sollte immer auf ausreichend freies Schussfeld geachtet werden. Die zweite Kugel aber erfordert nicht nur eine ruhige, sondern auch eine sichere Hand, damit wir sie schnellstmöglich und auch im Sinne einer ordentlichen Verwertung antragen können. Dabei ist der Kammerschuss auf das breit verhoffende Kitz nicht unbedingt die Norm.

Aus dem Gesagten resultiert, dass derartiges Vorgehen die Ausnahme und das Privileg des routinierten Schützen bleiben muss. Liegt jedoch das zuerst beschossene Stück nicht

Links oben: Doublette Kitz und Geiß anstreben

Rechts oben: Schwache Sippe: Wenn alle so ungedeckt stehen, sind die Chancen einer Triplette nicht schlecht

Mitte links: Schwaches Kitz, schwache Geiß. Die Doublette bietet sich an

Mitte rechts: Auch hier wird nach dem ersten Schuss die Bühne leer sein

Links unten: Zuerst das Kitz!

Wer das Verfärben als Ansprechhilfe nicht nutzt, wird mit Sicherheit beim Abschuss des weiblichen Wildes unter Druck geraten

im Feuer, wächst auch die Wahrscheinlichkeit, dass die Doublette misslingt. Bei etwas Zeitaufwand in den folgenden Tagen dürfte sich der Schaden jedoch beheben lassen. Aufgrund ihrer Unerfahrenheit kommen solche Kitze nämlich über kurz oder lang vor die Büchse; seltener aber dem Wochenendjäger. Daher auch die Forderung nach der Septemberbejagung.

Sofern nicht Mahd, Krankheiten oder Verkehr ihren Tribut an Kitzen gefordert haben und die Äsung ausreicht, führen ältere Geißen gewöhnlich Zwillinge. Handelt es sich dabei um geschlechtsverschiedene, ist das Bockkitz meist etwas schwerer. Der Wunsch nach stärkeren Trophäen war sicherlich Vater der Empfehlung, eines der beiden Kitze so früh wie möglich, d.h. zum Aufgang der Jagdzeit, wegzuschießen, damit dem verbleibenden die ganze Muttermilch zugute kommt. Von dieser Hegemaßnahme sollen natürlich vorrangig die Bockkitze profitieren.

Derartige Hilfestellungen aber hat das Rehwild nicht nötig, denn die Milchleistung einer gesunden Geiß ist von Natur aus auf zwei Kitze programmiert. Das heißt, das Muttertier produziert genügend, um zwei Kitze zu ernähren. Dabei kommt der erzeugten Milchmenge im

Säugestadium entscheidende Bedeutung zu. Je mehr Milch hier die Kitze aufnehmen, desto schneller wachsen sie.

Dieser Entwicklungsvorsprung bleibt selbstverständlich erhalten, wenn sich die Kitze mit spätestens zehn Wochen auf feste Nahrung umstellen. Von da ab sinkt der tägliche Milchverzehr von Woche zu Woche. Entsprechend drosselt die Geiß auch die Produktion. Im September aber ist der Bedarf und damit die Leistung schon so gering, dass die Flüssignahrung keinen Wachstumsschub des verbliebenen Kitzes bewirken kann.

Wenn überhaupt, dann profitiert der Energiehaushalt der Geiß ein wenig. Doch die starke im guten Biotop hat sowieso genug Reserven, und die strapazierte schwache mit weniger gehaltvoller Äsung in ihrem Habitat – die erlegen wir im Anschluss an ihren Nachwuchs.

Hier also gilt: keines oder alle drei, unabhängig vom Geschlecht der Kitze. Damit entlasten wir auch das Biotop. Starke Kitze von starken Geißen aber sind die Saat für den Bestand. Entsprechend wollen sie auch behandelt werden. Selbst wenn hier Geißkitze mit 14 kg ihren männlichen Geschwistern gewichtsmäßig unterlegen sein sollten, sind sie für unseren Bestand wertvoller als zwei Bockkitze einer anderen Geiß mit jeweils 11 kg.

Wie man sich täuschen kann!

„Mütter schwacher Kitze müssen in jedem Fall abgeschossen werden, und zwar auch dann, wenn sie körperlich stark sind, nach dem äußeren Bild also gut erscheinen. Es handelt sich bei ihnen entweder um spät setzende Ricken, so dass aus diesem Grunde die Kitze nur schwach sind; oder es sind alte Ricken mit geringer Milchproduktion; vielleicht sind es auch aus irgendwelchen anderen Gründen schlechte Mütter.“ Diese Empfehlung WAGENKNECHTS trifft für den Septemberabschuss voll zu, wenn die Kitze noch ihr Sommerhaar tragen und durch Flecken auf sich aufmerksam machen.

Nach dem Haarwechsel nämlich bleibt bei weiblichen Kitzen nurmehr der Größenvergleich mit der Geiß als Hilfe übrig. Dabei macht der Größenunterschied auch Gewichtsdifferenzen offenkundig. Sind nun in Relation zur Geiß „kleine“ Kitze auch schwach? Dazu ein Beispiel aus meiner Praxis.

Geiß und Geißkitz: Sind nun beide stark oder schwach?

Vor knapp 40 Jahren saß ich Mitte November im väterlichen Revier auf weibliches Rehwild an. Eine Geiß mit zwei Bockkitzen, die allem Anschein nach stark waren, ließ ich unbehelligt von dannen ziehen. Später trat eine weitere Geiß mit einem weiblichen Kitz aus. Der Größenunterschied stach direkt ins Auge. Deshalb doublettierte ich. Die „Bescherung“ merkte ich erst, als ich das Kitz zum Aufbrechen an einen passenden Platz schleifte. Leicht war es jedenfalls nicht.

Geiß mit zwei Bockkitzen. Die Vergleichsmöglichkeit besteht nur untereinander

Das verifizierte schließlich die Waage schonungslos: 14,5 kg aufgebrochen wog das Kitz, 20,5 kg aufgebrochen die Geiß. Ohne Zweifel bestätigte sich der erste Eindruck des beträchtlichen Größenunterschiedes, und der Schluss auf die Gewichtsdifferenz war nicht verkehrt: Sechs Kilo machen nämlich bei Rehwild optisch eine Menge her. Die Relation stimmte also, nur mit dem Erkennen der Ausgangsgröße haperte es. Um sie richtig zu deuten, hätte es wiederum direkter Vergleichsmöglichkeiten mit weiteren Rehen bedurft.

Ein Gegenbeispiel aus einem anderen Revier. Die Abschusserfüllung brannte wirklich auf den Nägeln, und so erhielt eines von zwei Bockkitzen, die sich größenmäßig von der Geiß kaum abhoben, die Kugel. Hier strafte die Waage das schlechte Gewissen Lügen, denn das Kitz wog Ende Dezember 10,5 Kilo. Daraufhin ordnete der Jagdherr die sofortige Erlegung der beiden anderen Familienmitglieder an. Das gelang auch. 11 kg bescheinigte die Waage dem Zwilling und 12,5 kg der Geiß. Der geringe Größenunterschied fand demnach die physikalische Bestätigung.

Je weniger sich also die Kitze größenmäßig von der Geiß abheben, desto eher wächst die Wahrscheinlichkeit, dass es sich nicht um ein allzu starkes Muttertier handeln kann. Denn selbst in allerbesten Biotopen und bei optimaler Ernährung dürften Dezemberkitze selten schwerer als 15 bis 16 kg werden, während in solchen Revieren bzw. Revierteilen starke Geißen durchaus 20 kg und mehr erreichen. Setzen wir nun die maximalen Gewichte in Relation, existiert nach wie vor eine nicht unbeträchtliche Differenz, die sich selbstverständlich in der sichtbaren Größe niederschlägt. Dass nämlich die stärksten Kitze eines Biotops ausgerechnet zu einer zierlichen Geiß gehören, wird wohl eher die Ausnahme bleiben.

Das heißt jedoch keineswegs, dass Geißen, die sich in der Größe sichtlich von den Kitzen abheben, auch wirklich stark sind, denn die 13 kg einer schwachen Geiß und die acht Kilo ihres geringen Kitzes trennen ebenfalls „signifikante“ fünf Kilogramm Gewichtsdifferenz. Dieser Umstand bereitet selbstverständlich dem Revierunkundigen mehr Probleme als dem mit den lokalen Verhältnissen Vertrauten.

Damit kommt der Kenntnis der Streuungsbreite der Wildbretgewichte sowohl von Geißen als auch ihren Kitzen in den jeweiligen Revieren für die Abschussentscheidung eine große Bedeutung zu. Dort nämlich, wo wir es traditionell mit schwachem Wild zu tun haben, können wir auch seltener etwas falsch machen als in sogenannten „guten“ Habitaten. Damit drängt sich der schwerpunktmäßige Abschuss in „schlechten“ Ecken von selbst auf.
Langfristige Erfolge freilich stellen sich erst ein, wenn es uns gelingt, die schwachen Sippen

auszumerzen und durch entsprechende Bestandsverdünnung den Überlebenden bessere Äsungsbedingungen zu schaffen, oder wenn sich durch Zuwanderung aus „besseren“ Biotopen stärkeres Wild einstellt. Mitunter mag also der sogenannte „Radikalschnitt“ der einzig gangbare Weg sein.

Rot schieß tot!

„Seht zu, dass ihr ein ordentliches Schmalreh erwischt. Wir brauchen noch eines für die Hochzeit am Samstag.“ Mit diesen Worten schickte vor 55 Jahren unser Vater meinen Bruder und mich auf die Jagd. Wir schrieben den 17. September, und das Datum werde ich wohl nie vergessen. Beizeiten saßen wir mit gutem Wind im sonnenbeschienenen Hang, und bei bestem Büchsenlicht wechselte ein Stück aus einer Buchendickung auf die nächste Blöße. Es kam wie gerufen, denn es erschien optisch stark, führte ganz offensichtlich nicht und war

Links: Zwei schwache Schmalrehe am 8. September. Beide sollten erlegt werden

Links unten: 11. September – der im Wildbret starke Jährling beginnt früh mit dem Umfärben

Rechts unten: Solitäre vierjährige Geiß am 20. September. Keinerlei Anzeichen für Verfärben. Schießen!

mausgrau. Wohlgemerkt im zweiten Septemberdrittel. Es musste sich um ein ganz kräftiges Junges handeln, denn: „Jung und gesund verfärbt zuerst."

Der Schuss bereitete keine Probleme, das fehlende Gesäuge bestätigte die Richtigkeit der Entscheidung, doch beim Aufbrechen gab es lange Gesichter. Zuerst ließ sich die Schlossnaht nicht mehr ertasten, dann suchten die Finger vergebens nach Schneidezähnen, und schließlich enthüllte der von ungläubigem Kopfschütteln begleitete Schnitt in den Kieferwinkel, dass der M1 nicht mehr vorhanden war.

Doch Feist hatte die alte Wichte, und der Zeiger der Waage pendelte sich schließlich bei 20,5 kg ein. Gesund und kräftig war sie ohne Zweifel, doch eben alt. Zu alt für die festliche Tafel. Zugegeben, im Sommerhaar hätte sie sicherlich nicht jugendlich gewirkt, und ich wäre wahrscheinlich nicht so leicht dem Irrtum aufgesessen. Doch wer vermutet schon bei einem früh verfärbten Stück ausgerechnet ein ganz altes. Den Hochzeitsbraten streckte mein Bruder tags darauf: ein Schmalreh, aber feuerrot!

Klotzen statt Kleckern! Eine schwache Sippe, Anfang Oktober erlegt

Jahre später äste an einem 15. Oktober ein noch roter Bock inmitten eines Sprunges weiblicher Rehe. Diese trugen alle makelloses Winterhaar. Nur ein ankommender Traktor bewahrte den vorher als „jung" klassifizieren Gehörnträger vor der Kugel. Im Mai darauf wurde er überfahren. Drei- bis vierjährig vielleicht und verhältnismäßig weit verfärbt.

Ein rot gesprenkelter Bock, an einem 13. Oktober von mir gestreckt, erwies sich – wie vermutet – als senil. Das ihn begleitende „Schmalreh", ebenfalls schlecht verfärbt, erhielt auch gleich die Kugel. Es handelte sich um eine schwache junge Geiß, deren Kitz vermutlich zwei Tage zuvor in der Nähe durch einen Mitjäger zur Strecke gekommen war.

Dass die unzeitgemäße rote Decke nicht von jagdlicher Sorgfalt entbindet, musste ich vor 35 Jahren erfahren. Am 19. Oktober saß ich an einem Erlengraben auf Rehwild an. Bei gutem Licht trat seitlich von mir eine noch vollkommen rote Geiß aus und entfernte sich, ständig äsend, zu einem weiteren, etwa 100 Meter entfernten Graben. Dort verschwand sie, um 20 Minuten später wieder alleine zu erscheinen. Offenbar nichtführend und augenscheinlich

2. Oktober: Siebenjährige Geiß ohne Kitze. Hier gibt es kein Zögern

älteren Semesters. Also schießen. Zielstrebig wechselte sie meinen Sitz an, bot mir aber keine Gelegenheit für eine sichere Kugel.

Einen knappen Schrotschuss vor mir verhoffte sie und begann zu fiepen. Daraufhin knackte es hinter meinem Sitz, und ein normal entwickeltes Geißkitz im makellosen Winterhaar strebte in kurzen Sprüngen der Geiß entgegen. Ich erlegte beide. Die Geiß war für unsere Begriffe nicht mehr jung, doch irgendwelche Krankheitszeichen konnte ich beim Aufbrechen nicht entdecken. Die Wildbretgewichte entsprachen übrigens dem guten Durchschnitt.

Anders als der Sommer- vollzieht sich der Winterhaarwechsel zunächst unauffällig, denn das rote Sommerhaar bleicht nicht aus und überdeckt optisch lange das wachsende graue Winterhaar. Signalisieren jedoch dunkle Stellen an Träger und Flanken den Haarwechsel, ist das Verfärben schon sehr weit fortgeschritten, und es dauert nur mehr wenige Tage, bis die letzten roten Haare von der Kruppe und rings um den Spiegel verschwunden sind. Die Metamorphose von rot zu grau nimmt bei gesunden Rehen zwischen vier Tagen und maximal einer Woche Zeit in Anspruch. Damit verwirklicht sich der erkennbare Haarwechsel innerhalb kürzester Frist.

Dabei bestätigt sich im Prinzip das, was wir ja schon von der Frühjahrsumfärbung wissen: Die Reihenfolge des Verfärbens spiegelt nicht zwangsläufig das Altersgefälle wider. Mit anderen Worten: Das in einem Sprung zuerst verfärbte Stück ist nicht unbedingt das jüngste, das zuletzt verfärbende nicht das älteste. Es muss vielmehr stark differenziert werden.

In aller Regel verfärben aber die gesunden nicht führenden Stücke vor den führenden. Und hier bildet normalerweise die Jährlingsklasse den Anfang, gefolgt von starken Kitzen und Böcken. Führende Geißen dagegen lassen sich manchmal beträchtlich Zeit.

Die Hauptphase des Haarwechsels fällt in den meisten Revieren zum Monatswechsel September/Oktober an. Einzelne Rehe sind etwas früher dran, und nur eine verschwindende Minderheit lässt sich über die Monatsmitte hinaus Zeit. Diesen gilt das besondere Augenmerk.

Natürlich gibt es immer wieder Ausreißer nach der einen und der anderen Seite hin. So registrierte ich bei einem Jährling am 26. August

2. Oktober: dreijährige Geiß. Der Haarwechsel ist vorangeschritten

schon Anzeichen des Haarwechsels. Als ich ihn am 8. September wieder beobachtete, war er bereits völlig umgefärbt. Umgekehrt entdeckte ich an einem 27. November um die Mittagsstunde einen Sechser(!) mit schmutzigroter, ruppiger Decke und von Durchfall verklebten Hinterläufen – leider außerhalb der Reviergrenzen.

17. Oktober: Zweijährige Geiß im besten Winterhaar. Unbedingt schonen!

Schlechtes Verfärben kündigt sich aber dem aufmerksamen Beobachter schon im Sommer an, nämlich durch das Haar selbst. Stücke, deren Sommerdecke stumpf oder gar struppig wirkt, die womöglich Anzeichen parasitären Befalls (z. B. Durchfall) erkennen lassen, zählen nach aller Erfahrung zu den Nachzüglern im Haarwechsel, daher gebührt ihnen zum frühestmöglichen Termin die Kugel.

Öfter erlebt man, dass von Zwillingskitzen das eine grau, das andere jedoch noch rot ist. Sofern nicht ein deutlicher Größenunterschied zugunsten des Verfärbten besteht, empfiehlt sich der Abschuss der ganzen Familie, denn erfahrungsgemäß liegen die Wildbretgewichte dann unter dem Durchschnitt.

Das gleiche gilt für nicht führende Stücke, deren Haarkleidwechsel sich merklich lange hinzieht oder im zweiten Oktoberdrittel noch nicht abgeschlossen ist. Auch sie sind konditionell nicht auf der Höhe und durch Würmer bzw. andere Parasiten geschwächt, wie entsprechende Untersuchungen bewiesen. Zu dieser Kategorie zählen ebenso Geißen, bei denen der Haarwechsel erst mehrere Wochen nach ihren Kitzen einsetzt.

Der Zeitpunkt des Haarwechsels ist eine ausgezeichnete, jedoch gleichsam die letzte wirkliche Chance für den Wahlabschuss. Keinesfalls aber reicht die relativ kurze Spanne von 14 Tagen für die vollständige Erfüllung desselben. Demnach sollte im Rehwildrevier die Färbezeit nicht mit der Haupterntezeit zusammenfallen, sondern eher der Nachlese gehören. So will auch der oft zitierte Satz: „Rot schieß tot!“ interpretiert werden. Fazit:

- Spätes Verfärben signalisiert weniger höheres Alter als schlechten Gesundheitszustand;
- Führende Stücke verfärben später als gesunde nicht führende;
- Schlechter Gesundheitszustand lässt sich schon im Sommerhaar erkennen (glanzlos bis struppig);
- Spät verfärbende Kitze sind in aller Regel unterdurchschnittlich entwickelt und kümmern;
- Aufgrund der relativ kurzen Spanne des Verfärbens reicht die Zeit nur zum gezielten Abschuss einzelner Stücke, nicht jedoch zur Erledigung des Gesamtabschusses;
- Ursache für ein spätes Verfärben sind meistens Erkrankungen im Magen-Darm-Trakt.

Jagen und Jagddruck

Als des Jagens höchste Erfüllung sehen manche Zeitgenossen immer noch das Pirschen und den Ansitz vom Boden an, denn nach ihrer Meinung bleibt hier dem Wild eine reelle Flucht- und damit Überlebenschance. Der Jäger muss demnach sein ganzes Können in die Waagschale werfen, um die Sinne des Wildes zu überlisten. Er wird wieder ganz „Raubtier". Das Verlassen auf die eigenen Instinkte, das Heranarbeiten an das Beutetier und als krönender Abschluss schließlich der erfolgreiche Schuss, das macht den Reiz dieses Waidwerkens aus. Der Jäger bestätigt sich ferner von Fall zu Fall, dass er nichts von dem jagdlichen Vermögen unserer Ahnen eingebüßt hat.

So gesehen, gewinnt der kunstvoll angepirschte „Knopfbock" an Stellenwert und nimmt in der Hierarchie des persönlichen jagdlichen Lustgewinns sicher einen höheren Rang ein als der „kunstlos" ersessene und von hoher Warte aus geschossene ahnungslose Kapitalbock.

Niemand kann sich der Faszination der Pirsch entziehen, und keiner hat etwas gegen sie, solange sie nicht zur Regel, zur täglichen Gewohnheit wird. Mit Recht wiesen aber schon unsere Altvorderen darauf hin, dass derjenige, der häufig pirscht, sein Revier leer pirscht. Zwischen dem Einzelerfolg und dem Nachsehen existiert nämlich ein beträchtliches Missverhältnis.

Die Art der Jagdausübung bestimmt den Jagddruck in unseren Revieren

Jagen in den Wintereinständen potenziert den Jagddruck

In der Regel bedarf doch solches Beutemachen mehrerer Pirschgänge. Hier knackt ein Ästchen zu viel, da rollt unbeabsichtigt ein Steinchen, dort schlägt Metall gegen Stein. Im einen Fall vereitelt küselnder Wind das Vorhaben, im anderen warnt verdeckt stehendes und damit unsichtbares Wild seine Artgenossen. Der Effekt ist immer der gleiche. Das Wild flieht. Es fühlt sich gestört, es wird vergrämt.

Auch der Spaziergänger stört das Wild. Jedoch auf andere Weise. Er bewegt sich frei, kündet unbeabsichtigt sein Kommen durch Geräusche aller Art dem Wild an. Das hat somit Gelegenheit sich auf den „Störenfried" einzustellen, ihn als ungefährlich zu erkennen und zieht sich in Deckung zurück. Dort verhält es sich ruhig, wartet ab, bis sich die Störung wieder erkennbar entfernt und nimmt die vorherige Betätigung wieder auf.

Es erstaunt immer wieder, welch geringe Fluchtdistanz Reh- aber auch Rotwild gegenüber Waldbesuchern wahrt, die sich ungezwungen auf Wegen bewegen. Selbst vom Hund an der Leine fühlt es sich wenig beunruhigt.

Gravierender sind schon die Störungen durch Pilz- und Beerensucher. Erstere kriechen ja oft genug beim ersten und noch im letzten Licht in Einständen herum und sorgen damit nachhaltig für Unruhe. Zum Glück fallen ihre Hauptaktivitäten in die Sommermonate.

Hauptstörenfried aber ist der Jäger selbst. Seine Kleidung ist farblich ganz auf die Umgebung abgestimmt. Damit wird er – wenn überhaupt – sehr spät eräugt. Er nützt, wo immer es möglich ist, die Deckung aus, er schleicht. Sein ganzer Bewegungsablauf drückt Anspannung aus. Sinnbild des Raubtiers auf Beutezug. Fast immer dringt er in den „Intimbereich" des Wildes ein. Dieses fühlt sich überrascht und reagiert mit Flucht.

Mit panischer Flucht. Wiederholt sich das, bleibt das nicht ohne Auswirkung auf das Verhalten.

Bei jedem Pirschgang hinterlässt der Jäger zudem Wittrung. Und zwar dort, wo sie für das Wild ein Alarmsignal darstellt: im Einstand, am Wechsel zur Äsung. Ungewohnt und Gefahr verheißend. Vor allem dann, wenn das Tier den Schluss Jäger(-Wittrung)-Schuss-Tod schon nachvollziehen konnte. Menschliche Wittrung an einem Weg, einer Straße ist dagegen für das Wild nichts Neues. Es hat sich dort an sie gewöhnt, es verbindet sie nicht mit Gefahr.

Wir können es immer wieder beobachten, wenn Wild sich anschickt, einen vorher begangenen Weg zu überqueren. Auch hier haften selbstverständlich noch Duftspuren, „steht" die Wittrung. Doch das Wild verhofft nur kurz, sichert und überquert die Trasse mehr oder minder zügig. In aller Regel jedoch ohne Anzeichen von Alarmbereitschaft. Stößt aber das gleiche Stück auf menschliche Wittrung am ungewohnten Platz, prallt es regelrecht zurück, schlägt um und flüchtet.

Wahrscheinlich hinterlässt der Jäger für die hochsensiblen Geruchsorgane noch einen besonderen, einen warnenden Duft. Unsere Ausdünstungen entweichen durch Jagdkleidung, die in langem Gebrauch gar manches Mal mit Schweiß und Geruchspartikeln von Wild in Berührung geraten. Kein Wunder also, dass auch mein Hund merkt, wenn ich zur Jagd will. Er umschmeichelt mich schweifwedelnd, sobald ich die Jagdhose anziehe, er springt um

Die Pirsch: reizvoll, aber längst nicht immer erfolgreich

mich herum, wenn ich das Gewehr aus dem Schrank hole, und selbst wenn er das nicht mitkriegt, so weiß er doch, dass es abends immer in das Revier geht.

Woran aber erkennt er untertags, zur „Unzeit“ also, meine Absicht, wenn ich „Zivilkleidung“ trage und kein Gewehr in der Hand halte? Hundertmal kann ich nach draußen gehen, ohne dass der Phylax sich von seinem Platz erhebt. Doch im für ihn entscheidenden Augenblick ist er jedes Mal zur Stelle.

Natürlich tragen wir unsere spezifische Wittrung auch bis zur Ansitzleiter. Die ragt auch oft genug in unmittelbarer Nähe der Einstände und weitab vom frequentierten Weg in die Höhe. Diese Leitern werden selbstverständlich über kurz oder lang als Gefahrenherd vom Wild erkannt, wenn es immer wieder von dort oben her kracht – und gemieden. Aber wir schleppen unsere Düfte auch zum Anschuss hin, und dort bleiben sie neben der Wundwittrung zurück. Diese Kombination von Geruch und Tod prägt sich selbstverständlich dem Wild ebenfalls ein.

Auf diese Weise erzeugen und forcieren wir Jagddruck. Und zwar umso mehr, je kleiner die bejagten Flächen sind, je häufiger wir sie aufsuchen, je aggressiver wir jagen und je öfter wir auf begrenztem Raum Stellungswechsel vornehmen. Das alles spielt sich natürlich im Wald ab, wenn draußen die Fluren erst einmal ausgeräumt sind.

Die Angst des Wildes vor der allgegenwärtigen Gefahr aber zwingt es, in den schützenden Einständen zu bleiben, zumindest solange Büchsenlicht herrscht. Damit protegieren wir ungewollt den Verbiss. Der steigt selbstverständlich mit der Zahl des sich verbergenden Wildes. Die ist logischerweise dann höher, wenn zu Beginn der Jagdzeit bei den Abschüssen äußerste Zurückhaltung praktiziert wurde.

Wenn das Wild seinen Energiehaushalt drosselt, braucht es vor allem Ruhe. Ein Faktor, dessen Bedeutung meistens zu wenig Gewicht beigemessen wird. Herzog ALBRECHT V. BAYERN berichtet von einer eingezäunten Enklave in seinem Revier, in der bei hoher Wilddichte und ganzjähriger Fütterung das von Wildbret und Trophäe her stärkste Rehwild überhaupt heranwuchs. Es wurde dort nicht mehr und nicht besser als an anderen Stellen gefüttert, und es fehlte weitgehend die Wintersonne, die Rehe so lieben und der eine positive Wirkung auf die Gehörnbildung nachgesagt wird.

Was die Rehe aber dort hatten, war völlige Ruhe, denn außer dem Revierjäger, der alle paar Wochen die Futterautomaten beschickte, betrat den ganzen Winter über kein Mensch dieses Gatter.

Ruhe hatte auch das Wild FRANZ RIEGERs vom Spätherbst an. Es flüchtete im Wald nicht, wenn er sich den Fütterungen näherte, sondern wahrte eine erstaunlich kurze Distanz zu dem als ungefährlich eingestuften Menschen in seinem Auto. Aufgrund dieser Vertrautheit behielt es auch den gewohnten Äsungs- und Verdauungsrhythmus bei und verfügte – soweit männlich – über genügend Reserven für die Gehörnbildung.

Wie aber soll Rehwild zur Ruhe kommen, wenn es ab November schwerpunktmäßig bejagt wird, was nützen Fütterungen und bestellte Äsungsflächen, wenn es auf dem Weg dorthin immer wieder mit Blei bepflastert wird und schließlich diese für sein Wohlbefinden wichtigen Plätze aus Angst vor der drohenden Gefahr „Jäger“ zeitweilig meidet?

Schneezeit ist Rehzeit. Doch nicht im Sinne des Beutemachens, sondern in Bezug auf Ruhe. Daher sollte sich die Bejagung der Rehe ab November auf berechtigte Einzelfälle beschränken und im Dezember/Januar ganz unterbleiben.

So kommuniziert Rehwild

Schreck(en) lass nach!

Schrecken Rehe, herrscht Alarm. Gut, wenn der Jäger daraus immer die richtigen Schlüsse ziehen und konsequent handeln kann. Jeder kennt die Situation: Um möglichst frühzeitig vor Ort zu sein, wird die Leiter oder Kanzel noch im Dunkeln angepirscht. Doch unverhofft durchbricht ein mächtiges „Bao-böh-böh-böh" verbunden mit polternden, dröhnenden Fluchtsprüngen die Stille. Wurde jetzt der vermutete Altbock vertreten, würde er bei dem geplanten Ansitz überhaupt noch in Anblick kommen und wie verhalten sich seine Artgenossen? Ist es vielleicht besser gleich den Rückzug anzutreten? Solche Gedanken schießen nun dem Grünrock durch den Kopf. Jedenfalls wurde Schrecken wieder mal zum Schreck des Jägers.

Gerade mal 14 Tage war mein erster Jagdschein alt, als ich zu einer kleinen Waldwiese pirschte. Fast gleichzeitig entdeckten wir uns. Ich die Geiß und sie etwas, mit dem sie wohl nichts Rechtes anzufangen wusste. Sie sicherte, senkte das Haupt zum Scheinäsen, hob den Windfang hoch, um Wittrung zu bekommen und schreckte „bao". Ich wiederum duckte mich auf alle Viere, senkte und hob meinen Kopf ebenfalls und ahmte ihr Schrecken nach. So ging es eine Weile hin und her. Als ich mich dann erhob, sprang sie ohne Lautäußerung ab. Wochen später verriet die Gischt des taunassen Klees unter dem Rumpf des bereits in meine Richtung sichernden Bockes, dass die freihändig angetragene Kugel ihr Ziel verfehlt hatte. Er empfahl sich mit hohen Fluchten, begann nach gut 20 Metern zu schrecken, tauchte in den Waldrand ein und entfernte sich schimpfend, als wollte er kundtun: „Was fällt dir ein!" Es war übrigens eine Zufallsbegegnung auf dem Heimweg vom Ansitz. In der Nähe befanden sich weder Schirm noch Leiter, so dass ich mir als unerfahrener Grünling keine Chance ausrechnete, ihm in Folge beizukommen. Ob und wo er letztlich zur Strecke kam, entzieht sich meiner Kenntnis.

Mitte Mai 1983 markierte ich in am späten Vormittag in einer Wiese im hüfthohen Gras knieend zwei Kitze. Eines davon reagierte auf das Einzwicken der Lauschermarke mit einem gellenden Fiepton. Sofort jagte die Geiß aus dem benachbarten Wald auf mich zu, verhoffte abrupt zwei Meter vor mir, entfernte sich ein paar Fluchten, schreckte, sprang erneut fast auf Tuchfühlung zu mir, flüchtete ohne zu schrecken zurück in den Wald und machte sich auch akustisch nicht mehr bemerkbar.

An anderer Stelle konnte ich beobachten, wie eine Geiß einen Fuchs attackierte, der in der Nähe der abgelegten Kitze schnürte. Dabei stieß sie immer wieder die typischen Schrecklaute aus, die ich in der Situation ebenfalls als Drohung interpretierte. Eine weitere Geiß schreckte auch, als sie zu ihren frisch markierten Kitzen in die Wiese gezogen war, sogleich den Nachwuchs umrundet und die Lauschermarken bewindet hatte. Dann jedoch beleckte sie die markierten Lauscher und säugte schließlich die Kitze. Ihr Schrecken deutete ich als „Hier stört mich ein Fremdkörper." Ähnliches Verhalten zeigt sich immer wieder, wenn vor der Mahd Wildscheuchen jedweder Art frisch ausgebracht sind, die Geißen anwechseln und etwas wahrnehmen, das sie zunächst beunruhigt.

Rehe schrecken, wenn sie Geräusche verbunden mit Bewegungen vernehmen und nicht genau einzuordnen wissen. Tiefe Stimmen sprechen die meisten Jäger immer alten Böcken zu. Da ist schon Wahres dran, denn Jährlinge verfügen noch nicht über den typischen Bass.

Der gehört zu einem ausgewachsenen Stück. Richtig ist auch, dass bei weiblichen Rehen in aller Regel der Ton um Nuancen heller und weniger rau klingt. Aber aufgepasst, es gibt auch starke, alte Geißen, die ebenso tief schrecken wie Böcke. Wer will da bei der Pirsch in der Dunkelheit schon mit Bestimmtheit sagen, ob das nicht sichtbar schreckende Reh ein Gehörn trägt. Steht der Nimrod nicht unter Zeitdruck, machen ihm schwindendes Licht oder ungünstiger Wind keinen Strich durch die Rechnung und zieht vor allem ausreichend Wild vor Ort seine Fährten, dann hält sich das Risiko ohne Anblick am schreckgestörten Platz zu bleiben in Grenzen. Handelt es sich beim vertretenen Wild wirklich um den heimlichen Altbock, dann wird er auf den bekannten und vom Sitz aus einsehbaren Wechseln zeitnah kaum mehr auftauchten.

An begehrten, frequentierten und weiträumigen Äsungsflächen jedoch ist es durchaus möglich, dass er nach geraumer Zeit an anderer Stelle und vom Sitz aus beobachtbar wieder austritt. Verschreckte Rehe kommen umso schneller zurück, je größer der Äsungsbedarf ist. Laktierende Stücke unterliegen sogar gleichsam einem Äsungszwang. Der lanciert sie nach erfolgter Störung baldmöglichst erneut zur Äsungsquelle. Die weniger erfahrenen Jährlinge beider Geschlechter gehen ebenfalls unbedarfter mit akustischer Warnung um. Außerdem lehrt die Erfahrung, dass der Hunger im Spätherbst bzw. Winter abgesprungenes Wild rascher zurück zur Äsung treibt als zu Zeiten allseitigen Überflusses und reichen Angebotes. Nein, Schrecken bedeutet nicht automatisch, dass Gefahr im Verzug ist. Das lehrte mich zumindest eine interessante Beobachtung. Noch bei Sonnenlicht suchten drei Geißen zur Maimitte die kräuterreiche Wiese zu Füßen meiner Leiter auf und ästen. Plötzlich schreckte ein Reh im Wald und schnell fielen weitere aus allen möglichen Ecken ein. Auch die drei auf der Wiese reagierten mit Aufwerfen, gespreizten Spiegeln, spielenden Lauschern und Schrecken. Das klang bei jeder Geiß ein wenig anders. „Meine" Rehe sprangen jedoch nicht ab, beruhigten sich zumindest optisch und beteiligten sich fleißig weiter an der Kommunikation, die den ganzen Abend immer wieder von unterschiedlichen Standorten ausgehend von einem an-

Der Bock schreckt. Er schein eher zu kommunizieren als fluchtbereit zu sein

deren der beteiligten Rehe initiiert wurde. Dabei drang eine unverwechselbar markante hellheisere Stimme stets von der gleichen Stelle aus an mein Ohr. Diesen Fistelklang konnte ich bei anderer Gelegenheit zweifelsfrei einer vom Körper her schwächeren, jedoch mehrjährigen Geiß zuordnen. Das hier erlebte Szenario interpretiere ich eher als eine Art Unterhaltung, vielleicht Kundtun des Einstandes, ohne den Anlass dafür zu kennen. Schnell, vielleicht vorschnell wird es der Anwesenheit von Sauen zugeschrieben. Zwar habe ich immer wieder erlebt, dass Schwarzkittel durch Schrecken der Rehe angekündigt wurden, dass es gleichsam eine Stafette der Warnlaute gab, aus der sogar Schlüsse auf den eingeschlagenen Wechsel der Wutze gezogen wurden. Bedauerlicherweise waren auch Fälle dabei, wo die bestätigenden Fährten gänzlich fehlten. Umgekehrt verfolgte ich jüngst mit der Wärmebildkamera, wie eine Sau mitten durch einen Sprung Rehe wechselte, der auf einem Rapsschlag äste. Doch die Mitglieder reagierten überhaupt nicht auf die Anwesenheit eines ihrer Fressfeinde. Klar doch, mag jetzt mancher konstatieren: Gefahr erkannt, Gefahr gebannt. In der Regel hören wir die Rehe mit durchaus individuellen Stimmen schrecken. Aber ich bin ich mir nicht sicher, ob sie nicht doch situationsbezogen in der Lage sind durch Modulieren der Schrecklaute verschiedene Botschaften zu transferieren. Ausschließen würde ich das jedenfalls nicht.

Wir können wenigstens vier verschiedene Schreckensäußerungen unterscheiden: Den vier- bis fünfsilbigen Alarmruf „Bao-böh-böh-böh", der immer mit Flucht verbunden ist, den einsilbigen Schreckruf „bao", den das geflüchtete Stück aus der Distanz oder Deckung heraus stößt, aber auch, wenn das Reh sein Gegenüber nicht recht einzuschätzen weiß und verunsichert ist. Das mehrfach kurz herausgestoßene „Böh-böh-böh" ist ein Drohruf, den nicht selten Attacken oder Scheinattacken begleiten. Konkurrierende Böcke lassen ihn gelegentlich vernehmen, und damit vermögen versierte Jäger Böcke entweder zum Verharren oder sogar zum Zustehen zu bewegen. Das sogenannte zweisilbige kommunikative Schmälen „Baöö", wird jeweils nur einmal ausgestoßen und von den übrigen Rehen beantwortet. Es versetzt weder die beteiligten noch die unbeteiligten Stücke in Alarmzustand.

Der für den Jäger missliche ist der mehrsilbige Alarmruf. Er signalisiert das sogenannte Vertreten. Will der Waidmann auf Nummer sicher gehen, sollte er sich gut überlegen, ob er noch vor Uhlenflucht über eine längere Strecke durch den Wald pirscht oder es besser im ersten Büchsenlicht versucht. Falls es jedoch die Umstände notwendig erscheinen lassen, gelangt er am wahrscheinlichsten durch vorsichtige Zeitlupenpirsch auf einem gefegten Steig und ständiges Abglasen mit einer Wärmebildkamera unbemerkt zum Ziel. Andere Schrecklaute muss er hingegen nicht unbedingt auf sich und seinen Erfolg beziehen.

Schrecken zu unterbinden funktioniert dann, wenn die Rehe den Störenfried rechtzeitig erkennen. Die wenigsten Jäger bringen es jedoch übers Herz, den Spaziergänger weithin hörbar zu mimen, Selbstgespräche auf dem oft belaufenen Weg zur Leiter zu führen oder sich begleiten zu lassen und die zweite Person weiter zu schicken. Auch das Nachahmen von Sauen mittels Grunzlauten kann Wild wieder beruhigen, wenn es zuvor auf ein Störgeräusch des Jägers aufmerksam wurde. Hilfreich kann es auch sein, als Beifahrer das Auto bei laufendem Motor am Sitz zu verlassen, ohne die Türen zu schlagen. Überdies fällt es schwer, bereits ausgetretene Rehe durch von weitem sichtbare Gesten zum geordneten Rückzug zu veranlassen. Solche Maßnahmen fruchten vorrangig dann, wenn Publikumssteige an den „Wohnzimmern" der Rehe vorbeiführen, weniger, wenn sie nicht die Chance hatten, Menschen als ungefährlich kennenzulernen.

Rehwild auf der Drückjagd

Vor 39 Jahren durfte ich einmal als Gast an einer Drückjagd in der Lüneburger Heide teilnehmen. Neben Hochwild, Hasen und Füchsen waren selbstverständlich auch Rehe frei. Das große Treiben wurde weiträumig und leise abgestellt. Zur vereinbarten Stunde rückten die Treiber mit Hunden an der Leine vor. Die erste Phase sah leises Durchdrücken, die zweite geräuschvolles Zurücktreiben und geschnallte Hunde vor.

An der entgegengesetzten Front fielen bald die ersten Schüsse. Sie galten – wie sich später herausstellte – Füchsen. Rotwild und Sauen, derentwegen an sich die Jagd angesetzt wurde, kamen nicht vor. Doch das wussten wir erst hinterher.

Dafür wippte bald der eine oder andere Rehwildspiegel im Bruch hin und her. Nach einer guten Stunde ebenso geduldigen wie fruchtlosen Wartens an einem der Hauptwechsel für Sauen sorgte Hundegeläut im undurchdringlichen Bestand vor mir für etwas Abwechslung.

Eine Geiß flüchtete urplötzlich heran und verhoffte keine fünf Meter vor mir. Sie sicherte zurück in die Dickung, machte ein paar unschlüssige Schritte und hüpfte seitlich weg. Ein Schießen verbot sich von selbst. Aufgrund der kurzen Distanz war zunächst an ein Anschlagen gar nicht zu denken, außerdem befand sich das Stück noch im Treiben. Ferner ließ mich die Situation im Unklaren, ob ich es mit einem führenden oder einem solitären Reh zu tun hatte. Und selbst wenn es „gepasst" hätte, wäre mir der Kugelschuss im unübersichtlichen Gelände auf das unruhige Ziel zu riskant gewesen.

Rehwild gezielt auf Treib- und Drückjagden zu erlegen – vielleicht sogar unter Rückkehr zum rauen Schuss –, werden dieser Wildart nicht gerecht

Rehe in der Flucht zu schießen, ist ausgesprochen schwer. Von Selektion kann auch keine Rede sein

Dafür krachte es zwei Stände weiter. Einmal, zweimal. Sollten dort die Sauen …? Nein, es war die(?) Geiß. Nach 300 Metern lag sie, vom Hund niedergezogen – mit Keulenschuss. Zwölfmal knallte es insgesamt, und zur Strecke kam eine weitere Geiß mit ihrem Kitz. Sauber geschossen. Hochflüchtig übrigens, wie mir der Erleger glaubhaft versicherte. Er beherrschte eben sein Gerät.

Das konnte man den anderen wahrlich nicht nachsagen: ein Laufschuss mit erfolgloser Nachsuche, etwas Schnitthaar ohne Schweiß an einem weiteren Anschuss, ansonsten nur Flurschaden. Alles in allem eine klägliche Ausbeute für den großen Aufwand. Doch die Wiederholung des Spektakels war bereits beschlossene Sache.

Rehwild in der Flucht mit der Kugel zu schießen, nötigt dem Schützen weitaus mehr Fertigkeit ab als alles andere Schalenwild, weil es sich hüpfend vorwärts bewegt. Damit kommt zur horizontalen noch eine vertikale Bewegung. Doch auch beim Anwechseln und sogar beim Verhoffen bietet es ein recht kleines Ziel. Wie klein, beweisen immer wieder die schlechten Treffer sitzend aufgelegt und ohne Zeitdruck vom Hochsitz aus auf ein breit stehendes Stück abgegeben.

Bei der Drückjagd jedoch bleibt oft genug nicht einmal zum Anstreichen Zeit. Da muss die Kugel stehend freihändig angetragen werden. Diese Situation überfordert – mit Verlaub – den Normaljäger, weil er den Freihandschuss so gut wie nie praktiziert. Wer's nicht glaubt, sehe sich nur einmal die Schusspflasterverteilung auf der Überläuferscheibe bei der Disziplin „stehend freihändig" des jagdlichen Schießens an. Und hier stellen sich gewöhnlich nur „bessere Schützen" dem Wettkampf. Noch unterboten werden die schlechten Trefferleistungen bei der laufenden Scheibe. Das sind überprüfbare Fakten.

Zum Ansprechen bleibt auf der Drückjagd nicht viel Zeit. Weniger jedenfalls als beim Ansitz. Sie reicht aus, um die Geiß von ihren Kitzen zu unterscheiden, vielleicht auch für das Erkennen deren Geschlechts. Doch eine weitere Klassifizierung erlaubt die kurze Spanne selten. Vier Dinge wollen nämlich im Zeitdruck erst einmal unter einen Hut gebracht werden: Ansprechen, Suchen von freiem Schussfeld, unter Beachtung der Stellung des Wildes zueinander und zum Schützen bei gleichzeitiger Beobachtung des Hintergeländes. Schließlich befindet man sich ja meistens mit beiden Beinen auf dem Boden.

Würde es gelingen, mittels einer oder zweier anberaumter Drückjagden wenigstens große Strecke zu machen, spräche der geringe Jagddruck für diese Art der Bejagung. Wo die mageren Ergebnisse aber mehrfache Wiederholung erfordern, um so den Abschuss zu erfüllen, kann von geringem Jagddruck wahrlich nicht mehr die Rede sein. Wenn die Drückjagd zumindest eine selektivere Bejagung ermöglichte. Doch die gewährleistet sie erst recht nicht.

Neuerdings ist die Ansitzdrückjagd in aller Munde. Ihr wird allgemein nachgesagt, dass sie – richtig praktiziert – den geringsten Jagddruck verursache. Sie setzt perfekte Organisation, genaue Kenntnis der Fernwechsel, ortskundige Treiber und sichere Schützen voraus. Der Sinn dieses Vorgehens besteht darin, das gesamte vorkommende Wild bei Tageslicht durch leichte Beunruhigung zu zwingen, seine Einstände zu verlassen und ohne Panik die Fernwechsel zu anderen Einständen anzunehmen.

Durch gleichzeitige oder anschließende „sanfte" Beunruhigung dort, veranlasst man das Wild zum Rückwechseln. Auf diese Weise kommt es mehrfach vor die erhöht und außer Wind sitzenden Schützen. Bei Rotwild klappt das ausgezeichnet, bei Sauen schon viel weniger und bei Rehwild selten. Rehe drücken sich nämlich gerne und überaus erfolgreich.

Aus ihrem Einstand lassen sie sich meist nur durch massiven Druck mittels Hunden vertreiben. Spurlaute unterstützen den Jäger, indem sie quasi vorwarnen. Wo das der Fall ist und wo sich die Möglichkeit bietet, stellen sie sich in die nächstbeste Deckung wieder ein. Weil Rehe zudem keine Rudeltiere im klassischen Sinn sind, erfolgt auch kein geordnetes Überstellen aller Mitglieder unter Führung des Leittieres.

Aufgeschreckt, wird manchmal sogar der Familienverband gesprengt, so dass die Mitglieder einzeln vor die Schützen kommen. Der nun fehlende Vergleich wiederum erschwert das Ansprechen ungemein. Repetitio est mater studiorum (Wiederholung ist die Mutter der Lernenden), wussten bereits die Römer. Aus der Wiederholung aber lernen vorrangig die Rehe, nämlich wie sie es anstellen müssen, nicht mehr vor die Büchsen zu wechseln.

Erstmals und richtig angelegte Bewegungsjagden zeitigen nämlich bei ausreichendem Wildvorkommen oft überraschend guten Anblick sowie erfreuliche Strecken. Das animiert die Jagdherrn und weckt die Lust auf Fortsetzung dieser in ihren Augen höchst effizienten Methode. Doch Ernüchterung heißt die Cousine der Euphorie, und sie lässt sich bei Folgejagden gar nicht so selten bitten, vor allem, wenn diese noch im selben Monat anberaumt werden.

Wer also Rehwild auf kleineren Waldflächen effektiv reduzieren will und nicht mit Sauen rechnen muss, kommt um die klassische Treibjagd mit jagenden Hunden nicht herum und benötigt eigentlich den rauen Schuss. Die Schweden praktizieren ihn — mit großem Erfolg – und unsere Großväter taten es nicht minder. Das ist wenigstens beuteträchtiges und für die Mitjäger weniger gefährliches Schießen. Solches Jagen lehnt der verantwortungsbewusste

Privatjäger, der trophäenorientierte Jagd betreibt, rundweg ab. Mit Recht und aus guten Gründen.

Allerdings gibt es in reinen Waldrevieren Sonderfälle, in denen auf konservative Art und Weise der Abschuss weder nach Zahl und schon gar nicht nach Wahl erfüllt werden kann, die Verbisssituation jedoch eine Reduktion erfordert. Hier sanktionieren höhere Zwänge unpopuläre Maßnahmen. Wenn schon der Radikalabschuss unumgänglich erscheint, dann auch mit letzter Konsequenz. Wenigstens bleibt hier dem Wild permanenter Jagddruck erspart.

Allein der Jagdherr entscheidet schließlich, ob und in welchem Umfang die gesetzlich erlaubten Jagdmethoden praktiziert werden. Wer freilich Gesellschaftsjagden aller Art auf Rehwild öffentlich verteufelt, Einladungen zu solchen jedoch dankbar annimmt. macht sich unglaubwürdig.

Niemand zwingt uns, alles zu essen. was man uns vorsetzt. Wir haben schließlich die Möglichkeit, das, was uns nicht schmeckt, zu verschmähen. Gefragt sind dann allerdings Selbstdisziplin und Zivilcourage.

14 Jahre nach Erscheinen der 2. Auflage bietet sich ein differenziertes Bild. Die Pächter von Privatrevieren bewirtschaften ihr Rehwild nach wie vor trophäenorientiert durch Wahlabschuss, in den fiskalischen Flächen regiert hingegen die Bewegungsjagd. Mittlerweile sehr professionell organisiert mit Drückjagdböcken und Klettersitzen an sorgsam ausgewählten,

Hier hat es geklappt. Der Drückjadgbock steht strategisch günstig. In der Deckung verhofft Wild gerne

Quantitav ein Erfolg, doch wie sieht es mit der Verwertbarkeit aus?

erfolgsträchtigen Stellen, einem großen Aufgebot von Schützen mit Schießnachweis und dem Einsatz von genügend kurz- und hochläufigen Hunden. Richtig schmackhaft werden diese Jagden durch großzügige, gebührenfreie Freigabe von Schwarzwild. Alle Schwarzkittel, ausgenommen führende Bachen, dürfen erlegt werden. Und unter dem Damoklesschwert der Afrikanischen Schweinepest (ASP) gelten nur mehr solche mit gestreiften Frischlingen im Gefolge als führend. Welcher Sinnes- und Gesinnungswandel!

Bei Tagesstrecken von 100 Rehen bei einer einzigen großräumigen Bewegungsjagd kann keiner deren Effizienz im Sinne der Reduktion in Abrede stellen. Aber wenn dabei auch Böcke in deren eigentlichen Schonzeit freigegeben werden, dann hat das nur eine Bewandtnis: Ansprechen war einmal, stattdessen Dampf auf alles, was ins Absehen wandert. Der Unterschied zwischen Geiß und Kitz, führend oder nicht führend, besteht bei solchem Tun nur mehr auf dem Papier. Mit Jagd hat das nichts mehr zu tun. Sie ist zur Schädlingsbekämpfung verkommen, und die Verbitterung der benachbarten Privatpächter über derartige Auswüchse ist nur zu verständlich. Nicht selten mündet sie in Hass und Anfeindung, insbesondere, wenn Hunde überjagen.

Bewegungsjagden zu organisieren kostet Zeit und Geld und sie fordern eine aufwändige Verkehrssicherung. Der Jagdleiter steht in der Pflicht und muss bei Verkehrsunfällen mit Wild und Hunden seinen Kopf hinhalten, wenn man ihm Fahrlässigkeit nachweisen kann. Daher will das Risiko revierübergreifender Bewegungsjagden, die man vorwiegend der Sauen wegen veranstaltet, sorgsam abgewogen sein.

Dass es Revierleiter gibt, die hemmungsloses Schießen und durch Treffersitze aller Art verwüstetes Rehwild tolerieren, lässt sich mit den Erfordernissen des Waldumbaus nicht recht-

Wer Böcke in der Schonzeit freigibt, fördert das Schießertum

fertigen. Wie kann man Lustgewinn durch Lauf-Keulen, Waidwund- und Äserschüsse erzielen und sich im Kreise gleichgesinnter Reh-Hasser damit noch brüsten! Genau das „durfte" ich bei einer Bewegungsjagd hautnah erleben. Dass es auch anders geht, bezeugen zum Glück Forstamtsleiter in nicht wenigen Staatsbetrieben mit klaren Ansagen: „Schießen Sie nur auf breit stehendes Wild in den Kammer- oder Blattbereich. Wer Edelteile wie Rücken oder Keulen entwertet, muss das Stück zum Tagespreis übernehmen und: Böcke sind bei uns nicht frei. Sollte sich jemand über diese Anweisung hinwegsetzen, hat er künftige Einladungen verwirkt." Das zündet. Es verblüfft aber auch, wie schnell selbst Wölfe den Schafspelz überstreifen und sauber geschossenes Wild zum Aufbrechplatz liefern. Dort sorgen dann Metzger dafür, dass Premium-Wildbret in den Handel gelangt und nicht wie anderswo zerschossenes Wild im Container für die Tierkörperverwertung landet.

Bewegungsjagd hat halt viele Gesichter und ganz verbannen lassen sich ihre Schatten nicht, denn wo gehobelt wird, fallen bekanntlich Späne.

Äsungsverbesserung als Säule der Rehwildhege

„Nicht die Rehe müssen aufgeartet werden, sondern die Reviere", dieser Leitsatz stammt von keinem geringeren als Herzog ALBRECHT V. BAYERN. Wir wissen, dass sich die Lebensräume unserer Rehe durch Verkehr, Beunruhigung, die Umstrukturierung der Landwirtschaft und die auf raschen Umtrieb ausgelegte Forstwirtschaft erheblich verändert und qualitativ oft verschlechtert haben. Damit fehlt den Rehen Äsung nach jahreszeitlichem Bedarf, aber auch Einstand und vor allem Ruhe.

Die meisten Jäger sind landwirtschaftliche Laien. Deshalb ist es sinnvoll, sich fachliche Hilfe zu holen. Hier berät der leider zu früh verstorbene Wildackerexperte Dr. Georg Bernd Weis (rechts)

In den Kapiteln „Geißenwohnräume" und „Geißen und Kitze" wurde bereits darauf hingewiesen, dass führende Geißen zur Aufzuchtszeit einen besonders hohen Energiebedarf haben, den sie nur durch Zuführung hochwertiger und leichtverdaulicher Äsung decken können. Doch gerade die Verdaulichkeit der vorhandenen Äsung nimmt in der Phase des Spitzenbedarfs, der Brunft, schon rapide ab.

Der Vergleich von Äsungsangebot und -nachfrage enthüllt zu dieser Zeit einen potenziellen Engpass: Grün so weit das Auge reicht, doch ein Mangel an sprießenden Pflanzenteilen, weil die Artenarmut in der Kulturlandschaft diesbezüglich eine schmale Nahrungsbasis mit zeitlich sehr begrenzten Angebotsspitzen geschaffen hat. Im Hochsommer können demnach Rehe durchaus mit vollem Pansen darben. Sie gelangen dann in schlechter Kondition in den Herbst.

Um dem entgegenzuwirken, muss für Äsung gesorgt werden, und zwar für solche, die das Rehwild auch verwerten kann. „Biotophege" heißt die Zauberformel. Über sie schaffte auch Franz Rieger bei seinem Rehwild den qualitativen Durchbruch.

An gutem Willen fehlt es den Jägern nicht. Sie investieren Zeit und Geld um beispielsweise Wildäcker anzulegen, doch nicht selten bleibt der Mühe Lohn gering: Rehe strafen die grünenden und blühenden Mischungen mit Verachtung und suchen sich ihre Äsung anderswo. Dort nämlich, wo etwas wächst, was dem momentanen Bedarf entspricht. Es reicht demnach nicht, für Äsung zu sorgen. Sie muss vielmehr auf die Bedürfnisse des Wildes abgestimmt sein. Daran jedoch hapert es meistens.

Die Erschwernisse beginnen schon damit, dass die meisten Jäger keine Bauern sind. Sie haben daher keine landwirtschaftliche Ausbildung genossen und verfügen über wenig Wissen in Bodenkunde und noch weniger Erfahrung in der Bearbeitung. Wo aber die Grundkenntnisse fehlen, ist das Scheitern bereits programmiert. Kein Bauer beispielsweise wird versuchen, auf sauren Böden Futterpflanzen anzubauen. Jäger tun's und ernten den Misserfolg. Doch auch richtig bewirtschaftet, wirkt ein einzelner Wildacker in weiter Flur wie ein Tropfen auf den heißen Stein. Ein vorrangiges Problem betrifft also die Flächenbeschaffung. Als Jäger müssen wir uns darüber im Klaren sein, dass gute und leicht zu bearbeitende Böden der Landwirt selber nutzt. Auf solche brauchen wir also nicht zu spekulieren.

Flächenbeschaffung

Eher bietet sich schon die Möglichkeit des Zugriffs auf eine so genannte „Holzwiese". Das sind vom Wald eingeschlossene Wiesen, die beispielsweise aus Landschaftsschutzgründen nicht aufgeforstet werden dürfen. Ihre Nutzung wird häufig von der Staatsforstverwaltung für wenig Geld verpachtet. Doch heißt es hier, behutsam vorzugehen, damit der Jäger nicht als Konkurrent der bisherigen Pächter auf den Plan tritt.

Bei diesen handelt es sich nämlich meistens um Nebenerwerbslandwirte, denen es auf jeden Quadratmeter Boden ankommt, und ihre Stimme zählt bei der Jagdvergabe ebenso wie die der Großbauern. Bewährt hat sich in vielen Fällen ein Arrangement: Der Jäger zahlt den Pachtpreis und überlässt dem bisherigen Betreiber den größeren Teil der Nutzung.

Im Gegenzug, eventuell gegen geringes Entgelt, bewirtschaftet der Bauer die Restfläche als Wildacker. Auf diese Weise stellt der Jäger das Fachwissen des Landwirts in seine Dienste und muss sich um die Maschinen nicht kümmern. Immer wieder finden sich auch unrentable Kleinflächen an Waldeinbuchtungen, über deren Verpachtung an den Jäger der Landwirt mit sich reden lässt.

Im Zeitalter schwerer Bearbeitungsmaschinen und großflächiger Bebauung wissen manche Landwirte mit Hanglagen nichts Rechtes mehr anzufangen. Auch hier bietet sich die Möglichkeit der Anpachtung. Das gilt auch für „handtuchgroße" Äcker, die nicht von der Flurbereinigung erfasst worden sind oder durch Hofaufgabe frei werden.

Ähnlich verhält es sich mit Grenzertragsböden, die für den Landwirt kaum etwas abwerfen. Aber dem Wild leisten sie, beispielsweise mit Buchweizen und Akela-Raps bestellt, gute Dienste.

Voraussetzung für die Flächenbeschaffung: guter Kontakt zwischen Bauer und Jäger

Eingesäte Bankette zeitigen bei wenig Aufwand großen Effekt

Schmale Talwiesen, durch die sich ein Bach schlängelt, eignen sich zwar nicht als Wildacker, doch durch Einbringen von mehrjährigem Rotklee mittels Egge in die Grasnarbe werden sie für das Rehwild attraktiver.

Ebenso kann ein Arrangement mit Bienenzüchtern beiden Seiten zum Nutzen gereichen. Wenn wir auf deren gepachteten Flächen einen Wildacker bestellen dürfen und Malve sowie Buchweizen anbauen, profitieren die Bienen von der langen Blüte und mit ihnen die Imker.

Früher hatte jedes Dorf einen eigenen Müllplatz bzw. eine Schuttgrube. Diese wurden im Zuge der Landschaftspflege und aus gewachsenem Umweltbewusstsein heraus eingeebnet und abgedeckt. Heute liegen solche Flächen vielfach brach, weil sie sich nicht beackern lassen. Niemand wird etwas dagegen haben, wenn sich der Jäger ihrer annimmt und sie in Handarbeit mittels Rechen einsät. Raps, Kohl und Malve wachsen darauf. Nicht üppig zwar, aber immerhin so, dass den Rehen im Winter Zusatzäsung bleibt.

Akela-Raps verholzt jedoch im zweiten Jahr und wird deshalb vom Wild nicht mehr angenommen. Es hat sich jedoch bewährt, die Stängel im späten Frühjahr oder Frühsommer etwa fußhoch abzumähen. Die daraufhin nachwachsenden Triebe und Blätter verschmähen die Rehe ab November dann nicht.

Wo Obstgärten nicht allzu fern vom Wald liegen, lohnt sich ebenfalls die Anlage eines Äsungsstreifens zwischen den Baumreihen. Als Maschinen kommen hier eine Fräse oder ein Handtraktor in Frage.

Aufgelassene Sandgruben werden gewöhnlich aufgeforstet. Es dürfte aber ein Leichtes sein, sich einen Teil für die Nutzung als Wildacker zu sichern. Natürlich müssen vor der Einsaat einige Fuhren Humus aufgeschüttet bzw. untergearbeitet werden. Dann wachsen auf diesen trockenen und mageren Standorten Akela, Ölrettich und Buchweizen in ausreichender Menge. Auch der Humusabraum, der beim Ausbeuten von Sandgruben entsteht und häufig zu Hügeln aufgetürmt wird, dient als brauchbarer Nährboden für Wildäsungspflanzen, beispielsweise die spätsaatverträglichen „Perko" und „Buko".

Kleinstflächen finden sich mit gutem Willen und ein paar aufklärenden Worten überall. Um sie zu nutzen, bleibt es uns nicht erspart, sie nach Sitte unserer Ahnen mit der Harke zu bearbeiten. Das ist mühsam. Doch gerade das „Kleckern", das Streuen von Kleinstäsungsflächen im Revier, macht sich in besonderem Maße bezahlt. Deckungsnah verkürzen sie die Anmarschwege des Wildes und werden deswegen gerne frequentiert.

Schließlich bietet sich auf gutem und intensiv genutztem Ackerland noch eine probate Methode an: die „wandernden" Wildäcker. Wintergerste ist bekanntlich das erste Getreide im Revier, das gedroschen wird. Unmittelbar nach der Ernte erfolgen normalerweise das Umackern und das Einsäen einer Zwischenfrucht. Sofern es sich dabei um Raps handelt. versuchen wir den Landwirt zu bewegen, einen Streifen von drei bis vier Meter Breite bis in den Winter stehen zu lassen. Selten nämlich kommen starke Fröste schon im Herbst, und geringe Minusgrade übersteht auch der Sommerraps.

Wer aber seinen Rehen Grünäsung bis in den Spätwinter erhalten will, schlägt besser einen anderen Weg ein: Er stellt dem Bauern das Saatgut, dann jedoch Winterraps. Als Gegenleistung lässt der Bauer einen Streifen davon den ganzen Winter über stehen. Einige solcher Streifen im Revier ergeben wertvolle Winteräsung. Als Folge von alljährlichem Fruchtwechsel verschieben sich die Äcker mit Zwischenfrucht. Daher sprechen wir auch von „wandernden Wildäckern".

Noch bedeutsamer, gerade unter dem Aspekt des Wildverbisses an Forstpflanzen, sind natürlich alle Äsungsflächen im Wald. Der Vorteil liegt auf der Hand: Das Wild wird durch das Äsungsangebot in Einstandsnähe gehalten und muss zur Äsung hin nur kurze Strecken zurücklegen.

In Deckungsnähe aber fühlt es sich ungleich sicherer als außerhalb des Waldes. Deshalb behält es auch seinen „normalen" Äsungszyklus bei und überbrückt die Wartezeiten bis zu den Dämmerstunden nicht mit Verbiss an Bäumen. Die größere Ruhe und die geringe Störung bei der Nahrungsaufnahme wiederum kommt der Verdauung zugute.

Äsungsschneisen im Wald lassen sich mit einem vertretbaren Aufwand anlegen und bieten das ganze Jahr über etwas

Das alles wiegt die Standort-Ungunst für Wildackerpflanzen im Wald auf. Dort dürfen wir selbstverständlich nicht mit so hohen Erträgen wie in der Flur rechnen, denn der Schatten beeinträchtigt das Wachstum, und die Böden sind meist wenig kultiviert.

Für unsere Zwecke bieten sich vorrangig Wege-Bankette an: die breiten werden gefräst, enge dagegen mit der Hand oder der Motorsense gemäht. Sodann säen wir die Bankettflächen ein und düngen sie alle zwei bis drei Jahre mit Thomasmehl. Manchmal bewirkt allein diese Maßnahme schon das Wachstum von Klee. Auch Fuhren, sofern sie gemäht und gekalkt werden, lohnen diesen Aufwand mit Ertrag, denn die Mitte bleibt ja von den Fahrzeugreifen unbehelligt.

Breite Schneisen fräsen wir vorzugsweise, und zwar so, dass ein Abstand von einem halben Meter zu den Bäumen gewahrt bleibt. Einmal, um die Wurzeln nicht zu beschädigen, zum anderen aus ökonomischen Gründen. Hier beanspruchen vorrangig die Wurzeln den Boden, und es wächst sonst nicht viel. Enge Schneisen behandeln wir wie Bankette, kleine Flächen aber mit dem Rechen. Ideal für unsere Zwecke sind baumfreie Grastrassen, Pipelines oder Lichtleitungen, weil dort die Lichtverhältnisse für das Wachstum der Wildackerpflanzen günstig sind.

Immer wieder finden sich im Wald Holzlagerplätze, die für einen absehbaren Zeitraum nicht beschickt werden. Auch hier lohnt sich die Einsaat. Ebenso hinterlässt das Rücken von schwerem Stammholz Bodenverwundungen, in die wir einsäen und mit dem Fuß wieder zudecken. Ungleich aufwändiger gestaltet sich das partielle Bearbeiten von Kahlschlägen bzw. Rodungen. Um einen brauchbaren Äsungsstreifen zu erhalten, bedarf es meistens sogar einer Planierraupe.

Die Beispiele auf dieser und der nächsten Seite zeigen: Wildäcker und Äsungsstreifen verschaffen dem Wild zusätzliche Nahrungsquellen

Gerade auf armen Böden, wie Kiefernstandorten auf sandigem Untergrund, ist das Wild für jede zusätzliche Bereicherung des Speisezettels dankbar

Solche Maßnahmen wollen selbstverständlich mit dem Waldbesitzer bzw. dessen Verwalter abgesprochen sein.

In aufgelassenen Pflanzenschulen dagegen finden wir gut gedüngten und aufgelockerten Boden vor. Deshalb beschert hier weniger Arbeitsaufwand einen respektablen Erfolg.

Wildackerpflanzen

Haben wir uns die Nutzung entsprechender Flächen gesichert, stehen wir vor dem eigentlichen Problem, nämlich dem der geeignetsten Wildackerpflanzen. Dabei gilt es, die am besten gedeihenden und zugleich vom Wild auch gerne angenommenen aus dem großen Angebot herauszufiltern. Wie der Landwirtschaft auch, setzen uns Boden, Klima und Höhenlage entscheidende Grenzen. Deshalb können die nachfolgenden Empfehlungen und Erfahrungen FRANZ RIEGERs nur einen gewissen Anhalt darstellen.

Nach Möglichkeit wollen wir den Rehen schon zum Ende der Brunft im Wald oder am Waldrand den „Tisch decken". Für diese erste Phase empfiehlt sich Buchweizen mit gleichzeitig eingesätem Rot- und Perserklee. Es hat sich gezeigt, dass die Kitze bereits im August die Blüten, die oberen Blätter und den oberen Teil der Stängel abäsen.

Für die zweite Phase, sie reicht von Herbst bis Frühwinter, bieten wir schwerpunktmäßig den neuen Wechselraps Liratop und auch etwas Akela an.

In der dritten Phase, dem Hochwinter, kommen die Parzellen mit „Spätzündern" zum Tragen: Markstammkohl der Neuzüchtung Boreal, ein bläulicher Blattstammkohl, Westfälischer Furchenkohl und die Winterrübsen Perko und Buko.

Dieses dreiphasige Vorgehen erfordert selbstverständlich auch entsprechend untergliederte Wildäcker. Dabei säen wir auf den betreffenden Parzellen das jeweilige Saatgut separat und zeitlich angepasst ein. So können wir auch leicht überprüfen, wie hoch der Ertrag ist, welche Pflanzen das Wild annimmt und welche am längsten dem Frost widerstehen. Selbstverständlich rangiert hier das Äsungsverhalten des Wildes vor dem Ertrag.

Der spezifische Äsungswert einer Pflanze hängt wiederum von der Intensität und dem Zeitraum der Beäsung, von Anspruchslosigkeit oder Anpassungsfähigkeit an ungünstige standortliche Bedingungen, von Frosthärte, Langlebigkeit und Eignung für verschiedene Fruchtfolgen ab.

Wie bereits erwähnt, empfiehlt sich für die „wandernden" Wildäcker der frostharte und preiswerte Akela-Raps. Einige unserer stationären Äsungsflächen bestellen wir dagegen mit dem Wechselraps „Liratop". Er wird nämlich frühzeitig vom Rehwild angenommen, ist senfölarm und verfügt über eine große Blattmasse. Beide Rapssorten zeichnen sich darüber hinaus noch durch weitere Vorteile aus: Sie blühen im Aussaatjahr nicht mehr und bleiben deshalb sehr frosthart. Nicht minder wichtig ist ihre Fähigkeit, auch im Halbschatten noch zu gedeihen. Damit eignen sie sich grundsätzlich auch für den Anbau im Wald.

Jäger, die den schnellen Erfolg sehen möchten, tun mit beiden Sorten gewiss keinen Fehlgriff. Auf das Problem des Verholzens des Akela im Jahr nach der Aussaat und seine Weiterbearbeitung wurde ja bereits hingewiesen.

Die genügsamste aller Getreidesorten ist für unsere Wildäcker auch die beste: Hafer. Selbst Ende August noch eingesät, wirkt er, im Herbst auflaufend, regelrecht als Magnet. Deshalb sollte er in jeder Mischung mit einem Anteil von wenigsten 25 Prozent vertreten sein.

Alle Wiederkäuer lieben Klee. Deswegen darf er auf unseren Wildäckern nicht fehlen. Allerdings hat er sich im Gemisch mit Raps und Kohl nicht bewährt, weil die Kleearten infolge

Ein vierjähriger Bock auf dem Wildacker mit Ölrettich

22. September: Der Klee bleibt bis zum Frühjahr stehen

ihrer langen Wachstumszeit erheblich unterdrückt werden. Also auch hier parzellierte Reinsaat. Bestimmte Kleearten sind nicht zuletzt deswegen so interessant, weil die betreffenden Äsungsflächen nicht jedes Jahr neu bestellt werden müssen. Beim mehrjährigen Rotklee empfiehlt sich Buchweizen als Deckfrucht. Kräutermischungen im Klee erfüllen ihren Zweck nur, sofern sie bei einer frühen Aussaat nicht vom Klee unterdrückt werden.

Klee lässt sich übrigens hervorragend zusammen mit dem Landwirt nutzen. Wenn der Bauer im Frühjahr Kleemischungen in jenen Teil der Wiese eineggt, der uns als Wildacker

Streifen am Waldrand. Klee und etwas auflaufender Hafer. Er wirkt als Magnet

überlassen worden war, bleibt ihm die alleinige Nutzung des ersten und zweiten Schnitts. Erst bei der dritten Mahd spart er den uns zustehenden Teil aus.

Auf das anspruchslose Weidelgras jedoch greifen wir nur zurück, wenn uns genügend Flächen zur Verfügung stehen, ansonsten bevorzugen wir andere Äsungspflanzen.

Futtererbsen wirken auf Rehwild durchaus anziehend, haben jedoch den Nachteil der geringen Frosthärte. Bei den winterharten Futterrübsen Perko und Buko verhält es sich genau umgekehrt. Sie werden erst nach starken Frösten beäst. Daher bilden sie zusammen mit dem Markstammkohl die Basis für den Hochwinter-Wildacker.

In vielerlei Hinsicht zählt der Buchweizen zu den interessantesten Sommeräsungspflanzen überhaupt, denn er wird geradezu gierig vom Rehwild angenommen und stellt keine hohen Ansprüche an den Boden. Ja, er gedeiht sogar noch auf saurem Untergrund.

Ölrettich dagegen liefert zunächst eher Deckung als Äsung, denn seine Beäsungsphase ist recht kurz. Bei reichlicher Aussaat entfaltet er sich geradezu massenhaft und unterdrückt besonders in Mischungen die anderen Wildackerpflanzen. Als Sichtblende auf parzellierten Wildäckern hat er sich jedoch bewährt. Ebenso als Äsungsreserve, wenn die übrigen Pflanzen bereits abgeäst sind.

Noch frosthärter als der Ölrettich ist die Futtermalve der Sorte „Sylvia". Sie wächst auf trocken-basischen Böden ebenso wie auf frischen-sauren relativ schnell und in ordentlicher Menge. Das Einerlei von Rapsäckern erfährt durch sie eine gewisse Bereicherung.

Hohe Ansprüche an den Standort stellt dagegen der Markstammkohl, auch wächst er in der Anfangsphase recht langsam. Aus diesem Grund kommt er im Gemisch schlecht hoch. Auf

Äsung und Deckung. Hier fühlt sich das Rehwild wohl

gutem Boden erfolgt seine Einsaat zweckmäßig zwischen Mai und Juli. Bewährt hat sich aber auch das Versetzen junger Pflanzen aus Saatbeeten in den entsprechend vorbereiteten Wildackerboden.

Doch auch sie benötigen fortlaufend Düngung und Pflege. Man muss harken, roden und mit der Handfräse durchfahren. All dies gilt es beim Setzen zu bedenken. Weil aber der Markstammkohl im Hochwinter aus dem Schnee ragt und gute Äsung abgibt, lohnt sich der Aufwand. Die Rehe äsen nicht nur die gesamte oberirdische Pflanzenmasse ab, sondern nehmen insbesondere im Nachwinter geradezu gierig das Mark in den Stängeln auf. Sie lutschen diese regelrecht aus.

Durchweg positiv sind ebenso die Erfahrungen mit dem Blattstammkohl „Boreal". Auch sein markiger Stängel wird bis in den Hochwinter hinein verbissen.

Über Topinambur gehen die Meinungen weit auseinander. Ursache für die konträre Bewertung ist vermutlich das reichhaltige Sortiment. RIEGER beurteilte seine Erfahrungen mit der

Wildacker mitten im Wald: Auch optisch eine Oase für das Wild

Sorte „weiße Bianca" als positiv. Zwar kam sie im Wald nicht hoch, weil sie sofort bis auf den Boden verbissen wurde, dafür gedieh sie in der Pflanzschule und an den Hängen einer Sandgrube umso besser. Dort erwiesen sich ihre Anspruchslosigkeit und die Fähigkeit zu perennieren als großer Vorteil. Um vorzeitigen Verbiss zu verhindern, hat es sich bewährt, nach dem ersten Auflaufen an jede trockene Pflanze eine Handvoll Kalkammonsalpeter zu geben.

Nachdem wir die für das Rehwildrevier interessantesten Wildackerpflanzen kennengelernt haben, stellt sich die Frage, ob es besser ist, sie in Reinsaat oder als Mischung anzubauen. Beide Lösungen haben nämlich ihre Vorzüge und Nachteile.

Für die Reinsaat spricht zunächst, dass wir ganz gezielt anbauen können, was auf dem jeweiligen Standort optimal gedeiht und vom Rehwild auch entsprechend beäst wird. Ferner sind wir mit dem Aussaattermin flexibler. Dadurch erhalten wir uns die Möglichkeit, den für die betreffende Pflanze günstigsten Anbauzeitpunkt zu wählen. Das gewährleistet maximalen Ertrag zum vorgesehenen Termin. Bei entsprechend großen Flächen, die wir allerdings in der Flur seltener vorfinden, lassen sich Reinsaaten maschinell leicht und rasch ausbringen. So gelangt das Saatgut auch ziemlich gleichmäßig tief in den Boden und läuft demnach auch besser auf.

Mischungen dagegen müssen wegen der unterschiedlichen Korngrößen und der verschiedenen Korngewichte normalerweise mit der Hand und zum selben Zeitpunkt ausgebracht werden. Sofern es sich um sehr artenreiche handelt, besteht die Gefahr, dass bei einem frühen Bestellungstermin einige der enthaltenen Pflanzen zur Hauptbedarfszeit bereits überständig sind und deswegen nicht mehr abgeäst werden. Das lässt ihren Nutzen fraglich erschienen. Bei verzögerter Aussaat wiederum erreichen die langsamwüchsigeren Arten nicht mehr ihre volle Ertragsleistung bzw. den für das Wild interessanten Reifegrad, was im Prinzip auf das gleiche hinausläuft.

Bekanntlich wächst auf mageren Standorten ohne Düngung nicht viel. Daher wollen sowohl die Reinsaat als auch das Gemenge entsprechend versorgt sein. Für erstere den nach Art und Menge angepassten Dünger zu finden, dürfte wohl kein Problem darstellen. Anders bei der Mischung. Hier besteht immer die Gefahr, dass sich einige nährstoffliebende Arten durchsetzen und die anderen unterdrücken. Die geschlossene Pflanzendecke der Reinsaat verhindert zudem eher das Aufwachsen von unerwünschten Wildkräutern als die stufig aufgebaute der Mischung.

Hinsichtlich des Ertrages steht die Mischung immer hinter der Reinsaat zurück und bietet weniger fressbare Pflanzenmasse, allerdings schränkt das einseitige Äsungsangebot und die fehlende Selektionsmöglichkeit die Annahme von Reinsaaten auf einen bestimmten Zeitraum ein. Der freilich erfährt durch parzellierten Anbau mehrerer Sorten eine entsprechende Erweiterung.

Saatgut*

Art	Menge kg/1000 m²	Zeitpunkt der Aussaat
Akela	2	7/8
Luzerne „Europe" dreijährig	3–4	4/5/6
Buchweizen	8	6/7
Futtermalve „Sylvia"	1,5	5/6/7/8
Einjähriges Weidelgras	5	3/4/5
Perko/Buko	1,5	5/6/7/8/9
Rotklee	2	5/6/7/8
Markstammkohl	0,4	5/6/7
Topinambur „weiße Bianca"	150	3/4 oder 10
Ölrettich	2,5	7/8
Serradella	4	5/6/7/8
Wildackereintopf Rauwolf	10	5/6/7/8
Universalmischung Funk	7,5	5/6/7/8
Wildacker Trio mehrjährig nach Rauwolf	5,5	5/6/7/8

** Düngung nach Beschaffenheit des Bodens*
Bei sauren Böden reichlich Kalk

Was die Anfälligkeit gegen Krankheiten und Insektenfraß betrifft, sind Mischungen weitaus stabiler als Reinsaaten, weil bei ihnen den pflanzlichen und tierischen Schädlingen die Basis zur Massenvermehrung fehlt. Sie laugen zudem den Boden nicht so einseitig aus, wie dies Reinsaaten tun.

Damit braucht sich der Betreiber auch nicht so sehr

Ruhige Äsungsflächen werden auch tagsüber vom Wild gern aufgesucht

den Kopf über sinnvolle Fruchtfolgen zu zerbrechen. Ein positiver Nebeneffekt von Wildackermischungen soll nicht unerwähnt bleiben: Rehwild nimmt im Gemenge mit gern beästen Pflanzen auch solche an, die es bei Reinsaat an sich verschmäht, und es durchwechselt den durch verschieden hohe Pflanzen aufgelockerten Wildacker lieber als den geschlossenen Dschungel mancher Reinkulturen.

Unterm Strich macht das Gemenge weitaus weniger Arbeit als die parzellierte Reinsaat, erreicht aber nicht deren Wirkungsgrad. Dort, wo wenig Flächen zur Verfügung stehen und von Haus aus ein geringes Äsungsangebot existiert, drängt sich die artenärmere Mischung auf, ansonsten erreichen wir mit der gezielten Reinsaat sicherlich durchschlagendere Erfolge.

Nicht wenige Jäger haben bei der Anlage von Wildäckern erhebliche Rückschläge erlitten. Der Grund liegt oft in zu sauren Böden. Hier nützt selbst der beste Dünger nicht viel. Erst wenn die Säure so weit im Boden beseitigt ist, dass die verschiedenen Kleearten wieder gedeihen können, haben wir gewonnen. Das geht nur über ausreichendes Kalken. Flächenartiges Auftreten von Sauerampfer ist ein sicheres Indiz für saure Böden, wie umgekehrt echte Kamille, Huflattich oder Klee den kalkgesättigten Boden anzeigen.

Wo die Weiserpflanzen fehlen, bedienen wir uns eines so genannten Kalktesters. Ihn gibt es in jeder Samenhandlung und mit seiner Hilfe lässt sich der pH-Wert und damit der Säurezustand des Bodens ermitteln. Das im Rahmen der Bodenuntersuchung ermittelte Kalkdefizit bauen wir im Herbst oder Winter mittels kohlesaurem Kalk oder Brandkalk ab. Bei entsprechend großen Flächen erledigt diese Aufgabe eine besondere Maschine, der Kalkstreuer. Er sollte auch von Zeit zu Zeit auf Waldwiesen zum Einsatz gelangen, denn auch sie weisen oft ein beträchtliches Kalkdefizit auf.

Durch kostenloses Bereitstellen des Kalks motivieren wir den Bauern eher für solche Arbeiten. Sie kommen in jedem Fall dem Wild zugute, denn nach der Kalkung wachsen plötzlich Pflanzen, die wir fördern wollen, ganz von selbst. Ähnliches gilt auch für die Bankette im Wald. Dort hat sich das Kalken im zwei- bis dreijährigen Turnus bei jährlichem Abmähen im Juli bewährt. Hier sucht und findet das Rehwild Äsung, wenn im Frühjahr der Landwirt den Kunstdünger auf die Wiesen streut, wenn er sie im Sommer frisch abmäht, und wenn im Herbst die Rinder auf die Dauerweide getrieben werden.

Das entlastet selbstverständlich die Kulturen vor Verbiss. Schließlich ist Kalk auch ein wichtiger Aufbaustoff bei der Gehörnbildung. Nach dem Kalken müssen die Einsaatflächen ein wenig hergerichtet werden. Das geschieht am zweckmäßigsten mit der Fräse. Zur Not tut es auch eine Egge oder sogar ein Rechen, denn der Samen muss nicht tief in den Boden. Zwei Zentimeter reichen dazu in der Regel aus.

Um die Unkrautkonkurrenz auszuschalten, darf das Fräsen jedoch erst kurz vor der Einsaat erfolgen. Feinere Samen lassen sich gut mit der Kleegeige ausbringen, grobe werfen wir mit der Hand aus. Zweckmäßig ist es hierbei, den Samen mit feinkörnigem Sand zu vermischen. Um ein gleichmäßiges Auflaufen des Saatgutes zu gewährleisten, sollte überdies die Fläche leicht angewalzt werden. Fehlt ein entsprechendes Gerät, erfüllen auch Kettengehänge oder einige zusammengebundene Autoreifen ihren Zweck. Im Notfall behelfen wir uns mit einem nachgeschleiften schweren Ast.

In aller Regel ist die Anlage von Wildäckern mit harter Arbeit und/oder Kosten verbunden. Ein Aufwand, der sich nur dann lohnt, wenn er auch Ertrag in Form von wildgerechter Äsung bringt.

Weil aber in einigen Bundesländern generelles Fütterungsverbot bis in den Herbst hinein besteht, bietet der Wildacker die einzige Chance, dem Rehwild schon im Zeitraum nach der Brunft das bereitzustellen, was es zur Anlage von Energiereserven für das Wachstum, für den Haarwechsel und den bevorstehenden Gehörnaufbau benötigt.

Äsungsgehölze, eine preiswerte Dauerlösung

„Wie bei den Säugetieren sich in der Milch alle jene Nähr-, Mineral- und Wirkstoffe befinden, die für den Aufbau des jungen Körpers erforderlich sind, so enthalten die Knospen und Triebe der Pflanzen von Staude bis zum Baum alle für das weitere Wachstum und die Laubbildung der Pflanze notwendigen Nähr-, Mineral- und Wirkstoffe. Diese pflanzlichen Teile sind nach der Muttermilch die allergeeignetsten für den Aufbau und die Ernährung des jungen Tierkörpers.

Triebe und Blätter von Eiche, Buche, Weide, Birke, Aspe, Ulme, Pappel, Erle, Himbeere, Brombeere, Holunder und viele andere haben hohen Gehalt an Eiweiß, Kalk und Phosphorsäure und sind die geeignetste Naturäsung des Rehwildes. Im Kulturwalde jedoch, insbesondere in Fichten- und Kieferrevieren, wo selbst jeder Strauch als „Forstunkraut“ entfernt wird (wurde!), auf deren meist verarmten und oft dazu noch größtenteils sauren Böden nur ungeeignete Äsungspflanzen zu finden sind, liegen die Ernährungsverhältnisse für das Rehwild so ungünstig, dass ohne Ergänzung der unzulänglichen Naturäsung der Rehwildbestand kümmern muss.

Wo die moderne Waldkultur dem Wild alle Äsungspflanzen mit ihren für den Körper- und Geweihaufbau erforderlichen Nährstoffen genommen hat, ist es die Pflicht des Hegers und Jägers, dem auf solchen Gebieten gehaltenen Rehwild genug wertvolle Äsungspflanzen anzubauen."

Diese Zeilen stammen aus der Feder FRANZ VOGTs und wurden vor einem Menschenalter zu Papier gebracht. Bis heute haben sie jedoch nichts von ihrer Aktualität eingebüßt.

Der radikale Umdenkprozess unserer Forstwirtschaft findet bekanntlich seinen Ausdruck im naturnahen Waldbau. Dieser trachtet nach Artenvielfalt und will die genannten Laubhölzer. Doch jetzt, wo der Tisch endlich gedeckt ist, will man die Gäste nicht mehr. Sie sind unerwünscht.

Es bleibt aber jedem Jäger unbenommen, an geeigneten Standorten Sträucher sowie Weichhölzer einzubringen. Anders als die Wildäcker bieten diese ja fast das ganze Jahr über Äsung. Einmal gesteckt oder gepflanzt, bedürfen einige Arten keiner weiteren Pflege und ersparen so die alljährliche Nachbestellung. Im Verbund mit dem tetraploiden Rotklee lassen sich so in Hanglagen oder unter Starkstromleitungen wertvolle Daueräsungsplätze schaffen.

Gute Erfahrungen sammelte RIEGER auf seinen kalkarmen Böden mit Ginster. Er gedeiht hervorragend und wird von Rehen und Hasen gern angenommen. Viele Jahre trug RIEGER für dessen Vermehrung Sorge, indem er junge Pflanzen aus dem Ginsterverband herauslöste und in fütterungsnahe Bankette einpflanzte. Dadurch wurde der Verbiss im Warteraum vor den Fütterungen vermindert.

Ob als Heister oder als Steckling …

… Äsungsgehölze haben den Vorteil: einmalige Anlage, ständiges Angebot

Entscheidend für den Nutzeffekt von Verbissgärten ist die Auswahl des Standortes

Holunder und Hartriegel kommen von allein und brauchen keinen Zaunschutz. Weiden dagegen wollen zwei Jahre gezäunt sein, wenn sie Fuß fassen sollen, und sie benötigen später, da schnellwüchsig, das Nachschneiden. Eschen und Aspen wiederum sind außerordentlich verbisshart und zählen zu den beliebtesten Prosshölzern des Rehwildes überhaupt.

Bei der Anlage von separaten Verbissgehölzen gilt das Augenmerk vornehmlich solchen Arten, die dem Wild fünffache Äsung bieten, nämlich Rinde, Trieb, Knospe, Blatt und Frucht. Diesen Anforderungen entsprechen auf Trockenböden in vollem Umfang: Liguster, Apfel, Birne, Robinie, Nordische Vogelbeere, Eberesche, Heckenrose, Japanische Quitte, Besenginster und Wildbrombeere und zu Teilen: Feldahorn, Hainbuche, Salweide, Rosmarinweide, Roteiche, Stieleiche, Aspe, späte Traubenkirsche, Pfaffenhütchen, Wildkirsche und Weymouthskiefer.

Auf Feuchtböden dagegen gedeihen Esche, späte Traubenkirsche, Hanfweide, Küblerweide, Öhrchenweide, Silberpappel, Waldhasel, Schneebeere, gemeiner Schneeball, Weißtanne und Fichte. Diese genannten Arten fallen durchweg unter die Verbisspflanzen, die im teilweisen Umfang genützt werden können.

Entscheidend für ihren Nutzeffekt ist allein der Standort. In der Feldflur gedeihen zwar die genannten Arten prächtig, aber sie kommen nur reinen Feldrehen das ganze Jahr über zugute. Insofern erreichen die im Zuge der Flurbereinigung angelegten Windschutzstreifen nur einen bescheidenen Wirkungsgrad. Wertvoll dagegen sind Verbissgehölze immer im Wald oder in Waldnähe.

In erster Linie bieten sich hier Bestandsränder, Waldwegeböschungen und Fernleitungstrassen an. Das sind auch die Stellen, die u.a. für die Anlage von Äsungsflächen ins Auge gefasst werden. Im Falle einer Konkurrenz gilt es abzuwägen. Dabei dürfte langfristig die Anlage von Verbissgehölzen die effektivere, weil weniger arbeitsintensive und mitunter auch preiswertere Lösung sein.

Es ist freilich ein Irrtum zu glauben, man könne mit Verbissgärten allein die Rehe satt machen. Dafür liefert die einzelne Pflanze zu wenig Äsung, und selbst die Gesamtmasse reicht für die vielen Äser längst nicht aus. Doch als Zusatzäsung sind sie wertvoll und nicht zuletzt deswegen, weil sich das Wild verhältnismäßig lange mit ihr beschäftigt und so anderweitig nicht zu Schaden geht.

Ohne Fütterung läuft nicht viel

Es gibt gar keinen Zweifel, dass die Rehe in einigen Gegenden Deutschlands auch ohne Fütterung den Winter recht gut überständen, in anderen wiederum mehr schlecht als recht und nur in extrem widrigen Lagen der winterlichen Selektion Tribut zahlen müssten. In letztgenannten gäbe es nach strengen Wintern eben entsprechend weniger, dann aber stärkeres Wild.

Schließlich haben Rehe auch Zeiten überlebt, zu denen die Menschen für die eigene Ernährung nicht ausreichend sorgen und somit für das Wild rein gar nichts erübrigen konnten. Es hilft sich selbst, wenn man ihm den Zugang zur natürlichen Äsung nicht verwehrt. Freilich muss man ihm dann zugestehen, dass es die vorhandenen Pflanzen auch nach eigenem Bedarf nützt, also auch forstlich wertvolle verbeißt und somit schädigt.

Fütterung richtet sich nach dem Energiebedarf und nicht nach Gesetzesvorschriften

Dazu sind uns heute die Wälder zu wertvoll. Wir wollen und wir müssen sie für unsere Nachkommen bewahren. Damit bleiben uns nur zwei Alternativen. Entweder wir dezimieren die Rehbestände auf forstwirtschaftlich bedeutungslose Reste oder wir sorgen für einen Nahrungsausgleich. Das bedeutet Fütterung.

Um die Rehe nur am Leben zu erhalten und den Verbissdruck nicht explodieren zu lassen, bedarf es keiner allzu großen Aufwendungen. Dann freilich entbehrt der Wunsch nach maximalem Körpergewicht und starken Trophäen jeglicher Realität. Wer beides will und noch dazu den Wildverbiss in Schranken halten möchte, muss artgerecht, zeitgerecht und in ausgewogenem Verhältnis füttern.

Fütterungsversuche im Gatter Schneeberg

Wir wissen seit den Fütterungsversuchen von Franz Vogt im Gatter Schneeberg um den Einfluss der Ernährung auf das Wachstum von Knochengerüst, Körper und letztlich auch der Trophäe.

Bekanntlich haben Knochengerüst und Geweih ziemlich die gleiche chemische Zusammensetzung. Sie bestehen nämlich zu 50 Prozent aus phosphorsaurem Kalk, weitere 5 Prozent entfallen auf Kalk-Magnesia-Salze und der Rest auf organische Substanzen. Auch das Wachstum unterliegt denselben Abläufen: Zuerst bilden sich Knorpel, denen durch die arteriellen Blutgefäße die dort gespeicherten Kalk-Phosphorsäure-Salze zugeführt werden. Das geschieht in der Wachstumsphase fortlaufend und führt schließlich zu einer Verknöcherung. Beim Skelett unter dem Schutz der Knochenhaut, beim Geweih unter dem des Bastes.

Der entscheidende Unterschied zwischen den bedeckten Skelett- und den sichtbaren Trophäenknochen liegt darin, dass erstere lebenslang erhalten bleiben, letztere jedoch alljährlich erneuert werden.

Wie chemisch nachweisbar, sind durch die Nahrung aufgenommene Eiweißsubstanzen die Hauptbestandteile des Knorpels. Das erklärt auch den erheblichen Bedarf der Cerviden an verdaulichem Eiweiß in der Nahrung für den Knochen und den Geweihaufbau.

Das Skelettwachstum vollzieht sich im wesentlichen in den ersten 15 Lebensmonaten, also in etwa 450 Tagen. Dann stagniert es zunehmend. Das alljährliche Geweihwachstum aber beansprucht den Körper jeweils 120 Tage. Nach VOGT hat ein 15 Monate alter Bock bei einem angenommenen Körpergewicht von 20 Kilogramm etwa 2600 Gramm Knochenskelettmasse aufgebaut. Das macht im Durchschnitt täglich 6 Gramm. Veranschlagen wir nun für das Gewicht der Stangen eines kapitalen Jährlingsbockes 120 Gramm, so musste dieser während der Schiebezeit im Durchschnitt täglich ein weiteres Gramm Geweihmasse zusätzlich bilden, somit 7 Gramm insgesamt.

Daraus können wir ersehen, dass für den Knochen- und den Geweihaufbau Eiweiß ebenso wichtig ist wie Kalk und Phosphorsäure. VOGT verweist auch noch auf die Bedeutung von Vitamin D. Fehlt seinen Angaben zufolge nur einer dieser Nähr-, Mineral- und Wirkstoffe in der Äsung oder ist er nur in unzureichendem Maße vertreten, bewirkt der Mangel eine schwache oder mangelhafte Knochen- und somit auch Geweihbildung.

Die Versuche im Gatter Schneeberg führten u.a. zu der Erkenntnis, dass es ca. drei bis vier Wochen dauert, bis die in der Nahrung vorhandenen Eiweißstoffe und Mineralsalze als Ge-

Nicht die Größe der Fütterung ist entscheidend, sondern die Verteilung der Futterstellen innerhalb des Revieres. Viele Kleinfütterungen sind deshalb stets besser als wenige große

Im Idealfall steht jedem Bock eine Fütterung zur Verfügung

weihmasse ablagern. Deshalb ist es notwendig, mit der zweckdienlichen zusätzlichen Ernährung (Fütterung) spätestens drei bis vier Wochen vor dem Abwerfen zu beginnen.

Durch seine zweckgerichtete Fütterung steigerte VOGT das durchschnittliche Wildbretgewicht der Gatterrehe von 15 Kilo aufgebrochen auf 25 bis 26 Kilo. Das entspricht einer Gewichtszunahme von 70 Prozent. In der gleichen Zeit kletterte jedoch das Geweihgewicht von 250 Gramm bis 300 Gramm auf ungefähr 600 Gramm, was immerhin eine Erhöhung von 118 Prozent ausmacht. Folglich steigt bei zunehmenden Körpergewichten die Geweihmasse verhältnismäßig rascher als die Körpergewichte. Die Erhöhung des Körpergewichtes jedoch geht der des Trophäengewichtes voraus. Sie kann aber nur durch entsprechende Ernährung bewerkstelligt werden.

Zu Beginn der Fütterungsversuche lebten im Gatter Schneeberg nur Böcke aus Fichten- und Kiefernrevieren, ärmsten Biotopen also. Deren Gehörngewicht betrug ziemlich genau 1,5 Prozent ihres Wildbretgewichts. Das entspricht nach allen Erfahrungen VOGTs in etwa der Norm für bestveranlagte Gehörnträger aus äsungsarmen Revieren. Seiner Ansicht nach können mittelmäßig veranlagte und ernährte maximal 2 Prozent des Körpergewichts (aufgebrochen!) an Gehörngewicht erreichen, körperstarke, besonders gut veranlagte und voll sowie geeignet ernährte dagegen 3 Prozent.

Solange übrigens die Wildbretgewichte der Schneeberger Böcke nur etwa 20 Kilogramm betrugen, gelang es auch nicht, Gehörngewichte über 500 Gramm zu erreichen. Das änderte sich erst mit der Futterzusammensetzung. Sie ermöglichte zunächst eine Gewichtssteigerung auf 25 Kilo und schließlich auch eine Erhöhung des Gehörngewichts auf 600 bis 700 Gramm. Die VOGTsche Rezeptur wurde ja auch in Weichselboden nachvollzogen und zeitigte in etwa dieselben Resultate. Dort gelang es ebenso, die Durchschnittsgewichte der erwachsenen Böcke von 14,5 Kilogramm aufgebrochen auf 20,5 Kilo und das Spitzengewicht auf schließlich 27 Kilogramm zu steigern.

Auch Saftfutter ist wichtig. Hier wird ein Silo für Apfeltrester errichtet

Die Abhängigkeit des Trophäengewichts vom hohen Körpergewicht bestätigte sich ebenfalls in FRANZ RIEGERS Revier. Auch hier wogen die stärksten Böcke über 23 Kilogramm. Für die Gewichtsangaben in freier Wildbahn erlegter Böcke spielt selbstverständlich der Erlegungszeitpunkt eine beträchtliche Rolle, denn es leuchtet jedem ein, dass ein Bock kurz vor der Brunft mehr wiegt als zum Ende der kräftezehrenden Fortpflanzungsperiode. In allen drei Fällen jedoch führte der Weg zu starken Böcken über körper- und knochenstarke Geißen. Nur sie sind bei entsprechender Ernährung in der Lage, ihre Kitze optimal mit Milch zu versorgen. Von ihr wissen wir ja bereits, dass sie alle für das Wachstum notwendigen Aufbaustoffe enthält.

Natürlich beeinflusst der Ernährungszustand der Geißen in der Tragezeit ebenfalls das Wachstum der Föten. Daher spielt eine eiweiß-, mineralsalz- und wirkstoffreiche Äsung besonders zum Ende der Tragezeit und danach eine große Rolle. Auf die Bedeutung der „Startphase“ für die weitere Entwicklung des Kitzes wurde ja vorher schon wiederholt hingewiesen. Entsprechend ernährte Geißen machen auch mit sehr großen Gesäugen auf sich aufmerksam, was zu der Annahme berechtigt, dass deren Kitze reichlich mit Milch versorgt werden.

Wir wissen ebenfalls um die Bedeutung optimaler Ernährung gerade in den beiden ersten Lebensjahren, in denen der Körper noch wächst. Ist nämlich das Skelettwachstum erst einmal abgeschlossen, sind auch der Gewichtszunahme physiologische Grenzen gesetzt.

Der wachsende Tierkörper benötigt in erster Linie Eiweiß. Sein Organismus verwertet wesentlich größere Mengen davon als der des erwachsenen Stückes. Weil aber die Äsung weder quantitativ noch qualitativ auf Altersklassen verteilt werden kann, wie dies beispielsweise bei der Nutztierhaltung üblich ist, bleibt uns nichts anderes übrig, als dem maximalen Bedarf Rechnung zu tragen. VOGT gibt den Nahrungsbedarf eines erwachsenen Stückes Rehwild mit 500 Gramm Stärkewert an. Dabei definiert er den Stärkewert als die Summe der verdaulichen Nährstoffe an Eiweiß, Fett, stickstofffreien Extraktstoffen und Rohfaser in 100 Teilen der betreffenden Äsung bzw. Nahrung.

Die Ernährungsversuche haben des Weiteren ergeben, dass Wildbretgewichte von 24 Kilogramm nur dann erreicht werden konnten, wenn dem Jungwild eine Äsungsgrundlage zur Verfügung stand, die ein Gewichtsanteil verdauliches Eiweiß in 5 bis 6 Gewichtsanteilen Stärkewert beinhaltete. Also ein Verhältnis von Eiweiß zu Stärkewert von 1:4 bis 1:5. Neben diesen Nährstoffen mussten auch entsprechende Mengen Mineralsalze und Wirkstoffe in der Nahrung enthalten sein.

Derart ernährte Kitze erreichten im Gatter mit einem Jahr Wildbretgewichte von ungefähr 15 Kilogramm. Das sind Werte, wie wir sie in unseren Revieren ebenfalls vorfinden und die von einzelnen Jährlingen bei weitem überboten werden. So brachte der einjährige „linksblaue Ruhrbock" FRANZ RIEGERS (überfahren!) 19,5 Kilo auf die Waage.

Eine Versorgung in Notzeiten muss in jedem Revier gewährleistet sein

Um die Jährlingsgewichte entsprechend vergleichen zu können, müssen wir uns aber der Maigewichte bedienen, weil ja der Jährling noch einige Monate an Größe und Gewicht zunimmt und noch über das Kalenderjahr hinaus der Jährlingsklasse zugeordnet wird.

Soll das Wachstum nicht vorzeitig stagnieren, benötigt der Körper auch im zweiten Jahr dieselbe Nahrung. Im Gatter Schneeberg wogen zweijährige Rehe ungefähr 20 Kilogramm. Solche Gewichte wiederum erreicht das Rehwild in freier Wildbahn nur in wenigen Revieren, weil sich dort andere Faktoren wachstumshemmend auswirken (Altersklassenaufbau, Geschlechterverhältnis, Unruhe und Stress).

Das für das Körperwachstum ungemein wichtige Verhältnis 1:5 von Eiweiß zu Stärkewert in der Nahrung findet sich vornehmlich in einigen Feldäsungspflanzen wie junger Luzerne, Esparsette, Erbse, Futterwicke, Peluschke, Raps, Süßlupine sowie in den Knospen, Trieben und teilweise in den jungen Blättern von Eiche, Buche, Ulme, Weide, Birke, Aspe, Erle, Pappel, Holunder, Himbeere, Brombeere und anderen Baum- und Straucharten.

Die wenig gehaltvolle, meist saure Äsung in reinen Fichten- und Kiefernwäldern enthält dagegen nur geringe Mengen an Eiweiß, Mineralsalzen und Wirkstoffen. Allein Vitamin C findet sich in genügendem Maße in den jungen Maitrieben von Fichten und Kiefern. Diese verbeißen ja Rehe bekanntermaßen entsprechend gern. Die genannten Koniferen stellen demnach nur eine ungeliebte Ersatzäsung dar. Deshalb stürzt sich das Rehwild auch auf die Laubgewächse, wenn sie in Nadelholz-Monokulturen eingebracht werden.

Zu den wichtigsten Mineralien in der Äsung zählen Kalk und die Phosphorsäure. Der Knochenaufbau verlangt täglich etwa sieben Gramm assimilierten phosphorsauren Kalk, wobei davon ausgegangen wird, dass durchschnittlich 60 bis 70 Prozent des in Äsung und Nahrung enthaltenen Kalkes und der Phosphorsäure auch assimiliert werden.

Dabei verschiebt sich der Bedarf vom ersten auf das zweite Lebensjahr vom Knochenaufbau zum Geweihaufbau hin. An dieser Stelle sei noch einmal an den gewaltigen Wachstumsschub vom ersten auf das zweite Gehörn erinnert. Ganzjährig sollte nach VOGT also den noch wach-

Zuckerrüben sind gehaltvoll und widerstehen auch Frost bis fast 20 Grad Minus

senden Böcken für den Gehörn- und Knochenaufbau etwa 10 Gramm phosphorsaurer Kalk pro Tag in der Äsung zur Verfügung stehen.
Das für das Knochenwachstum unentbehrliche Vitamin D kommt in der Äsung nicht gehäuft vor, doch bildet es der Tierkörper aus dem unter der Haut gelagerten Ergosterin selbst. Als Vigantol kann es jedoch der Fütterung zugesetzt werden. Hier reicht ein Kubikzentimeter, um den täglichen Vitamin-D-Bedarf von 20 Rehen zu decken.
Das Wachstumsvitamin A findet sich in allen chlorophyllhaltigen Pflanzen. Damit steht es dem Wild in ausreichendem Maße zur Verfügung. Das Angebot an ebenfalls wichtigem Vitamin C unterliegt jahreszeitlichen Schwankungen und ist im Frühjahr am höchsten. In den Wintermonaten vermögen gereichte Rüben und rohe Kartoffeln das natürliche Defizit an Vitamin C zu kompensieren.
Wir kennen nun den Bedarf des Rehwildes. Ein Blick auf die Analysentabelle wichtiger Äsungspflanzen und Futtermittel enthüllt den jeweiligen Gehalt und damit auch den Wert der betreffenden Nahrung für den Aufbau.

Futtermittel und ihr Gehalt

Der Vergleich der Gehaltstoffe enthüllt die Spitzenstellung des Sesam. Man sollte daher annehmen, dass dessen Vorlage allein die gewünschten Gewichtssteigerungen ermöglicht. Die entsprechenden Versuche ergaben jedoch, dass das wählerische Rehwild nicht genügend davon aufnimmt, wenn das teure Kraftfutter in Reinform dargeboten wird. Durch Experimentieren fand VOGT die geeignete Kraftfuttermischung heraus. Sie besteht aus 50 Prozent geschrotetem Mais, 30 Prozent Sesam- und 20 Prozent Kokoskuchen. Dazu wurden noch in Scheiben geschnittene Kartoffeln gereicht und zwar auf 10 Kilogramm Kraftfutter 6 Kilo Kartoffeln.

Diese Kraftfuttermischung enthält nach den Analysedaten ungefähr 20 bis 24 Prozent verdauliches Eiweiß, 1,6 Prozent Kalk, 1,4 Prozent Phosphorsäure, 70 bis 76 Prozent Stärkewerte, dazu genügende Mengen Vitamin D und ein Verhältnis des Eiweißgehaltes zum Stärkewert von 1:4,5. Damit ist sie die ideale Futtermittelzusammenstellung für die Zeit des Körperwachstums. Davon wurde dem Rehwild in den Bedarfszeiten täglich 300 bis 500 Gramm vorgelegt. Der maximale Verzehr pro Kopf und Tag lag in den Wintermonaten Januar und Februar bei etwa 500 Gramm.

Neben diesen „Kraftbomben“ erhielten die Rehe noch zartes Grummetheu. Sollten Sesam- und Kokoskuchen nicht zu erhalten sein, empfiehlt VOGT eine ebenfalls bewährte Mischung aus 50 Prozent geschrotetem Mais, 25 Prozent Sojaschrot und 25 Prozent Weizenkleie, der im genannten Umfang Kartoffeln beigegeben werden. Diese Zusammenstellung bedarf jedoch einer Anreicherung von 100 Gramm Vitakalk auf 10 Kilogramm Gemisch.

In Weichselboden griff man auf die erstgenannte Mischung zurück. Jedoch wurden die 50 Prozent Mais ungebrochen den 30 Prozent Sesamexpeller und den 20 Prozent Kokoskuchen beigemengt. Und zwar deswegen, weil der Körnermais zerkaut und besser eingespeichelt werden muss, weil Körner weniger schnell verderben und nicht so rasch von Vögeln und Mäusen verzehrt werden.

Da im Gebirgsrevier aus ökonomischen Gründen Futterautomaten eingesetzt werden mussten, entfiel die Saftfutterbeilage. Wie Herzog ALBRECHT berichtet, verschmähte das dortige Rehwild zudem Raufutter, solange sich noch Kraftfutter in den Automaten befand. Und wenn es wirklich solches aufnahm, dann handelte es sich um frisch ausgeworfenes Wiesenheu.

Mit Recht verweist Herzog ALBRECHT auf gewisse Unzulänglichkeiten der in Weichselboden praktizierten Fütterung, denn die alleinige Aufnahme von trockenem Kraftfutter, das im Pansen sofort zu einem feinen Brei wird, kann die Funktion des Wiederkäuens in Unordnung bringen und schwere Verdauungsstörungen zur Folge haben.

Widerlegt wurde in Weichselboden übrigens die These von der besonderen Naschhaftigkeit der Rehe, die nach ständiger Abwechslung des Futters verlange. Es stellte sich nämlich heraus, dass die Rehe neues Futter sehr zögernd annehmen, dann jedoch recht zäh am Gewohnten festhalten. So kam es zunächst immer zu Futterverweigerungen, wenn das zuletzt gereichte zur Neige ging und durch ein anderes ersetzt werden musste. Sobald sich aber die Rehe an das neue gewöhnt hatten, und das vorher aufgenommene wieder zur Verfügung stand, wurde dieses, obwohl bekannt, wiederum vorübergehend abgelehnt.

Der Gewöhnungsphase muss demnach eine Zeit vor dem Beginn der beabsichtigten Fütterung Rechnung getragen werden. Das tun wir, indem wir mit kleinen Kostproben dem Wild Gelegenheit bieten, sich mit dem Futter vertraut zu machen. Ein Faktor, dessen Tragweite leider häufig falsch eingeschätzt wird.

Unter Witterungseinflüssen verliert nämlich auch Kraftfutter schnell an Qualität und wird deswegen von den ohnehin heiklen Rehen erst recht verschmäht. Da-

Die Vorlage von Heu war über lange Zeit der häufig praktizierte Standard der Rehwildfütterung

Futtermittel und ihr Gehalt

Futtermittel (wasserfreier Nährstoff in der Nahrung)	**Trocken masse**	**Rohfett**	**Verdaul. Eiweiß**		**Stärke wert**	**Kalk CaO**	**Phosphor säure**
		in Prozent		Verhältnis			
Grünäsung							
Raps*	15,0	0,7	1,5	1:4,6	7,0	0,25	0,13
Ackerbohne*	15,0	0,8	1,6	1:5	8,0	0,39	0,11
Buchweizen	16,5	0,6	1,2		8,0	0,40	0,10
Erbse (Schotenansatz*)	25,5	0,6	1,5	1:5	7,5	0,30	0,13
Esparsette vor der Blüte	18,0	0,8	2,3	1:4,4	10,0	0,40	0,12
Futterwicke vor Blüte	16,0	0,4	1,8	1:4,2	7,5	0,25	0,12
junges Kleegras	17,0	0,8	1,9		9,5	0,16	0,12
Luzerne:*							
volle Blüte	25,0	0,7	2,4	1:4	11,5	1,12	0,12
zweiter Schnitt	24 0	0,8	2,6	1:4	10,5	0,93	0,14
dritter Schnitt	26,0	1,0	2,9	1:4	12,0	0,95	0,14
Mais in Milchreife	17,0	0,6	0,5		9,5	0,13	0,08
Rotklee*							
jung	14,5	0 5	2,0	1:5,2	8,5	0,35	0,08
vor der Blüte	17,5	0,6	1,9	1:5,2	10,0	0,52	0,09
Ende der Blüte	31,0	0,8	1,8	1:5,2	13,0	0,90	0,11
Seradella* in voller Blüte	18,0	0,7	1,7	1:5	8,5	0,42	0,22
Süßlupine* gelb							
bei Körnerausbildung	18,0	0,5	2,2	1:3,6	8,0	0,16	0,11
Schwedenklee* Blüte	18,0	0,7	1,6	1:4,8	7,8	0,31	0,08
Weißklee* Blütenbeginn	17,0	0,8	2,3	1:4	9,0	0,37	0,19
Wiesengras							
vor der Blüte	20,0	0,9	2,5	1:5,4	13,5	0,16	0,14
in der Blüte	22,0	0,7	1,7		13,0	0,27	0,24
Zuckerrübenblätter	16,5	0,4	1,5		8,0	0,17	0,10
Runkelrübenblätter	11,5	0,4	1,2		6,5	0,16	0,08
Buchenblätter	20,0	-	3,5		8,0	0,35	0,10
Birkenblätter	21,0	-	4,0		8,0	0,30	0,12
Eichenblätter	20,0	-	2,0		8,4	0,40	0,10
Weidenblätter	18,0	-	4,0		6,0	0,60	0,25
Weidenzweige	15,0	-	2,5		4,5	0,50	0,20
Hackfrüchte							
Zuckerrübe	24,5	0,1	0,5		16,0	0,06	0,08
Futterrübe	11,0	0,4	0,5		7,0	0,04	0,08
Kartoffel	25,0	0,1	1,0		19,0	0,03	0,15
Topinamburknollen	16,0	0,1	0,4		12,0	0,03	0,06
Kraftfutter							
Eicheln	50,0	2,4	2,2		40,0	0,10	0,15
Kastanien	50,8	1,5	1,5		34,0	0,20	-
Gerste	86,0	20	7,0		67,0	0,08	0,58
Hafer	87,5	4,8	7,0		60,0	0,14	0,63
Mais	87,0	4,2	7,2		80,0	0,05	0,75
Leinsamen	91,0	34,5	19,5		120,0	0,32	1,37
Roggen	86,0	1,5	8,3		73,5	0,06	0,80
Sojabohnen	91,0	16,0	33,0		79,0	0,26	1,68
Weizen	87,0	1,8	9,7		71,5	0,13	0,73
Kokoskuchen:	89,0	7,0,	17,6	1:4,2	74,7	0,53	1,35
Leinschrot	90,0	3,5	31,0	1:2,12	66,0	0,45	1,72
Sojaschrot	89,0	1,0	41,5	1:1,8	73,0	0,53	1,53
Sesamkuchen	89,0	8,5	37,5	1:1,9	72,5	3,0	2,50

** besonders geeignet*

her geben wir die benötigten Portionen erst aus, wenn sichergestellt ist, dass die Rehe diese auch verzehren. Das wiederum ist keine Frage der Jahres- sondern der Gewöhnungszeit.

Kritiker werfen heute VOGT vor, sein Rehwild gemästet zu haben. Sei es drum. Doch allein ihm verdanken wir die Erkenntnisse über optimale Rehwildfütterung. Ferner hat er uns die Grenzen des Machbaren unter Gatterbedingungen aufgezeigt. Die von ihm genannten Bedarfsmengen sind als Höchstmengen für den wachsenden Organismus zu verstehen, immer mit dem Ziel, das Maximum an Körper- und Trophäengewicht zu erreichen. In aller Regel werden wir uns auch mit weniger zufriedengeben und dürfen darum auch Abstriche bei den genannten Mengen vornehmen.

In seinem Buch „Die Fütterung des Schalenwildes" benennt Dr. ERHARD UECKERMANN den Erhaltungsbedarf eines in freier Wildbahn lebenden Stücks Rehwild mit 50 Gramm verdaulichem Eiweiß und mit 280 Stärkeeinheiten. Dem entsprechen pro Kopf und Tag: 2 bis 4 Kilogramm Grünäsung oder 2 Kilo Gehaltsfutterrüben und 0,25 kg industriemäßig hergestelltes Kraftfutter für Rehe. Die Kraftfutterabgabe sinkt auf 0,20 Kilogramm, wenn als Saftfutter ein Kilo Kartoffeln, 1,5 Kilo Zuckerrüben jeweils haselnussgroß zerkleinert oder 1,5 Kilo Silage verwendet werden. NEUHAUS/SCHAICH (in RAESFELD 1985) geben als Faustregel für ein 20 Kilogramm schweres Reh in nicht extremen Lagen schließlich 2 bis 4 Kilo Grünmasse oder 30 bis 50 Gramm verdauliches Eiweiß und 200 bis 300 Stärkeeinheiten, ferner als Optimum 4 Gramm Kalk und 4 Gramm Phosphorsäure pro Tag an, weisen jedoch gleichzeitig auf den höheren Bedarf an verdaulichem Eiweiß von 75 bis 120 Gramm der Geißen und 50 bis 60 Gramm der Kitze hin.

Kraftfutter

Kraftfutter ist ein Sammelbegriff für energiereiches Futter mit verschiedenem Gehalt an Nährstoffen. Es liefert in der Hauptsache Stärke, Eiweiß und organisches Fett, aber auch Mineralstoffe und Spurenelemente. Dabei sind die erforderlichen Gehaltstoffe je nach Art unterschiedlich vertreten, wie wir der Aufstellung von VOGT entnehmen können.

Industriemäßig hergestelltes Kraftfutter dagegen enthält heute alle Bedarfsmengen in optimierter Zusammenstellung und wird abgesackt und in pelletierter Form angeboten. So hat es sich bestens bewährt. Das erspart die oft mühsame und für den Privatmann auch kaum realisierbare Beschaffung von Sesamexpeller, dessen Beigabe jede hochwertige Rehwildmischung auszeichnet.

Doch auch der Erwerb der übrigen Inhaltsstoffe ist recht mühselig und im übrigen

Rehwild-Spezialfutter

Zusammensetzung

27,5 % geschroteter Hafer
20,0 % Sesamextraktionsschrot
15,0 % Weizenkleie
12,5 % Sojaextraktionsschrot
10,0 % Leinkuchen
9,0 % Weizenfuttermehl
2,0 % Zuckerrübenmelasse
1,0 % Calciumcarbonat
3,0 % Zusatzstoff-Vormischung „Vilomix"

Inhaltsstoffe

23,0 % Rohprotein
3,3 % Rohfett
8,5 % Rohfaser
10,0 % Rohasche
1,6 % Calcium
0,7 % Phosphor
0,2 % Natrium

Zusatzstoffe (je kg)

30 000 I.E. Vitamin A
3 750 I.E. Vitamin D3
30 mg Vitamin E
Calciumpropionat

Für den Revierinhaber ist fertiges Futter am einfachsten zu handhaben

viel teurer als für den Futtermittelhersteller, der alles im Großen und überdies frisch bezieht. Ganz zu schweigen von dem Zeitaufwand, den Lagerung, Mischung und Verpackung erfordern. Wer scharf kalkuliert, wird bald erkennen, dass er billiger fährt, wenn er sein Kraftfutter fertig aufbereitet bezieht. Freilich muss er sich dabei auf die Angaben verlassen können, die der Futtermittelproduzent auf die Säcke druckt.

Hervorragend hat sich neben der bekannten Feldmochinger Mischung eine weitere als Rehwild-Spezialfutter bewährt (Zusammensetzung siehe Kasten).

Diese wird in vier Millimeter großen Pellets, zu je 25 Kilo abgesackt, als Rehwild-Spezialfutter und mit geringerem Gehalt an Rohprotein als Ergänzungsfutter angeboten. Es eignet sich gut für Futterautomaten und lässt sich überdies noch bequem über längere Strecken tragen. Ferner reißen die Säcke nicht so leicht wie dies bei 50-kg-Packungen häufig der Fall ist.

Natürlich sollte es möglichst herstellungsfrisch und vor allem ohne Lagerschäden dem Rehwild gereicht werden. Dabei tragen wir der Gewöhnungsphase Rechnung. Möglichst Ende August schon bringen wir ein paar Hände voll davon in die Futtertröge, bis sicher ist, dass die Rehe Geschmack an der Mischung gefunden haben. Wer so vorgeht, läuft nicht Gefahr, dass die Pellets unter Einfluss von Luftfeuchtigkeit nach und nach zerfallen und von den Rehen gemieden werden.

Auch Saftfutter ist wichtig

Wegen des geringen Feuchtigkeitsgehaltes bedarf solches Kraftfutter unbedingt der Saftfutterergänzung. Solange Grünäsung zur Verfügung steht, erfüllt diese den Zweck. Sobald jedoch Frost und Schnee den Zugang zum Grün verwehren, müssen wir das Saftfutter stellen.

Dabei hat sich Apfeltrester als ebenso billige wie beliebte Beigabe herauskristallisiert. Wir erhalten ihn ohne oder gegen geringes Entgelt in den Mostereien der Obstanbaugebiete als Abfallprodukt lose zur Selbstabholung. Damit er nicht vergärt oder gar schimmelt, muss er möglichst noch am gleichen Tag siliert oder abgesackt werden.

Das Absacken ist mühsam und bedarf einiger Hilfskräfte. Dabei achten wir darauf, dass das Endgewicht der gefüllten Plastiksäcke 30 kg nicht überschreitet und dass diese luftdicht verschnürt sind. Während des Abfüllens streuen wir immer wieder eine Handvoll Viehsalz über den Trester. Man rechnet mit 40 Kilogramm auf 1 ½ Kubikmeter Trester. Dieses Salz verhindert zum einen das schnelle Zusammenfrieren, zum anderen Zersetzungsprozesse und Schimmelbildung.

So können die Säcke in einer Scheune gelagert und bei Bedarf zur Futterstelle transportiert werden. Wer den Arbeitsaufwand scheut, kann den Trester auch fertig abgesackt von einigen Großmostereien beziehen, dann allerdings nicht so kostengünstig.

Als grundsätzliche Alternative bietet es sich an, den Trester gleich bei den Fütterungen einzusilieren. Dabei bedient man sich zweckmäßig großer Plastikfässer oder gräbt Betonringe in den Boden ein. Auf diese Weise steht der gesamte Saftfuttervorrat bereits vor Ort. Das ist dann vorteilhaft, wenn die Fütterungen bei Schnee nicht mehr angefahren werden können. Bekanntlich wirkt der nährstoffarme Apfeltrester auf Rehwild wie ein Magnet. Deshalb mischen manche Jäger eiweißhaltiges Futter unter. Dieses Verfahren bringt durchaus positive Resultate, erübrigt sich jedoch, wenn wir Kraftfutterpellets reichen.

Franz Rieger setzte dem blanken Trester nur ein Futterkalk-Vitamin-Gemisch in Pulverform zu, seit er den Kraftfutterbedarf seiner Rehe mittels der bereits beschriebenen Presslinge

Apfeltrester ist ein ausgesprochen preiswertes Saftfutter. Er wird vom Rehwild zudem sehr gerne angenommen

stillte. Trester eignet sich auch hervorragend zur Verabreichung der Wurmmittel Thibenzole oder Rintal. Letzteres nimmt aber Rehwild auch pelletiert sogar in Reinform an. In aller Regel verabreichen wir diese zusammen mit dem Kraftfutter, und zwar prophylaktisch in den Monaten Oktober, Dezember und März, ansonsten nach akutem Bedarf.

Weil Trester zusammenfriert, ist es wichtig, dass die Rehe ihn mit ihren Läufen bearbeiten und zerkleinern können. Deshalb kommen wir nicht umhin, ihn am Boden auszulegen. Der Platz sollte aber nach Möglichkeit gegen Regen einigermaßen abgeschirmt sein.

Mast

Alle paar Jahre wenigstens bescheren Eichen und Buchen natürliche Mast. Wo dieser erfreuliche Zustand eintritt und hoher Schnee den Rehen diese wertvolle Äsung nicht verwehrt, brauchen wir uns des Kraftfutters wegen den Kopf nicht allzu sehr zu zerbrechen. In solchen Zeiten ist es recht schwer, die Rehe überhaupt an die Fütterungen zu bringen.

Reviere mit Eichenbeständen brauchen sich in Mastjahren keine Sorgen um die winterliche Energiezufuhr für das Rehwild zu machen

Dabei besteht der große Wert der Eicheln oder Bucheckern weniger in ihrem Gehalt als in der flächendeckenden Verfügbarkeit. Bei entsprechender Verteilung der Mastbäume können dann nämlich alle Rehe in der Nähe der Einstände oder sogar in ihnen im gewohnten Äsungszyklus die Kraftnahrung aufnehmen. Der Ankauf von Futtereicheln lohnt sich jedoch im Vergleich zum pelletierten Kraftfutter bester Qualität nicht.

RIEGER veranschlagte von diesem pro Kopf und Tag etwa 200 Gramm. Damit stillte er den Mineral- und Eiweißbedarf seiner Rehe, nicht jedoch den Appetit. Auf diese Weise zwang er sie, natürliche Äsung in Form von Knospen, Blättern, Stängeln, Himbeeren, Brombeeren, Heidekraut und Ginster aufzunehmen. Das fördert die Einspeichelung und damit die Verdauung. Allerdings erstreckt sich die Vorlage von Kraftfutter vom Oktober bis zum April. Nach seiner Erfahrung erfüllt ab Mitte November bis in den Januar hinein weniger eiweißreiches Futter ebenso seinen Dienst, weil die Rehe zu dieser Zeit ihren Energiebedarf drosseln.

Für das Wohlbefinden derselben ist eine permanente, wohldosierte Futtergabe von großer Bedeutung. Sie lässt sich selbstverständlich durch tägliches Beschicken der Futterstellen exakter steuern als durch Automaten. Letztere bergen immer die Gefahr, dass sich einzelne Rehe den Pansen restlos füllen und in ihrer Nähe ins Bett gehen. Das begünstigt zudem die Gewöhnung an die Automatenäsung und den fütterungsnahen Verbiss an Forstpflanzen, wenn die künstlichen Nahrungsquellen vorübergehend versiegen.

Waldsilage

Neuerdings wird immer wieder die so genannte „Waldsilage“ propagiert, die aus kräuterreichem Wiesengras, Blättern, Zweigen, Früchten und Trieben der vom Reh gern geästen Sträucher und Bäume besteht und die nach Bedarf noch mit Wildackerpflanzen angereichert ist. Sie soll vornehmlich den Verbiss reduzieren.

In Weichselboden erlitt man damit Schiffbruch. Herzog ALBRECHT schreibt dazu: „Es wurden zwar Versuche angestellt, so genannte Waldsilagen in Fässern vorzulegen, die die Rehe innerhalb von drei bis vier Wochen selber leer fressen können. Leider waren jedoch die Kosten und der Arbeitsaufwand derart groß, dass davon Abstand genommen werden musste. Außerdem ist es sehr schwer, diese Waldsilage richtig zu behandeln, weil sie sich wegen der darinnen enthaltenen holzigen Triebe schlecht zusammendrücken lässt und daher leicht verdirbt.“

Wo füttern?

Rehwildgerechtes Futter lässt sich auf verschiedene Weise darbieten. Diesbezüglich haben viele Revierinhaber erfolgreich experimentiert. Entscheidend für den gewünschten Effekt ist jedoch nicht die Art des Futters allein, sondern auch der Standort der Futterstellen und deren Verteilung.

Selbstverständlich wird jeder Sorge tragen, seine Fütterungen so zu platzieren, dass er sie möglichst gut mit dem Auto anfahren kann. Das spart vor allem bei der täglichen Beschickung Weg und Zeit. Die Futterstelle selbst sollte windgeschützt und nach Möglichkeit im Einstand liegen. Wenn das nicht machbar erscheint, dann wenigstens einstandsnah. Nur so kann

In der hierachischen bzw. territoralen Phase bewachen die Böcke oftmals die Fütterung

das Wild in ausreichender Deckung an- und abwechseln. So positionierte Fütterungen suchen die Rehe auch bei Tage auf.

Aus vorhergehenden Kapiteln wissen wir ja, wie wichtig die ungestörte über den Tag verteilte Äsungsaufnahme für das Wohlbefinden des Wildes ist. Folglich helfen das beste Kraftfutter und das ausgeklügeltste Saftfutter nicht viel, wenn sich das Wild erst bei Dunkelheit an die Futterstellen wagt, den Pansen aber tagsüber mit Fichten- und Kieferntrieben in den Einständen füllen muss.

Ruhe bei der Äsungsaufnahme und Ruhe bei der Verdauung sind folglich Faktoren, die in ihrer Tragweite gern unterschätzt werden. Das Gebot der Ruhe verträgt sich selbstredend nicht mit der Bejagung. Daher auch die Forderung nach vorgezogenen Jagdzeiten. Wenn das Rehwild ab Oktober im Wald nicht mehr bejagt wird, verringern sich Scheu und Fluchtdistanz. Dann meidet es auch tagsüber die Fütterungen nicht. Das wiederum reduziert den unerwünschten Verbiss auf ein erträgliches Maß. RIEGERs beste Gehörnträger waren übrigens ausnahmslos diejenigen, die sich am wenigsten um die Menschen scherten und die geringste Fluchtdistanz wahrten.

Die Fütterungen selbst sollten so gebaut sein, dass weder Nässe noch Schnee den Inhalt anfeuchten können. Daher richten wir unser Augenmerk sowohl auf eine ausreichende Überdachung als auch auf seitlich vorgezogene Blenden. Selbstverständlich tragen wir ebenfalls der Hauptwindrichtung Rechnung.

Besser als wenige Tröge mit großem Fassungsvermögen sind mehrere kleine, die einen gewissen Abstand zueinander aufweisen. Nur diese Anordnung stellt sicher, dass mehrere Rehe gleichzeitig an der Futterstelle teilhaben. Wenn es nämlich um die Bedürfnisse geht, tritt die Hierarchie auf den Plan: Zuerst die ranghohen Individuen, dann die rangniederen. Zuerst die Geiß, dann die Kitze.

Ist aber der Pansen der Geiß gefüllt, wartet sie nicht, bis es die Kitze ihr gleichgetan haben, sondern sie zieht wieder weg. Der Folgetrieb der Kitze siegt in solchen Fällen über das Sättigungsbedürfnis. Deswegen kehren auch sie mehr oder minder unfreiwillig der Energiequelle den Rücken und versuchen ihren Hunger dort zu stillen, wo sich die Geiß zum Wiederkäuen zurückgezogen hat.

Wann füttern?

Wenn Fütterungen mehr als nur den Erhaltungsbedarf des Wildes sichern sollen, können sie gar nicht früh genug beschickt werden. Von einem Tiroler Jagdpächter, in dessen Revier die landwirtschaftlichen Nutzflächen außer Gras nichts zu bieten haben, weiß ich, dass er seinen Rehen schon ab Anfang August eiweißreiche Zusatzäsung in den Futtertrögen bereitstellt. Von diesem Angebot machen die Rehe nach Bedarf Gebrauch. Das so versorgte Wild zeichnet sich sowohl durch hohe Wildbretgewichte als auch durch überdurchschnittliche Trophäen aus.

Es kriegt eben die fehlende natürliche Herbstmast in anderer Form gereicht. Leider trägt in vielen Bundesländern der Gesetzgeber den lokalen Verhältnissen zu wenig Rechnung, wenn er sein Veto gegen die frühe, oft berechtigte Fütterung einlegt.

Wie füttern?

Wintersnot lässt die Rehe nur scheinbar duldsamer werden! Sie rücken zwar notgedrungen aus Deckungsmangel in den Wäldern zusammen, doch an der Fütterung gibt es kein Pardon. Stellvertretend für die Auseinandersetzungen das Verhalten des „Faulen“ aus dem Revier Franz Riegers:

Sobald sich der Bock den Pansen vollgeschlagen hatte, legte er sich vor die Fütterung. Und wehe dem fremden Bock oder der Geiß, die auch etwas aus dem Trog holen wollen. Mit Vehemenz attackierte sie der Cerberus und schlug sie aus dem Feld. Danach suchte er wieder seinen Ruhe- und Wachplatz auf. An die Fütterung durften nur Mitglieder der eigenen Sippe. Ähnlich unverträglich verhalten sich auch Geißen gegenüber sippenfremden Rehen. Diese fortwährenden Auseinandersetzungen bringen Unruhe in den Bestand und kosten natürlich auch unnötig Energie.

Wir wissen um die Territorialität der Böcke und die Tatsache der Besitzstandwahrung. Deshalb sollte sich in jedem Territorium eine entsprechend rehwildgerechte Futterstelle befinden. Auf diese Weise steht jeder Sippe eine eigene zur Verfügung, was Äsungskonkurrenz mit ihren Negativerscheinungen ausschließt. Das bedeutet aber auch eine Futterstelle auf zehn bis zwanzig Hektar Wald. So verringert sich die Wildkonzentration. Davon profitiert wiederum die Vegetation.

Sippenfremde Rehe werden vom „Platzbock“ attackiert. Deshalb: pro Bockterritorium eine Futterstelle

Der Idealfall sieht dann so aus: Gehaltvolles Futter frühzeitig in den Territorien auf mehrere Stellen verteilt, dem Rehwild zusammen mit ausreichend Saftfutter gereicht, sorgt für Aufbau und Erhalt. Auch das ist ein Geheimnis des Erfolges. RIEGERS Erkenntnisse und daraus resultierenden Empfehlungen wurden von seinem Mitpächter HEINZ WETTENMANN mit durchschlagenden Erfolgen umgesetzt. Wohl nirgendwo kamen in freier Wildbahn auf so kleiner Fläche nachhaltig so viele herausragende Böcke zur Strecke wie in Schwenningen-Schrezheim vor den Toren von Ellwangen/Jagst. Nachdem aber die Oberste Jagdbehörde von Baden-Württemberg ein Verbot von Kraftfutter erlassen hatte und nur wenig energiereiches Erhaltungsfutter erlaubt, ferner diese Anordnungen auch strikt überwachen lässt, gingen die Trophäengewichte der stärksten Böcke im Schnitt um 100 Gramm zurück. Damit bilden sie zwar immer noch bei weitem die regionale Spitze, erregen aber bundesweit kein Aufsehen mehr. Das wiederum beweist, wenn auch im negativen Sinn, den Stellenwert, den die Fütterung für die Trophäenjagd innehat und dass ohne Fütterung nicht viel läuft.

St. Capreolus, hilf!

Kapitale Böcke, höchste Wilddichten, große Strecken und trotzdem maßvoller Wildverbiss. Im Bock-Eldorado St. Marienkirchen in Oberösterreich funktioniert das.

31. Juli, 20.00 Uhr: Der Biergarten in Grieskirchen füllt sich mit fesch gewandeten Jägern. Es muss irgendetwas Besonderes sein, das zur Ansitzzeit die Grünröcke zu den Biertischen treibt. „Murgn is der 1. August, St. Capreolus", erfahre ich auf Nachfrage, „da geht's auf di guadn'n Böck", erklärt mir der Sepp. „Mer treffn' uns davur und danoch und zwischendrin schaut a

In St. Marienkirchen finden wir kupiertes, stark strukturiertes Terrain mit landwirtschaftlich überschaubaren Flächen vor

1. August, Vormittag: Im Fünfminutentakt wird die Ernte des Morgens angeliefert

jeda, dass er an Gscheidn'n dawischt, wos Toni", prostet er seinem weißhaarigen Nachbarn mit dem wettergegerbten Gesicht zu. Der nickt und lächelt versonnen. Die Stimmung unter dem geselligen Volk ist gelöst, man spürt die Vorfreude, nicht das Konkurrenzdenken.

1. August. Nachtdunkel. Wir sitzen vor einem schmalen, gemähten Wiesenstreifen zwischen Mais und Waldrand und harren dem Morgengrauen entgegen. Mein Begleiter darf es auf einen bestätigten Bock versuchen. „400 Gramm hat der leicht", wusste der Gastgeber, als er die Fotos von den Wildkameras präsentierte. Doch der Auserkorene scheint etwas dagegen zu haben, den Streckenplatz zu bereichern und lässt sich einfach nicht blicken. Dafür kracht es mit zunehmendem Büchsenlicht nah und fern. Spärlich in der Dämmerung, heftiger bei Sonnenaufgang. Dann kehrt wieder Ruhe ein.

Punkt acht Uhr ist Schluss. Die Spannung steigt. Wie wird heuer die Ernte ausfallen?

Auf verschlungenen Wegen steuern wir durch tief eingeschnittene, von Wiesen und Hecken gesäumte Täler nach Prambachkirchen. „Den Streckenplatz find'st glei", weist uns ein Einheimischer den Weg, „am Berg drob'm, wo a Haufen Autos parken". Alles hatte ich erwartet, nur kein Volksfest im Grünen. Da rauchen Würstelbuden, eilen Bedienungen hin und her, die Hände voller Krüge mit Bier, Most oder „Gespritzten" (Schorle), werden Jagdutensilien feilgeboten, sogar ein beträchtliches Arsenal an Gebrauchtwaffen spekuliert auf Interessenten. Hinterm Blockhaus wird Strecke gelegt. Zwei Böcke machen den Anfang. Ein guter der 400-Gramm-Klasse und ein Kapitaler, der wohl noch 100 Gramm mehr zwischen den Lauschern zeigt. Die Erleger können sich der Gratulanten kaum erwehren. Das ändert sich, als weitere Gehörnte eintreffen und die Schaulustigen fesseln. Ein Dutzend füllt schließlich das mit Eichenlaub abgesteckte Geviert, der Schwächste nicht unter 380 Gramm, der Stärkste geschätzte 600 g, alle jedoch fünf und mehr Jahre alt.

Zur späten Vormittagsstunde verlassen wir tief beeindruckt das „Medina" der Bockjäger, denn auf uns wartet das benachbarte „Mekka", nämlich St. Marienkirchen. Sieben Kilometer trennen die Ortschaften, die Reviere dagegen grenzen aneinander. An „Kirmes" freilich erinnert das, was wir vorfinden, nicht. Keine Buden, kein Festzelt, kein Produktverkauf. Beim Gasthof Winkler im 400 Meter hoch gelegenen Weiler Eben laden vielmehr ein schattiger Biergarten und eine professionelle Gastronomie ein. Autos parken nicht weniger, auch hier fachkundiges Publikum zuhauf. Doch die eintreffenden Böcke wandern nicht auf den Streckenplatz, sondern in die Kühlung. Für ihre Häupter dagegen gibt es eine geschmückte Tafel, auf der sie sich reihen. Ein Gehörn stärker und begehrenswerter als das andere. Da bleibt dem von weniger verwöhnten Besucher die Spucke weg. Auf einen Nenner gebracht: Klasse und Masse en gros. Alles an diesem einen Morgen gestreckt. Ich wüsste nicht, wo es Vergleichbares gibt.

Damit steht fest: Ich komme wieder und möchte das Geheimnis der „Bocknarrischen" aus dem Riedkreis ergründen.

Just ein Jahr später sitze ich einem kompetenten Insider gegenüber: WALTER HATTINGER, Landwirt, Mitpächter und Hegemeister der St. Marienkirchener Jagdgesellschaft. Diese besteht aus 12 Pächtern, alles Einheimische, davon wiederum sieben Landwirte, dazu 45 Begehungsscheininhaber. Zusammen bejagen sie eine Fläche von 2500 ha, erbeuten 500 Stück Rehwild per anno, alljährlich über 200 Böcke, davon 30 der Ernteklasse mit Spitzen um die und über 600 Gramm. Ab 1.Mai wird den Jährlingen nachgestellt, ab 1. Juni den „Abschussböcken" bis 350 Gramm und ab dem 1. August den Böcken, die Prambachkirchen und St. Marienkirchen zum Inbegriff für Bockjäger werden ließen. Nicht nur aus Austrias Gefilden, sondern aus allen Teilen der Bundesrepublik, wie Füssener, Freiburger, Frankfurter und sogar Flensburger Autokennzeichen verraten.

Ein reifer und starker Recke aus St. Marienkirchen. Standard, nicht die Ausnahme!

HATTINGER erzählt, dass man in den siebziger Jahren des letzten Jahrhunderts begann, die Hegemaßnahmen zu intensivieren, und dass er auch vom Inhalt eines deutschen Rehbuches mit Titel „ Rehwildreport" inspiriert wurde. Das ehrt natürlich den Verfasser, als den ich mich nun oute.

Auf den ersten Blick scheint die Rehwildwelt um St. Marienkirchen noch heil zu sein. Bewaldete Kuppen, Hecken, von Laubbäumen gesäumte, in die Hänge eingeschnittene Wassergräben, lange Grenzlinien, kräuterreiche, klein parzellierte Blühwiesen indizieren das. Auf den zweiten Blick machen jedoch auch große Mais- und Rapsschläge auf sich aufmerksam. Noch aber haben sich die Sauen diese ruhigen Gefilde nicht erschlossen. 50 Prozent der Ackerflächen sind im Winterhalbjahr begrünt, nicht mit Senf, sondern mit gerne beästen Mischungen. Die Winter wiederum gelten als recht mild.

Da bleibt jedem Rehwildjäger die Luft weg

Regelmäßige Kitzsuche zur Mahdzeit, der Einsatz von Wildrettern, akustischen Wildscheuchen und Warnreflektoren sowie intensivste Raubwildbejagung helfen Wildverluste zu mindern. Dennoch wird allerhand überfahren. Bei jungen Böcken zwischen 400 Gramm und 500 Gramm obenauf wie auch bei Geißen blutet dann natürlich das Herz doppelt.

Allzeit verfügbares Grün, mäßiger Publikumsdruck und Ruhe allein lassen keine so starken Trophäen in so hoher Anzahl wachsen. Die Marienkirchner füttern natürlich auch. Weiß Gott reichlich, gehaltvoll und anhaltend. Ab dem 15. September werden die vielen Kleinfütterungen regelmäßig beschickt, desgleichen steht neben dem Futterautomaten auch eine Tränke. Bis Anfang Mai nehmen die Rehe übrigens die Vorlagen gerne an. Das wiederum erklärt bis zu einem gewissen Grad die immense Wilddichte respektive Bockdichte, das Geschlechterverhältnis von ca. 1: 3 und auch, dass Waldbau ganz ohne Zaun hier nicht funktioniert. Die Jagdgenossen achten allerdings sehr darauf, dass der Verbiss nicht überhand nimmt. Aktuell bescheinigt das Vegetationsgutachten die Verbissstufe II = mäßiger Verbiss. Daher zeigten sich die örtlichen Jäger mit einer Abschusserhöhung von 400 Rehen auf 500 einverstanden.

Auf die Wildbretgewichte bezogen erzeugt die Fütterung keine „Monsterrehe". 18 kg bis 22kg schwere Böcke gibt es anderswo auch, jedoch mit weniger an Knochen zwischen den Lauschern.

Fütterung hin oder her. Im Falle der Marienkirchner Rehe schadet sie keinem, auch nicht dem Wald. Im Gegenteil. Wo nicht gefüttert wird, verbeißen deutlich weniger Rehe merklich mehr. Belege dafür muss man anderswo wahrlich nicht suchen.

Starke Böcke im Dutzend, am 1. August erlegt, garniert durch abgekochte Verkehrsopfer

Und die Trophäen? Sollen die örtlichen Jäger doch ihre Freude daran haben und in ihnen den Lohn des Fleißes sehen. Wenn die zahlreichen Gäste darauf deuten, dann tun sie es mit Bewunderung und Begehren.

Dabei bleibt es in der Regel auch. Die Einheimischen sind sich nämlich des Wertes ihrer Böcke durchaus bewusst, so dass sie sich allenfalls mal auf ein Tauschgeschäft gegen einen attraktiven Trophäenträger einer anderen Spezies einlassen. Bewundernswert dagegen ist die hohe Selbstdisziplin der ansässigen Jäger. Sie lassen die Böcke reifen und den Finger gerade, bis es so weit ist und schauen natürlich auch einander auf die Finger. „Verräumt" wird hier nicht, und Streit um die Böcke muss WALTER HATTINGER so gut wie nie schlichten.

Ja, und dann gibt es noch weitere gemeinsame Freuden: Die herbstlichen Treibjagden, die den Marienkirchnern alljährlich bis zu 900 Hasen und Fasanen bescheren und wo es ebenfalls schwer ist, eine Einladung zu ergattern.

Walters Büchse bleibt diesmal an St. Capreolus blank. Wie die einiger Jäger. Besonders übel hat der Nebel an diesem Morgen den Prambachkirchnern mitgespielt. Kaum Anblick, nur wenige gestreckte Böcke und kein „ Kracher" darunter. Bei den Marienkirchnern wiederum lässt die Ernte qualitativ gegenüber dem Vorjahr ein wenig aus. Gute Böcke ja, Sonderklasse nein! Doch das tut ihrer Begeisterung keinen Abbruch. Schließlich gibt es eine breite Basis hoffnungsvoller Trophäenträger und die Aussicht auf eine neue Saison. Eines freilich wundert schon: Die Streckenplätze der Prambachkirchner und der Marienkirchner trennt mehr als die Hügelkuppe. Irgendwann war es Schluss mit der Gemeinsamkeit, daher werden an St. Capreolus seit Langem schon zwei Suppen gekocht und gegessen, und nichts deutet darauf hin, dass sich daran etwas ändert.

Auch der Unterkiefer ist kein Geburtsschein

Altersbestimmung an der Trophäe

Als Jungjäger hatte ich die Bewerter auf den Trophäenschauen immer bewundert, weil sie das Alter der betreffenden Böcke anhand des Unterkiefers so exakt bestimmen konnten. Später ärgerte ich mich oft genug über die Selbstgefälligkeit und Selbstherrlichkeit, mit der einige Richter in Grün Lob und Tadel verteilten. Wiederum nach Begutachtung von Trophäen und der dazugehörigen(?) Unterkieferäste.

Weil mich die Sache mit der Altersbestimmung brennend interessierte, begann ich, Rehwild zu markieren. Einfach aus der Überlegung heraus, eines Tages über eine stattliche Anzahl von Unterkieferästen markierter Böcke zu verfügen. Zwölf Jahre Markieren brachten mich dabei ein gutes Stück weiter.

Die Gretchenfrage auf allen Trophäenschauen ist noch immer die gleiche: Hat der Bock das Zielalter von fünf Jahren erreicht oder nicht? Dass sie nur bei starken Trophäen aufgeworfen wird, versteht sich von selbst. Es kräht nämlich kein Hahn nach dem Zweijährigen mit dem Wurmgehörn oder dem biederen Enggestellten mit einigen Lenzen mehr auf dem Ziemer. Sie sind doch immer „richtig" – ungeachtet ihres tatsächlichen Alters.

Dagegen hat es beim idealtypischen Sechser mit den grob geperlten Stangen schon seine Bewandtnis mit dem Abschliff der Zähne. Signifikant muss er gewöhnlich sein, damit die Trophäe der Klasse I zugeordnet wird. Der Fall tritt allgemein ein, sobald die Kunden des M_1 verschwunden sind.

Drei solcher Kiefer habe ich schon einer Reihe von Bewertern vorgelegt mit der Bitte, sie altersmäßig zu klassifizieren. Die Schätzungen zeitigten eigentlich immer dasselbe Resultat: fünfjährig und älter. Das trifft in zwei Fällen zu, in einem aber nicht. In Wirklichkeit stammen nämlich die Unterkieferäste von einem dreijährigen, einem fünfjährigen und einem sechsjährigen Bock.

In der Praxis bedeutet das nichts anderes, als dass der dreijährig und damit zu jung geschossene Bock ebenfalls fünfjährig eingestuft würde und das Reifeprädikat zugesprochen bekäme.

Nun gilt von allen Methoden der Altersbestimmung an der Trophäe die nach dem Zahnabschliff als die älteste, bewährteste sowie am einfachsten zu handhabende. Doch wie treffsicher ist sie wirklich, und wie sieht es mit alternativen Methoden aus?

Dort, wo die Trophäenjagd auf eine lange Tradition zurückblicken kann, zählt auch die Altersklassifizierung männlichen Wildes zum festen Bestandteil des Waidwerks. Hier hat es sich seit langem eingebürgert, die Trophäenträger drei Altersklassen zuzuordnen, sie Richtlinien entsprechend zu bewirtschaften und die Ernte auf Pflicht-Hegeschauen auszustellen, zu begutachten und zu bewerten.

Dabei entscheidet nach wie vor die Kombination aus Qualität und Alter über richtig und falsch. Die definierte Güte wiederum lässt sich durchaus objektiv mittels Waage und Maßband feststellen. Mit der Alterstaxierung jedoch ist es bei Cerviden so eine Sache. Sie werfen alljährlich ihren Kopfschmuck ab und schieben einen neuen. Daher fehlen jenem auch die für Hornträger typischen und untrüglichen Jahresringe. Folglich werden die Altersindizien z. B. beim Bock anderswo gesucht: Höhe und Neigung der Rosenstöcke, Form und Stellung der Rosen, Verknöcherung der Stirnbeinnaht, Verknöcherung der Nasenscheidewand und als wichtigstes der Abschliff der Zähne vom Unterkiefer (regional verschieden auch unter Einbeziehung des Oberkiefers).

Rehe gleichen Alters weisen oft gravierende Unterschiede im Zahnabschliff auf, das beweisen die Unterkiefer markierter Stücke

Jedem Jäger sollte an sich bekannt sein, dass das Dauergebiss des Rehs zwischen dem 10. und 13. Lebensmonat angelegt wird. In diesem Zeitraum wechseln die dritten Vorderbackenzähne im Ober- und Unterkiefer und wächst der M3. Vor und während des Zahnwechsels gibt also das Vorhanden- bzw. Nichtvorhandensein bestimmter Zähne verlässlich Auskunft über das Lebensalter. Desgleichen zeigt der frisch gewachsene M_3 in vielen Fällen noch kein Kauranddentin.

Beim Betrachten eines Dauergebisses fallen helle und dunkle Partien der Kauflächen ins Auge: Der weiße Schmelz, der bei den Prämolaren schlingenförmig angelegt ist und sich bei den Molaren als doppeltes Oval präsentiert, und das mehr oder minder dunkel gefärbte Zahnbein oder Dentin. Bei den Prämolaren folgt es als Band den Schmelzschlingen, bei den Molaren wird es vom Schmelz umschlossen und durch die Kunden in zungenseitiges Kauranddentin und backenseitiges Kauflächendentin getrennt.

Mit zunehmender Beanspruchung des Gebisses nutzen sich zuerst die höhergelegenen Schmelzpartien ab, so dass nach und nach die Dentinflächen mehr in Erscheinung treten. Weil auch die Kunden keilförmig nach innen verlaufen, werden sie mit fortschreitendem Zahnabrieb schmäler, bis sie schließlich und in aller Regel zuerst bei der ersten Säule des M_1 gänzlich verschwinden. Übrig bleiben die glatte Dentinfläche und ihre zungen- bzw. backenseitige Schmelzeinfassung. Sukzessive verschwinden sodann die Kunden bzw. Schmelzschlingen der anderen Backenzähne.

Von da ab schreitet der Abrieb progressiv voran. Besteht erst einmal die gesamte Reibefläche des M_1 nurmehr aus einer dünnen Dentinplatte, lässt es sich absehen, wann die Zahnwurzeln zutage treten und er schließlich ausfällt. Zähne sind also Verschleißteile. Je mehr sie abgeschliffen sind, desto größer muss auch ihre Beanspruchung gewesen sein. Gegen diese Logik wird niemand etwas einwenden wollen.

Es fragt sich eben nur, ob sich der Abschliff bei jedem Individuum so einheitlich vollzieht, dass er zur genauen Altersbestimmung taugt. Wenn ja, dann müsste die Zahnsubstanz exakt die gleiche chemische Zusammensetzung und Härte aufweisen, die Zähne müssten gleich groß und stark sein, die Kiefer von selber Länge und die Stellung der Zahnreihen zueinander dürfte nicht differieren. Das Wild müsste ferner quantitativ und qualitativ dieselbe Äsung aufnehmen und auch immer gleich lang wiederkäuen. Letzteres trifft mit Sicherheit nicht zu, weil Rehwild

Erst-Kontakt mit den „Kauleisten“: Wie stark ist der Abschliff?

in den unterschiedlichsten Lebensräumen vorkommt, demzufolge verschiedene Äsung vorfindet und aufnimmt.

So müssen beispielsweise Rehe im Voralpengebiet, in geschlossenen Wäldern und alpinen Regionen ganz zwangsläufig auf Kulturpflanzen, wie Getreide, Hackfrüchte und Raps, verzichten und Gräser, Blätter Kräuter, Knospen, Früchte und Triebe beäsen. Solche Äsung beansprucht wahrscheinlich die Kauwerkzeuge anders als ein breiter gefächertes Nahrungsspektrum.

Demnach braucht es nicht zu wundern, dass Wild gleichen Alters aus verschiedenen Regionen unterschiedlichen Zahnabschliff aufweist. Den Beweis dafür hat die Wildmarkenforschung hinreichend geliefert. Nach eingehender Prüfung umfangreichen Wildmarkenmaterials kam BIEGER bereits 1932 zu der Erkenntnis, „dass das Alter des Rehwildes durchschnittlich um etwa ein Jahr zu hoch eingeschätzt wird. Im Einzelfalle sind die Abweichungen erheblich größer. Vereinzelt wird das Alter auch zu niedrig angesprochen.“ Er resümiert, dass im Durchschnitt nur 50 % der Schätzungen annähernd richtig sind. 25 % stellen geringere und die restlichen 25 % erhebliche Fehler dar. Und weiter: „Die Fehlschlüsse können so erheblich sein, dass diese Altersschätzung keine ganz zuverlässige Grundlage für wissenschaftliche Untersuchungen bilden kann. Aber auch dem praktischen Jäger gibt diese Altersschätzung nicht immer einen brauchbaren Anhalt.“ schreibt er 1932 in „Die Auswertung der Wildmarkenforschung“.

BIEGER fordert, dem Grad der Abnutzung der Schneidezähne dieselbe Beachtung wie dem der Backenzähne zu schenken und im Falle einer bestehenden Differenz die weniger abgenutzten für die Altersbestimmung heranzuziehen. Auch RIECK gelangte zu dem Ergebnis, dass „die Altersschätzung nach nur einem Zahn, insbesondere anhand des am stärksten abgenutzten 1. Molar, keine sicheren Ergebnisse bringt. Es gaben sich vor allem im höheren Alter Abweichungen bis zu sechs Jahren. Die geringsten Abweichungen ergaben sich beim dritten Molar, der ja erst im Alter von etwa 12 Monaten hochwächst und entsprechend spät in Abnutzung tritt. Allein brauchbar für die Praxis hat sich die Kombination aller Faktoren sämtlicher Backenzähne einschließlich der Farbe gezeigt“, so RIECK in „Alter und Gebissabnutzung beim Rehwild“ 1970.

Als Grund für die die vorhandenen Abweichungen wird die unterschiedliche Härte der Zähne vermutet. Sie zeige sich äußerlich in einer helleren Dentinfärbung. RIECK hatte nämlich in einem Versuch ermittelt, dass bei gleichem Zahnvolumen und übereinstimmendem Abnutzungsgrad Zähne mit dunkelbraunem Dentin einen höheren Kalkanteil haben als solche mit hellgelbem Dentin. Diese Erkenntnisse publizierte WAGENKNECHT in Form einer Lehrtafel, die Abnutzungsbilder der verschiedenen Altersgruppen zeigt. Seither wissen wir, wie der Unterkiefer eines fünfjährigen Stückes auszusehen hat, wobei braune und schwarz-braune Dentinfärbung mit einem Alterzuschlag von maximal zwei bzw. vier Jahren belegt wird.

Nun sind bestimmte Dentinfarben ganz offensichtlich nicht an einen Lebensraum gebunden, denn an gleichen Standorten erlegte ich im Zeitraum mehrerer Jahre Stücke mit sehr unterschiedlicher Dentinfärbung. Die Markierung enthüllte zudem, dass gleichalte Rehe nicht nur unterschiedlich abgeschliffene Zähne hatten, sondern dass auch solche mit dunklem Dentin in Einzelfällen stärkeren Abrieb aufweisen als gleichaltrige und ältere mit hellerem Dentin. Das aber läuft der Hypothese der größeren Härte des dunklen Dentins zuwider.

Des Rätsels Lösung sollte die 1991 erschienene Dissertation zur Erlangung des Grades eines Doktors der Medizin: „Altersabhängige Veränderungen am Schädel und den Zähnen des Rehes“ von MICHAEL SAAR bringen. Er untersuchte in dieser Arbeit die wichtigsten in der Literatur beschriebenen Methoden der Altersbestimmung beim Reh nach Merkmalen am Schädel und an den Zähnen auf ihre Verlässlichkeit. Zur Verfügung standen ihm 125 Schädel und Unterkiefer von markierten Rehen. Eingangs ließ er das Alter nach dem Zahnabschliff von drei erfahrenen Wildbiologen bestimmen. Alle drei Schätzer stuften (im Schnitt) bei rund 62% der untersuchten Rehe das Alter korrekt ein. In fast 25% der Fälle wurde das tatsächliche Alter um ein bis zwei Jahre unterschätzt und in etwas über 13% das Alter in der gleichen Größenordnung überschätzt.

Weil jedoch von den untersuchten Stücken 20% der Jährlingsklasse angehörten und auch richtig zugeordnet wurden, ergab sich für die mehrjährigen Stücke eine von allen drei Schätzern übereinstimmend korrekte Alterszuordnung von nur 20% Das sollte nachdenklich stimmen.

Auch Dr. SAAR blieben die offensichtlichen Diskrepanzen zwischen Soll und Ist bei der vermeintlichen Korrelation von Dentinfärbung und Abrieb nicht verborgen. Also machte er das einzig Richtige, indem er die Härte von Schmelz und Dentin jedes Unterkiefers mit dem Durimet-Pol-Kleinhärteprüfer der Firma Leitz überprüfte. Bei diesem Verfahren besteht der Eindringkörper aus einem rhombischen Knoop-Diamanten, der sich gut für Härtemessungen an dünnschichtigen Materialien eignet. Das Ergebnis drückt sich in Knoophärte aus und repräsentiert den Mittelwert dreier Messungen.

M. SAAR fand auf diese Weise Härten zwischen 139 und 331, im Mittel 225 beim Schmelz und solche zwischen 73 und 105, im Mittel 87,4 beim Dentin heraus. Im Klartext: Der härteste Schmelz war 2,38-mal so hart wie der weichste, das härteste Dentin aber hatte nur die 1,43-fache Härte des weichsten. M. SAAR gelangte letztlich zu dem Ergebnis, dass die Dentinhärte (siehe auch Mittelwert!) unabhängig von der Farbe und vom Alter annähernd gleich ist, während die Härteunterschiede beim Schmelz stark differieren. Unterschiede beim Zahnabrieb resultieren demnach nicht aus Härteschwankungen beim Dentin, sondern aus denen vom Schmelz.

Nachdem beim jungen Stück die Schmelzkrone das Dentin überragt, dauert es bei härterer Substanz eben entsprechend länger als bei weicherer, bis der Schmelz sich abgenutzt hat, das Dentin zutage treten lässt und den Abschliff augenfällig macht. In solchen Fällen wird dann

Unsere Nachbarländer sind nicht so auf die Unterkiefer fixiert

das tatsächliche Alter unterschätzt. Geringe Schmelzhärte wiederum bewirkt den gegenteiligen Effekt.

Weil sich aber die individuelle Härte des Schmelzes visuell nicht offenbart, müssen wir bei der Altersbestimmung nach dem Zahnabschliff mit einer Schätzungenauigkeit in der Größenordnung von bis zu mehreren Jahren leben. Um Missverständnissen vorzubeugen: Zähne von Rehen mit einem Alter von über fünf Jahren zeigen in der Regel einen mehr oder minder ausgeprägten Abschliff, der die Diagnosen „alt genug", „alt" bzw. „uralt" erlaubt. Genauer will es der Erleger in vielen Fällen auch gar nicht wissen, und der Abnehmer des Wildbrets klassifiziert ohnehin nur nach jung und alt und meint damit zart bzw. zäh. Desgleichen spielt die Bestimmung des genauen Alters beim vielzitierten „Abschussbock" mit einer nicht dem Hegeziel entsprechenden Trophäe eine untergeordnete Rolle. Solche sind nämlich unabhängig vom tatsächlichen Alter immer „richtig".

Bei den Ernteböcken freilich, entscheidet der berühmte Millimeter Abschliff hin und her sehr wohl noch über Lorbeer (I) oder Pranger (IIa). Der Dreijährige mit dem Abrieb des Fünfjährigen hat dann gute Karten, weil keiner die Verlässlichkeit des Zahnabschliffs in Abrede stellen mag. Zeigt der M_1 dagegen keinerlei Verschleißerscheinungen, wird gerne der Ruf nach anderen Altersbestimmungsverfahren laut. Und wieder geht es weniger um das tatsächliche Alter als um den Nachweis, dass der Bock alt genug im Sinne der Abschussrichtlinien war.

Solange wir auf keine verlässlichere Altersbestimmungsmethode zurückgreifen können – und es sieht derzeit ganz danach aus –, müssen wir mit der Ungenauigkeit des Zahnabschliffs leben. Für eine Grobtaxierung taugt das Verfahren ja allemal und vor allem für eine schon am erlegten Stück. Wem es aber zu fehlerhaft erscheint, dem steht immer noch der Weg zu einem Institut offen, das die sehr aufwendige Altersbestimmung anhand der Wurzelzementzonen praktiziert. Er bekommt dann mit einer Treffsicherheit von ca. 85% das wirkliche Alter diagnostiziert.

Unterkiefer von markierten Stücken

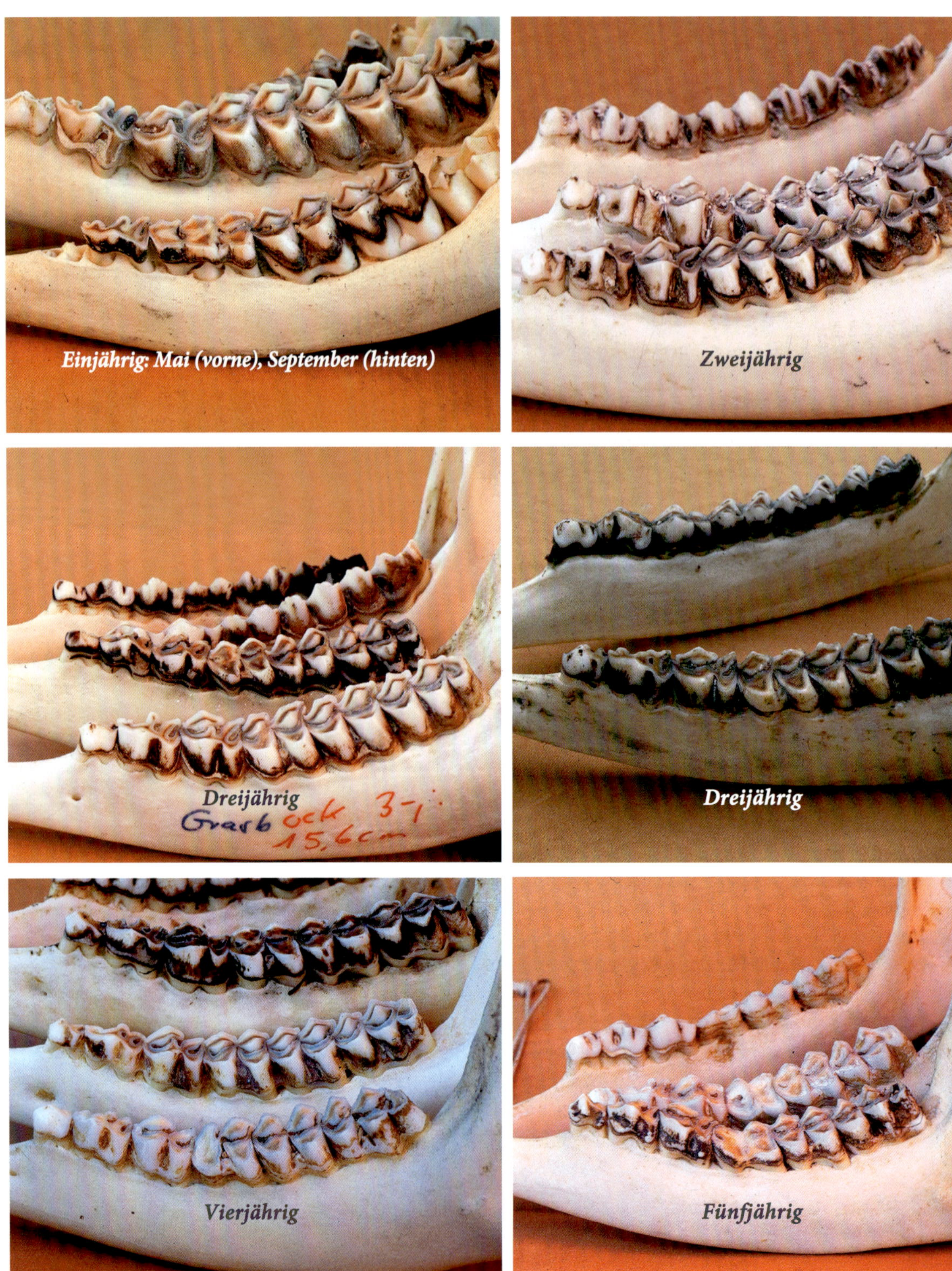

Einjährig: Mai (vorne), September (hinten)

Zweijährig

Dreijährig

Dreijährig

Vierjährig

Fünfjährig

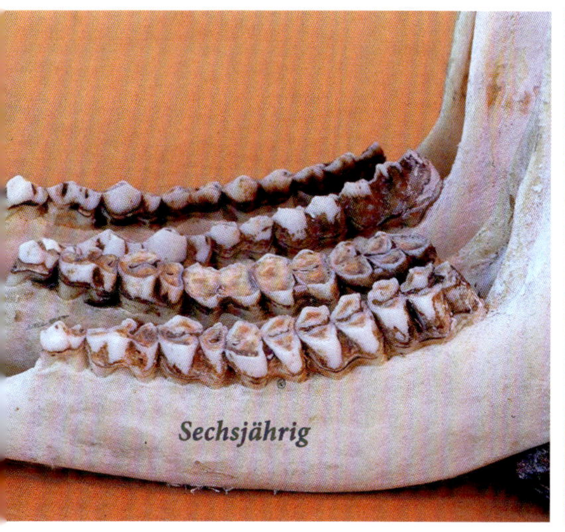
Sechsjährig

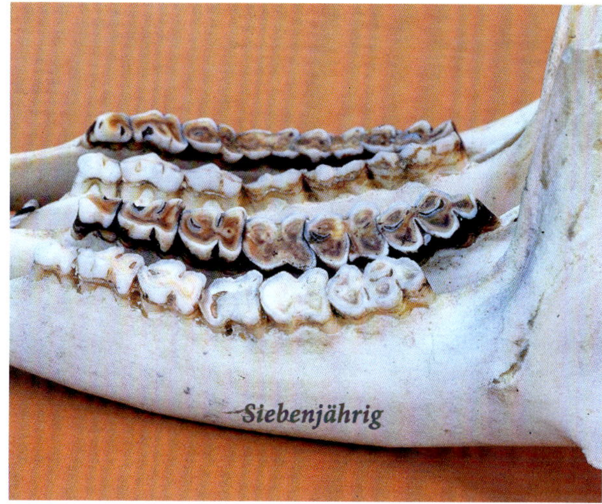
Siebenjährig

Achtjährig

Geißenkiefer: Vorne 10 Jahre, 4 Monate; hinten 9 Jahre, 5 Monate

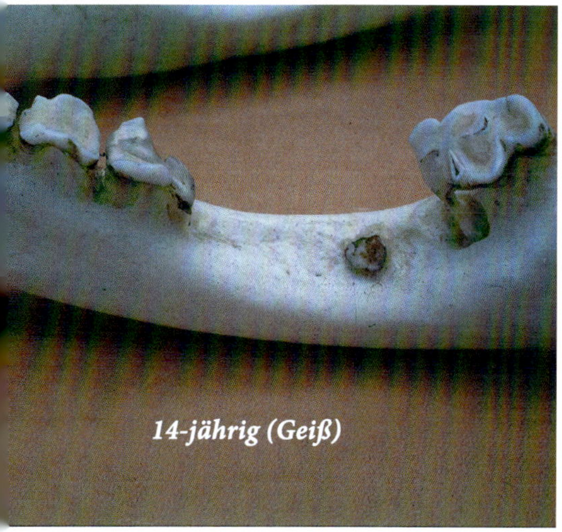
14-jährig (Geiß)

Dreijährig vorn, achtjährig hinten (!)

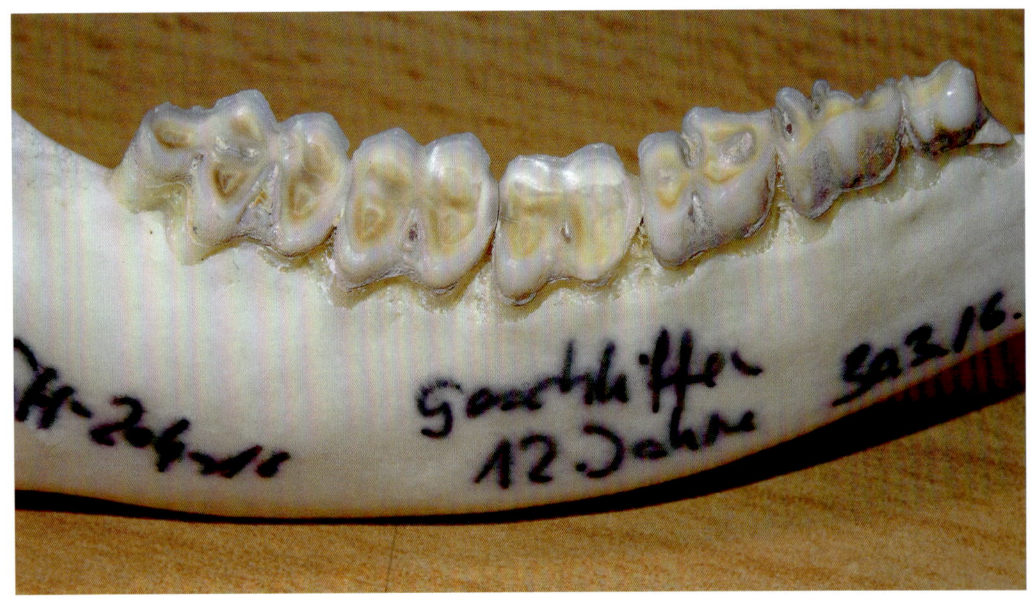

Noch vollständig erhaltenes Gebiss einer 12-jährigen Geiß

Wie sieht es mit der Nasenscheidewand-Methode aus?

Rajnik (1979) hat ein anderes Verfahren zur Altersbestimmung entwickelt. Und zwar setzt er die Länge der verknöcherten Nasenscheidewand in Relation zu der des Nasenbeins. Dabei geht er von dem Faktum aus, dass sich das Knochengerüst höher entwickelter Organismen im zunehmenden Alter insofern verändert, als der Wassergehalt der Knochen ab- und der Kalkgehalt zunimmt. Überwiegen demnach in den ersten Lebensjahren noch die Knorpelanteile, tun dies später die aus Kalk. Nun findet sich am Schädel ein Teil, bei dem sich der Verknöcherungsprozess in jeder Phase des Alters sehr gut verfolgen lässt: die Nasenscheidewand. Sie läuft axial unter dem Nasenbein und zeigt in Richtung Windfang. Beim Kitz besteht sie ganz aus einer Knorpelplatte. Mit zunehmendem Alter verknöchert diese von der Basis her, wobei sich ein Knochensporn in Richtung Windfang schiebt. Im fortgeschrittenem Alter erreicht dessen Spitze einmal die des Nasenbeins.

Rajnik geht nun davon aus, dass dies nach etwa zehn Jahren der Fall ist. Demnach legt die Verknöcherung im zweiten Jahr zwei Zehntel und danach jährlich ein Zehntel der Strecke zurück, erreicht nach fünf Jahren etwa die Hälfte der Nasenbeinlänge, nach acht Jahren acht Zehntel usw. Aber auch diese Methode wurde bei einer Überprüfung mittels Wildmarkenmaterials dem Anspruch auf Zuverlässigkeit nicht gerecht.

Immerhin wiesen alle älteren oder alte Böcke eine lange Verknöcherung der Nasenscheidewand auf. Folglich kann ausgeschlossen werden, dass zu einem Schädel mit kurzer Nasenscheidewand eine stark abgeschliffene Zahnreihe gehört. Mit anderen Worten: Bei Böcken mit kurzer Nasenscheidewand handelt es sich ausnahmslos um junge. Eventuell beigelegte Kiefer mit starkem Abschliff stammen demnach mit größter Wahrscheinlichkeit nicht vom selben Bock. Bei jungen Böcken gleichen Alters jedoch war die Verknöcherung der Nasenscheide-

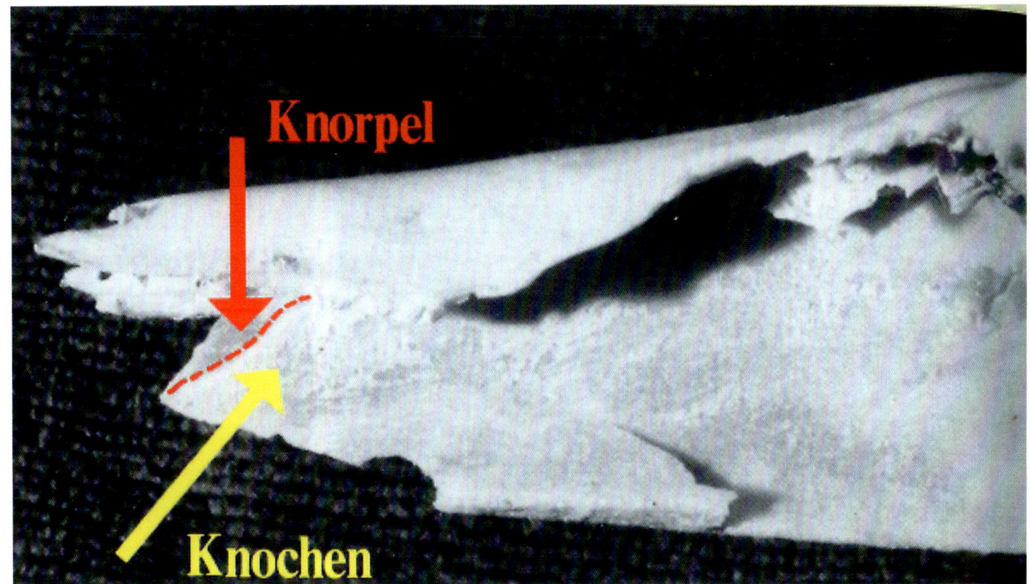

Die Nasenscheidewand beim Rehwild: Sie kann zur Altersbestimmung zu Rate gezogen werden. Mit zunehmendem Alter wird nämlich der Knorpel dieser axialen Trennwand der beiden Nasenhälften durch Knochen ersetzt. Auf der Abbildung haben wir verdeutlicht, wo die Verknöcherung der Nasenscheidewand in den knorpeligen Teil übergeht. Da dieser Übergang relativ weit an der Spitze liegt, dürfte der Bock bereits etwas älter sein

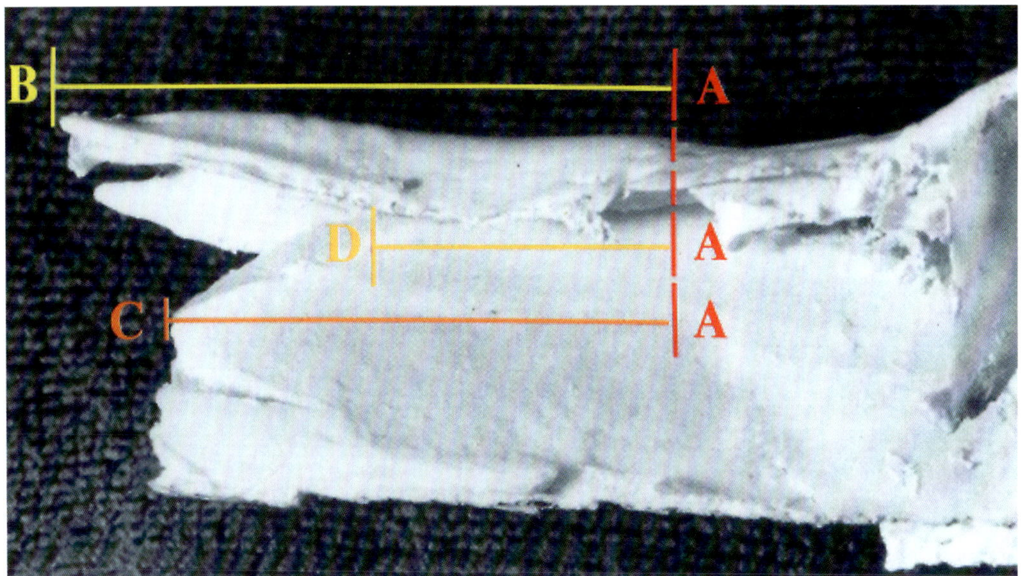

Die Nasenscheidewand entspricht mit dem Knorpel der Länge des Nasenbeines (A-B). Da im Alter von zehn Jahren die Nasenscheidewand auf der gesamten Länge verknöchert sein soll, errechnet sich das Alter aus dem Prozentsatz der Verknöcherung auf die Länge A-B bezogen. Da die Verknöcherung jedoch an der Spitze schräg zur Vertikalen verläuft, gibt es zwei Messstrecken: A-D und A-C. Der Autor schlägt vor, den Mittelwert beider zu nehmen

Alter) (markiert!)	Zahn-abschliff	Nasen-scheidewand
1	1	1
2	2	4
2	4	2
2	2	6
3	3	4
3	5	5
4	3	5
4	4	6
4	5	6
5	5	5
5	6	6
5	7	5
6	6	7
7	9	8
8	8	9

wand unterschiedlich fortgeschritten. So reichte sie bei einem Zweijährigen bereits über die Hälfte der Nasenbeinlänge. Ungenauigkeiten birgt auch der Meßpunkt der vorgeschobenen Verknöcherung, denn diese hat stets die Form eines Rammsporns mit oberkieferseitigem Vorsprung. Nicht selten differieren die nasenbeinseitige und die oberkieferseitige Verknöcherung beträchtlich. Wird dann das Maß am vorgeschobensten Punkt genommen, kommt zwangsläufig ein höheres als das tatsächliche Alter heraus.

Somit hängt dieser Methode wenigstens die gleiche Fehlerquote wie der vorhergenannten an, und sie greift erst bei einer ausgekochten Trophäe. Zudem darf beim Präparieren die Nasenscheidewand nicht ausgebrochen werden. Ferner lässt sich das Verfahren nur bei kurz gekapptem Schädel praktizieren. An Aussagekraft gewinnt es zusammen mit der Schätzung nach dem Zahnabschliff.

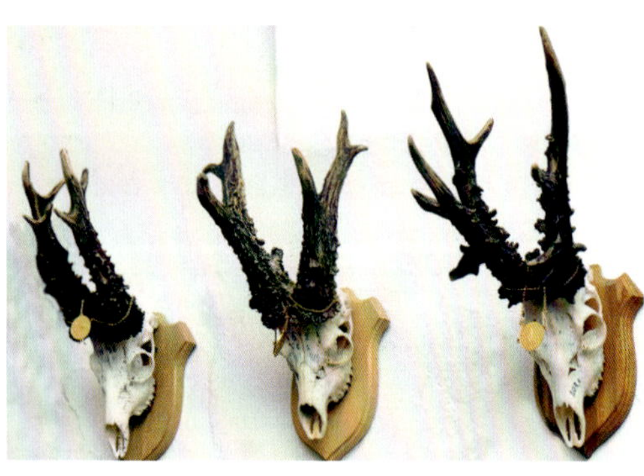

Die drei stärksten Böcke aus dem Revier Vittsköfle in Schonen/Schweden. In der Mitte der damalige Weltrekord mit 246 Punkten und 875 Gramm netto. Der linke Bock hat 200 Punkte, der rechte 203. Es gibt wohl kein Revier in Europa , in dem drei Böcke über 200 Punkte erlegt wurden

Gewisse Altersindizien liefern auch Höhe, Stärke und Stellung der Rosenstöcke sowie die Stirnnaht. Sind Teile von ihr bis zur Unsichtbarkeit verwachsen, darf man sichergehen, dass der Bock die „Solljahre" bereits hinter sich gebracht hat. Die Kombination aller dieser Kriterien erhöht fraglos die Treffsicherheit bei der Altersschätzung. Eine absolute Gewissheit aber erbringt nach wie vor nur die Markierung.

Bewusst habe ich bei den Altersbestimmungsverfahren anhand der Trophäe solche ausgespart, die eine mechanische Bearbeitung derselben oder von Teilen erfordern. Erinnert sei an die Freilegung der Zahnzementzonen. Diese lässt sich nämlich in der Praxis nur mühsam durchführen, eignet sich daher für den „Alltagsbetrieb" kaum und bringt überdies beim Rehwild auch nur eine Treffsicherheit von ca. 85 Prozent. Wer also das jeweilige Alter mit absoluter Sicherheit wissen will, kommt um die Markierung nicht herum.

Wir müssen demnach weiterhin auf den „Stein der Weisen" warten, der den Gordischen Knoten „Altersbestimmung beim Rehwild" entwirren hilft. Wenn wir uns jedoch mit einer Schätzung und der ihr anhaftenden Ungenauigkeit begnügen, reichen die traditionellen Methoden durchaus.

Vermessen und Bewerten von Rehgehörnen

(aus Prof. Egon Wagenknecht „Rehwildhege mit der Büchse“)

Die Bewertung von Rehgehörnen erfolgt nach der internationalen Formel.

Anweisung für die Messung:

Die Messung der Stangenlänge erfolgt vom unteren Rosenrand an der Außenseite allen Krümmungen der Stange folgend bis zur Spitze. Dabei darf das Bandmaß nicht in den zwischen oberem Rosenrand und Stange gebildeten Winkel eingedrückt werden. Es wird die größte Länge ermittelt, die sich entweder aus der Messung bis zur Spitze des Vorderendes (= Mittelsprosses) oder des Hinterendes ergibt. Es wird auf 0,1 cm genau gemessen.

Das Gehörngewicht wird am trockenen Gehörn, d.h. mindestens sechs Wochen nach der Erlegung, auf 1 g genau ermittelt. Als Norm gilt kurzer Schädel mit Nasenbein. Bei größerem Schädel müssen entsprechende Abzüge erfolgen. Bei ganzem Schädel ohne Unterkiefer beträgt der Abzug 90 g. Bei kleinerem Schädel ohne Nasenbein sind 10 g, bei ganz kurz gekapptem Gehörn 20 g als Zuschlag zu geben. Wird das frische Gehörn kurz nach der Erlegung gewogen, ist ein Abzug von 10 % vorzunehmen.

Das Gehörnvolumen wird durch Eintauchen der Stangen mit Ausnahme des Schädels und der Rosenstöcke in Wasser auf 1 cm^3 genau ermittelt. Die genaueste Volumenermittlung erfolgt mit Hilfe einer hydrostatischen Waage. Behelfsmäßig lässt sich das Volumen aber auch auf andere Weise mit genügender Genauigkeit ermitteln. Brauchbar für diesen Zweck sind einfache Brückenwaagen (Haushaltswaagen). Auf die eine Seite der Waage wird ein großes Gefäß mit Wasser gestellt; auf die andere Seite kommt so viel Ballast, dass sich die Waage im Gleichgewicht befindet. Dann wird das zu messende Gehörn bis an den unteren Rosenrand in das Wasser getaucht und das Gleichgewicht der Waage durch Zusetzen von Wägestücken auf der anderen Seite wiederhergestellt. Die zugesetzte Grammzahl gibt dann das Volumen des Gehörns in Kubikzentimetern an, da ja 1 ml Wasser (mit einer Temperatur von 4 °C) 1 g entspricht.

Messungen		**Punkte**
1. Länge der linken Stange Länge der rechten Stange	} Durchschnitt in cm × 0,5	
2. Gewicht des trockenen Gehörns	in g × 0,1	
3. Gehörnvolumen	in ccm × 0,3	
4. Schönheitspunkte (Zuschläge)		
a) Farbe	0 bis 4 Punkte	
b) Perlung	0 bis 4 Punkte	
c) Rosen	0 bis 4 Punkte	
d) Auslage	0 bis 4 Punkte	
e) Spitzen der Enden	0 bis 2 Punkte	
f) Zuschläge für Regelmäßigkeit und Güte (Begründung angeben)	0 bis 5 Punkte	
	Summe	
5. Abzüge für Fehler (Begründung)	0 bis 5 Punkte	
	Endgültige Summe	

Auch Briefwaagen eignen sich gut zur Volumenbestimmung. Zwei Tische werden so nebeneinandergestellt, dass der Zwischenraum gerade von den Füßen der Briefwaage überbrückt wird. Am Träger der Briefwaage wird ein dünner Bindfaden befestigt, dessen unteres Ende eine Schlinge bildet. Darunter wird ein genügend großes Gefäß mit Wasser gestellt. Das zu messende Gehörn wird so in die Schlinge des Fadens gehängt, dass es gerade bis zum unteren Rosenrand in das Wasser eintaucht. Die richtige Wasserhöhe wird durch Zugießen oder Abfüllen hergestellt. Das jetzt an der Skala angezeigte Gewicht wird von dem vorher auf derselben Waage ermittelten Gehörngewicht abgezogen. Die Differenz gibt das Volumen des Gehörns in cm^3 an.

Beim Eintauchen des Gehörns ist zu beachten, dass es nur dann bis zum unteren Rosenrand eingetaucht werden darf, wenn der untere Rosenrand mit dem Ende des Rosenstockes in einer Ebene liegt. Dachförmige, schräggestellte oder stark nach unten gezogene Rosen dürfen nur so weit eingetaucht werden, dass von der Masse der Rosen etwa ebensoviel über den Wasserspiegel herausragt, wie von der Masse des Rosenstockes unter dem Wasserspiegel liegt. Die Gehörnspitzen dürfen den Boden des Gefäßes nicht berühren.

Für überschlägige Gehörnbewertungen kann auch auf die etwas umständliche Volumenbestimmung verzichtet werden. In diesem Falle wird eine näherungsweise Wertziffer für Gewicht plus Volumen ermittelt, indem das absolute Gehörngewicht nicht mit 0,1, sondern mit 0,23 multipliziert wird. Diese Methode ergibt jedoch nur für Gehörne mit mittlerem spezifischem Gewicht einigermaßen stimmende Näherungswerte; spezifisch leichte oder schwere Gehörne werden auf diese Weise zu hoch bzw. zu niedrig bewertet.

Annähernd richtig lässt sich nach BIEGER/NÜSSLEIN (1956) die Wertziffer für das Volumen auch durch Messung des Stangenumfanges ermitteln: „Erforderlich ist die Umfangsmessung unmittelbar über der Rose, unterhalb der Vordersprosse sowie zwischen Vorder- und Hintersprosse. Aus den Werten der rechten und linken Stange ist das Mittel zu nehmen, das dann durch 2 dividiert wird. Bei Gehörnen unter 20 cm Stangenlänge wird das Mittel aus den beiden oberen, bei Gehörnen von 20 bis 25 cm Länge aus den beiden unteren und bei Gehörnen über 25 cm Länge aus der unteren Messung genommen.

Beispiele:

1. Stangenlänge 18,7 cm, durchschnittlicher Umfang der beiden Stangen unterhalb der Vordersprosse 70 mm, zwischen Vorder- und Hintersprossen 51 mm; Durchschnitt 60,5, dividiert durch 2 = 30,25 = Wertziffer für Volumen
2. Stangenlänge 23,2 cm, durchschnittlicher Umfang der beiden Stangen über der Rose 120 mm, unterhalb der Vordersprosse 100 mm; Durchschnitt 110, dividiert durch 2 = 55 = Wertziffer für Volumen!
3. Stangenlänge 26 cm, durchschnittlicher Umfang der beiden Stangen über der Rose 80mm, dividiert durch 2 = 40 = Wertziffer für Volumen.“

Auch auf diese Weise können natürlich nur Näherungswerte ermittelt werden.

Schönheitspunkte (Zuschläge)

Farbe (0 bis 4 Punkte)

hell oder künstlich gefärbt	0 Punkte
gelb oder hellbraun	1 Punkt

mittelbraun	2 Punkte
dunkelbraun ohne Glanz	3 Punkte
dunkel, fast schwarz	4 Punkte

Perlung (0 bis 4 Punkte)

glatt, fast ohne Perlung	0 Punkte
schwach geperlt	1 Punkt
mittelmäßig geperlt (kleine, ziemlich zahlreiche Perlen)	2 Punkte
gut geperlt (kleine Perlen auf allen Stangenseiten)	3 Punkte
sehr gut geperlt (reiche Perlung auf allen Stangenseiten)	4 Punkte

Rosen (0 bis 4 Punkte)

schwach (schmal und niedrig)	0 Punkte
mittel (schnurförmig, wenig geperlt)	1 Punkt
gut (kranzförmig und ziemlich hoch)	2 Punkte
stark (breit und hoch)	3 Punkte
sehr stark	4 Punkte

Auslage (0 bis 4 Punkte)

sehr eng (unter 30% der Stangenlänge)	0 Punkte
eng (30 bis 35%)	1 Punkt
mittel (35 bis 40%)	2 Punkte
gut (40 bis 45%)	3 Punkte
sehr gut (45 bis 75%)	4 Punkte
abnorm (mehr als 75%)	0 Punkte

Als Auslage wird die größte innere Entfernung der Stangen gemessen. Bei geraden Stangen ist die Auslage allgemein zwischen den Spitzen, bei gebogenen Stangen im oberen Drittel am größten. Das Prozent erhält man durch folgende Rechnung: gemessene Auslage mal hundert durch Stangenlänge.

Spitzen der Enden (0 bis 2 Punkte)

stumpf und wenig ausgeprägt	0 Punkte
stumpf und mittelmäßig entwickelt	1 Punkt
spitz und weiß poliert	2 Punkte

Zuschläge für Regelmäßigkeit und Güte der Gehörnform (0 bis 5 Punkte)

Abzüge für Unregelmäßigkeit der Stangen und Sprossen und für poröse Gehörne (0 bis 5 Punkte)

Für Zuschläge und Abzüge muss jeweils die Begründung angegeben werden.

Für die Preisvergabe gelten folgende Prämierungsgrenzen:

I. Preis = Goldmedaille	ab 130 Punkte
II. Preis = Silbermedaille	115–129,9 Punkte
III. Preis = Bronzemedaille	105–114,9 Punkte

Weltrekord (alt) 228,68 IP

Erlegungsort: Martonvasar /Ungarn	
Erlegungsdatum: 29.07.1965	
Gehörngewicht: 766,50 g	76,65
Gehörnvolumen: 398,5 cm³	119,55
Stangenlänge rechts: 28,5 cm	15,23
Stangenlänge links: 32,4 cm	
Zuschläge:	
Farbe	2,00
Perlung	3,00
Rosen	3,75
Auslage	3,00
Spitzen der Enden	2,00
Regelmäßigkeit und Güte	3,50
Bewertung 228,68 IP	

Weltrekord (alt)
Erlegungsort: Widtsköflei/Schweden
Erlegungsdatum: 29.08.1982
Gehörngewicht: 875 g
Gehörnvolumen: 435 cm3
Stangenlänge rechts: 27 cm
Stangenlänge links: 26,5 cm
Bewertung: 246,90 IP

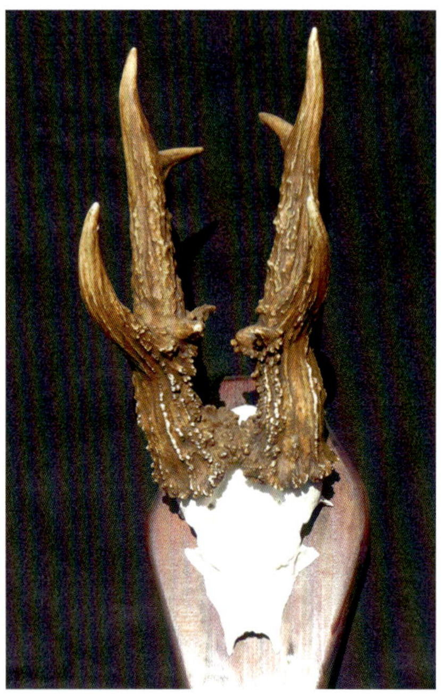

Weltrekord (neu)
Erlegungsort: Didlington/Dorset GB
Erlegungsdatum: 11.05.2006
Gehörngewicht: 1182 g
Gehörnvolumen: 450 cm³
Stangenlänge rechts: 30,06 cm
Stangenlänge links: 29,90 cm
Bewertung: 277,73 IP

Rares braucht Bares

In vielen Revieren liegt eine Trophäe von 300 Gramm netto, also kurz gekappt und trocken bzw. mit Oberkiefer nach 90 Gramm Abzug an der Obergrenze des Erreichbaren. Entsprechend hoch ist auch der Stellenwert. Natürlich verknüpft man dabei das Gewicht mit einem bestimmten Gehörnvolumen, freut sich, wenn die Trophäe optisch viel hermacht und ist vielleicht enttäuscht, wenn Masse fehlt, jedoch die Waage unerwartet viele Gramm bescheinigt. Angesprochen bzw. taxiert wird nämlich allein nach dem, was der Betrachter an Gehörnvolumen zwischen den Lauschern sieht. Davon leitet er ein bestimmtes Gewicht ab. Dieses wiederum verifiziert oder korrigiert unbestechlich die Waage. Ist es höher als geschätzt und artikuliert der Bewerter, dass man der Trophäe das wahre Gewicht nicht ansieht, weicht vielleicht die Freude heimlichem Frust, umgekehrt wiederum mag sich Stolz zur Freude gesellen. Jedenfalls kommt unterm Strich ein „Styropor-Gehörn", also eines mit reichlich Masse, aber wenig Gewicht besser an als ein bleiernes mit bescheidenem Volumen.

Die Erfahrung lehrt, dass wir den ersten Typ eher bei Stangen mit reicher Perlung und dunkler Farbe finden, während glatte Stangen mit heller Färbung in aller Regel mehr als erwartet wiegen.

Nicht jeder hat ein eigenes Revier, und nicht jedes Revier bietet die begehrte Trophäenqualität. Warum dann sein Waidmannheil nicht außerhalb der Landesgrenzen suchen. Böcke zwischen drei- und vierhundert Gramm Gehörngewicht wachsen in nicht geringer Anzahl in Großbritannien, Schweden, Polen, Ungarn, Serbien, Bulgarien und Rumänien und werden in aller Regel durch Vermittler feilgeboten. Sie sind zu kriegen, wenn man sich zur rechten Zeit im richtigen Revier einfindet. Die Verhältnisse freilich differieren von Land zu Land erheblich. In Großbritannien startet die Bockjagd am 1. April. Die Böcke sind noch grau, die Gehörne eben verfegt, blass und häufig noch mit Bastresten zwischen den Perlen sowie oberhalb der Rosen. Aber: Man kriegt sie in Anblick und darf sich einer hohen Erfolgsquote sicher sein. Ob überwiegend gepirscht oder angesessen wird, hängt im Wesentlichen von den Grundbesitzverhältnissen ab. Genossenschaftsreviere wie bei uns kennen die Briten nicht und auch keine Jagdgesellschaften nach osteuropäischem Vorbild. Man jagt entwe-

Sternstunde des Meisters in Schweden: Der wohl weltstärkste lebend fotografierte Bock

Kapital und abnorm. Auch in Spitzenrevieren nicht alltäglich

der auf Gütern von Großgrundbesitzern oder vom Outfitter und seinen Berufsjägern geführt auf einem Flickenteppich der Farmen, die Abschüsse abgetreten haben. Vom Jagdgast wird vorausgesetzt, dass er nach Weisung vom Stock aus treffen kann. Er bucht die Anzahl der Böcke und selektiert eigenverantwortlich. Selbst bei sichtbar zu jungen, Trophäenträgern wird nämlich der Abschuss nicht grundsätzlich verwehrt, denn der Stalker sieht primär seinen Job darin, Böcke zu präsentieren und den Gast in Schussweite zu führen. Mehr nicht. Hinsichtlich der Abschussgebühren sind die Insulaner übrigens vergleichsweise moderat. Selbst sehr starke Trophäenträger bleiben bezahlbar. Wer das Blatten beherrscht, kann auch in der Brunft erfolgreich sein und kriegt dann von Farbe und Glanz her ausgereifte Trophäen. Das gilt auch für Schwedens langstangige Gehörnträger, denn hier markiert der 16. August den Aufgang der Bockjagd. Stichtag ist in Ungarn der 15. April. In den bockreichen Revieren der Tiefebene wird die Jagd zum Wettlauf mit der Vegetation. Innerhalb weniger Tage bieten riesige Raps- und Wintergetreideschläge so viel Deckung, dass höchstens noch Haupt oder Lauscher aus dem Halmenmeer ragen. Gepirscht wird hier in aller Regel per Fahrzeug. Morgens und abends fahren die Pirschführer große Flächen ab und suchen auf ihnen die wohlbekannten Trophäenträger. Deren Fluchtdistanzen sind zum Teil beträchtlich, und der Jäger muss sich auf Schussentfernungen jenseits der 200-Meter-Marke einstellen, wenn er erfolgreich sein möchte. Ähnliche Verhältnisse finden wir in der serbischen Vojvodina vor. Ab dem 12. Mai öffnet Polen seine Schatzkammern. Der Gast kann je nach Revierstruktur und Landesteil nach Herzenslust ansitzen oder pirschen und kommt sowohl quantitativ als auch qualitativ im eingangs abgesteckten Segment auf seine Kosten. Rumäniens Domänen sind weder überlaufen noch übernutzt, bergen neben reifen Trophäenträgern manch positive Überraschung und gelten derzeit als Geheimtipp. Wer in Bulgarien Böcken nachzustellen trachtet, sollte wissen dass dort die Gehörne sehr häufig glattstangig und von hoher Dichte sind. Um in Deutschland an Trophäen mit 400 Gramm und darüber zu gelangen, muss man schon privilegiert sein. Es gibt Regionen, wo in ausgewählten Revieren solche Böcke in nennenswerter Anzahl wachsen z.B. im thüringischen Becken oder in Sachsen, doch werden die Abschüsse in aller Regel getauscht bzw. unter der Hand vergeben.

In dieser Gewichtsklasse lohnt es sich, die Trophäen zu Vergleichszwecken nach CIC bewerten zu lassen. Hier kommt nämlich die Volumensermittlung ins Spiel. Ein Verfahren, das großer Erfahrung und nach Möglichkeit einer hydrostatischen Waage bedarf, soll es korrekt und reproduzierbar ablaufen. Bescheinigt dann das Ergebnis aus Volumen (0,3 Punkte pro cm^3), Gewicht (0,1 Punkte pro Gramm), mittlerer Stangenlänge (1/2 Punkt pro Zentimeter) und maximal 23 Schönheitspunkten einen Wert von mindestens 105 Zählern, erhält die Trophäe eine Bronzemedaille, ab 115 CIC-Punkten gibt es Silber und ab 130 Punkten Gold. Dazu ein Beispiel: Eine Trophäe mit einer Stangenlänge von 24 Zentimetern macht in der Natur und an der Wand eine Menge her. Dafür gibt es 12 Punkte. 380 Gramm Gehörngewicht ergeben 38 Punkte und 150 cm^3 Volumen 45 Punkte. Diese drei Parameter sind überprüfbar und summieren sich auf einen Wert von 95 Punkten. Mit zehn von 23 Schönheitspunkten aus Farbe (max. 4), Perlung (max. 4), Rosen (max. 4), Auslage (max. 4), Spitzen der Enden (max. 2) sowie Regelmäßigkeit und Güte (max. 5) ist die Trophäe im Medaillenrang. Diese zehn Zähler sind praktisch immer drin. Die maximale Punktzahl indes wird international äußerst selten vergeben.

Hat unsere fiktive Trophäe „nur" 350 Gramm, müssen die fehlenden drei Punkte über das Volumen herein, will heißen 10 cm^3 mehr von ihm. Böcke mit guten 400 Gramm Geweihgewicht erreichen dann „Silber", wenn sie mindestens 180 cm^3 Gehörnvolumen erbringen. „Gold" lässt eine Trophäe ab 450 Gramm erwarten, wenn sie wenigstens 190 cm^3 Volumen aufweist. Bei diesem Wert muss die Trophäe die fehlenden Punkte über das Gewicht einbringen. Mit 510 g anstelle der 450 Gramm und 190 cm^3 Volumen erreicht unser fiktives Muster dann exakt 130 Punkte und damit Gold. Wir haben es dann mit dem (ungeliebten) Fall zu tun, dass das Sein den Schein überbietet, will heißen hohe Kosten für weniger an Masse. Nicht selten werden die Trophäen noch im Revier ausgepunktet. In solchen Fällen ist der zahlende Gast gut beraten, darauf zu achten, dass für die Bewertung nach CIC ein Abschlag von zehn Prozent hinsichtlich des ermittelten Gewichtes in diese einfließt und auch, dass mit den Schönheitspunkten nicht zu sehr jongliert wird. Die volle Punktzahl für Perlen, Rosen, Farbe, Regelmäßigkeit und Güte ist nämlich in den seltensten Fällen gerechtfertigt, und genau aus diesem Pool bedienen sich lokale Bewerter, wenn das angestrebte bzw. zugesicherte Ziel nur noch so erreicht werden kann.

Einen Kritikpunkt möchte ich an dieser Stelle anbringen. Er betrifft die Bewertung der Auslage. Mit 75 Prozent der mittleren Stangenlänge gilt sie noch als sehr gut und wird mit vier Punkten bedacht, ein Promille (!) darüber macht sie hingegen abnorm. Dafür gibt es nicht einen einzigen Punkt. Hat unser Beispielsbock mit 24 Zentimeter Stangenlänge eine Auslage zwischen 10,8 cm und 18 Zentimeter, gebühren ihm vier Punkte, hat er jedoch 18,1 Zentimeter Auslage, geht er leer aus. Das verstehe, wer will. Wer bitteschön maßt sich an, den Unterschied von einem Millimeter zu erkennen?

Trophäen am Einstieg in die Goldmedaillenklasse ragen aus der Masse weit heraus. Doch solche der Weltspitze mit 200 CIC-Punkte und mehr weisen mehr als das doppelte Volumen derselben auf und bringen in aller Regel deutlich mehr als 700 Gramm netto auf die Waage. Beim aktuellen Weltrekord aus Didlington/GB summieren sich 450 cm^3 Volumen mit dem sagenhaften Trophäengewicht von 1182 Gramm und einer Stangenlänge von 29,2 cm zu einem Wert von 267,1 CIC. Mit Schönheitszuschlägen kommt dieses knöcherne Monster auf 277,73 Punkte. Das Spitzengewicht aller vermessenen Böcke wurde mit 1207 Gramm bei einem Exemplar aus Dorset (GB) ermittelt, das Minimalgewicht eines ungarischen Vertreters der 200-Punkte-Liga hingegen mit 640 Gramm. Beim Volumen gibt es einen Ausreißer nach unten, denn es existiert eine Trophäe aus Italien mit „nur“ 300 cm^3 allerdings einem Gewicht von 890 Gramm. In die Weltspitze gelangt in aller Regel nur, wer wenigstens 750 Gramm Gewicht mit 350 cm^3 Volumen vereint. Aktuell werden diese 750 Gramm mit 13.000 Euro abgerechnet. Für eine 900 Gramm Krone wären gar 19.000 Euro fällig. Und der Weltrekord? Nach Gewicht abgegolten würde er ohne Extrataxe bereits mit über 30.000 € zu Buche schlagen. Böcke zwischen 600 und 700 Gramm erreichen normalerweise zwischen 165 bis 185 Punkte.

Solche Trophäen sind überaus rar, extrem teuer und nicht mehr planbar. Von den beeindruckenden polnischen Bocktrophäen, die anlässlich der bemerkenswerten Ausstellung „Wildtier- und Umwelt“ 1986 in Nürnberg präsentiert wurden, erzielte der Spitzenbock 167,10 CIC-Punkte und neun weitere übertrafen die 160-Punkte-Marke. Der europäische Trophäenkatalog, 2010 von S. Breith, L. Bozoki und B. Winsmann-Steins erstellt, verzeichnet 384 ungarische, 245 schwedische, 117 polnische und 77 englische mit mehr als 160 CIC-Punkten. Aus Deutschland sind 36 bekannt. In Frankreich wurden immerhin 91 erbeutet und in Spanien deren 82. Auch wenn in der letzten Dekade noch der eine oder andere Vertreter hinzugekommen sein dürfte, ändert das an der Relation wenig. Ungarn bleibt vorne, gefolgt von Schweden. Auch bezüglich der Goldmedaillen toppen die Magyaren mit 4.789 zu 2.993 die Skandinavier. Wer über genügend Geld und Zeit verfügt, kann mit dem notwendigen Glück seine Lebenstrophäe in mehreren Ländern erbeuten. Wird jedoch eine Punktlandung bezüglich einer „sicheren“ Goldmedaille angestrebt, dann ist Ungarn die erste Anlaufstelle. Ein wenig teurer als anderswo zwar, aber mit einer guten Erfolgsaussicht. So kostet der „echte“ 500-Gramm-Bock etwa 5.000 Euro, denn bezahlt wird für eine noch nicht getrocknete Krone in der Größenordnung von 550 Gramm. Wahrlich kein Pappenstiel. Soll es hingegen noch mehr sein, bewegt sich die Kalkulation schnell im fünfstelligen Euro-Bereich. Da staunt der Laie, den Fachmann wundert es dagegen weniger.

Ebenfalls ein Objekt der Begierde, doch nicht zum Schnäppchenpreis

Beschiss mit Kalkül

Gold für Wasserdampf

Wasser so teuer wie Gold. Das gibt's. Zumindest bei der Trophäenabrechnung. Das müssen Sie wissen, um nicht über den Tisch gezogen zu werden.

Bockjagd in Pommern. Der Jagdführer drängt: „Guter Bock, über 500 Gramm, du schießen?" Hoch prahlt die Krone über den Lauschern und übertrifft alles Gesehene. Die unverhoffte Gelegenheit für den Lebensbock, und draußen ist die Kugel. Waidmannsheil, Umarmung am Gestreckten. Der Berufsjäger korrigiert nun seine Einschätzung des Gehörngewichts nach oben in die 600-Gramm-Klasse, der Gast überschlägt insgeheim sein Budget. 350 Gramm sieht die Pauschale als Obergrenze vor, was drüber geht, muss nach Preisliste bezahlt werden. Der 500-Gramm-Bock kostet somit 1.810 € mehr, also 2.210 €. Für 550 Gramm sind 2.895 € fällig und jedes weitere Gramm schlägt mit 15 € zu Buche. Für den 600-Gramm-Bock wären demnach 3.645 € zu berappen.

In den Premiumrevieren Ungarns ist man gar mit 3.000 € für 500 Gramm dabei, und für jedes Gramm darüber werden 40 € verlangt. 40 € pro Gramm, das entspricht derzeit knapp dem aktuellen Goldpreis. Am Tag der Abrechnung, 24 Stunden nach dem Auskochen, würden für unsere 600-Gramm-Trophäe entweder nach Abzug der üblichen 90 Gramm für den ganzen Oberschädel mit Oberkiefer oder kurz gekappt 7.000 € berechnet. Unser Jagdgast wähnt sich im Glück, denn die Waage bescheinigt der Trophäe 515 Gramm, nach Abzug wohlgemerkt. Und 515 Gramm werden schließlich in Rechnung gestellt.

Wochen später liegt mehr als ein Dutzend Trophäen mit ganzem Oberschädel auf den Tisch des Veranstalters. Besagter Bock ragt aus der Masse heraus. „Donnerwetter, 400 Gramm hat der", entfährt es einem zufällig anwesenden Rehwildkenner. Der wiederum zweifelt an sich, als er das tatsächliche Gewicht hört. Als der Bock zu Hause irgendwann erneut auf die Waage kam, zweifelte indes der Erleger. Und zwar an der Redlichkeit der Verantwortlichen im Revier: Die unbestechliche Postwaage bescheinigte nämlich dem Schädel mit Stangen exakt 488 Gramm minus 90 Gramm, demnach 398 Gramm Trophäengewicht. Wo die Euro geblieben waren, darüber bestand Klarheit, aber wohin sich der Gegenwert verflüchtigt hatte, galt es zu erforschen. Wurde im Revier geschummelt, die Waage manipuliert oder der Bock nicht ausreichend getrocknet?

Jeder, der einen Bockabschuss im Ausland kauft, bezahlt nach gestaffelter Preisliste. Außerdem ist in allen Angeboten vermerkt, dass das Verrechnungsgewicht 24 Stunden nach dem Auskochen entweder kurz gekappt oder mit ganzem Oberschädel einschließlich Oberkiefer minus 90 Gramm erfolgt.

Vorschriftsmäßig aufbewahrt wird die Trophäe im nicht temperierten Raum ohne Luftstrom und Sonnenlicht. Insofern liegen die Konditionen offen. Nebenbei bemerkt trocknet die kurz gekappte Variante bis zur Abrechnung einen Tick schneller und schont auf diese Weise das Budget. Wer allerdings nach internationalen Punkten schielt, sichert sich mit der Alternative „ganzer Oberschädel" bis zu drei Zähler mehr, denn unabhängig von der Schädelgröße werden bei der Bewertung nach CIC-Formel nur 90 Gramm abgezogen.

Klar ist aber auch, dass die Trophäen noch nicht ausgetrocknet sind, wenn sie auf die Waage kommen und dass sie in den folgenden Wochen weiter an Gewicht verlieren. Rasant in den

Bei der Trophäe mit Oberkiefer werden 90 Gramm abgezogen. Die Ziffern verraten das Gewicht der Teile, die bei kurzem Kappen an der Trophäe bleiben und in Abzug gebracht werden

beiden ersten Tagen und eher schleichend in den folgenden. Nach drei Monaten Aufbewahrung im temperierten Raum wiederum dürfen sie als „knochentrocken“ bezeichnet werden. Schnell wird man auf der Waage feststellen, dass eine kurz gekappte Trophäe noch einmal ca. 10 Prozent an Gewicht verloren hat. Unsere 500 Gramm Verrechnungsgewicht sind dann auf 450 Gramm geschrumpft (Nach diesen sieht dann auch meistens das Gehörn aus). Sollen es aber 500 Gramm bleiben, dann muss ein Bock mit ca. 560 Gramm geordert, erlegt und bezahlt werden. Der Mehrpreis dafür liegt in Ungarn bei 2.400 € oder 60 Gramm Gold. Das gilt es bei der Jagd nach der Lebenstrophäe zu bedenken.

Doch nicht alles, was „kurz gekappt“ präsentiert wird, entspricht der Norm. Diese sieht nämlich vor, dass der Schnitt am hintersten Punkt des Hinterhauptbeins ansetzt, die Augenbögen durchtrennt und an der Spitze des Nasenbeins endet. Demnach bleiben Nasenbein, Stirnbein und Scheitelbein voll erhalten, von Schläfenbein, Hinterhauptbein und Oberkieferbein Teile.

Wie viel Wasser nun die Trophäe in den ersten 24 Stunden verliert, hängt wesentlich von Wärme, Luftzufuhr und Luftfeuchtigkeit ab. Jeder, der schon mal Wäsche gewaschen hat, weiß, dass diese bei Sonnenhitze und Luftzug am schnellsten trocknet, dass Luftzug den Prozess schneller bewerkstelligt als ein geheizter Raum und dass sich diesbezüglich im kühlen Keller oder in der Waschküche wenig tut. Der Ort des Trocknens entscheidet demnach wesentlich darüber, ob die großen Scheine in der Börse bleiben dürfen oder über den Tisch wandern müssen. „Den höchsten Stundenlohn meines Lebens“, so erzählte stolz ein Bekannter, „habe ich in der Nacht verdient, in der ich meinen frisch ausgekochten Bock der hohen Goldmedaillenklasse fortwährend föhnen konnte. Und ich habe das mit Genuss gemacht und gerne den Schlaf geopfert.“

Am ausgekochten und gekappten Schädel sorgt ein Mehr an Schläfenbein und Hinterhauptbein für Gewicht. Bis zu 40 Gramm (oder 1.600 €) kommen dabei heraus. Doch auch, wenn Trophäen zu Vergleichszwecken oder Prämierung herangezogen werden, wollen Differenzen zum Normschnitt berücksichtigt sein.

Ein Blick auf die Schnittstelle im Hinterhaupt verrät, ob Abzüge anstehen. Sind die Wände gleichmäßig dünn und ragen keine Knochenfortsätze in die Höhlung, hat alles seine Richtigkeit. Ansonsten fallen gemäß der verbliebenen Masse Abzüge von 5 Gramm bis 40 Gramm an, wohlgemerkt bei völlig trockenem Knochen. Am Nasenbein haftende Reste des Oberkieferbeins wiegen kaum mehr als 5 Gramm, summieren sich aber zusammen mit einem kleinen Überstand am Hinterhauptbein auch auf 10 Gramm. Das entspricht in der höchsten Progres-

In der Klasse über 500 Gramm macht die Differenz zwischen der Schnittführung rot und grün bis zu 20 Gramm und 800 Euro aus

Das Gewicht sitzt am Hinterhaupt. Links ganzer Oberschädel. In der Mitte sind Abzüge von 30 Gramm gerechtfertigt. Rechts muss nichts abgezogen werden

sionsstufe immerhin 400 €. Den Oberkieferzähnen mit Gaumenplatte bescheinigt die Waage ein Gewicht von mindestens 30 Gramm und den Knochen auf der Schädelunterseite samt Oberkiefer, also der Differenz zwischen ganzem und kurz gekapptem Schädel, Werte zwischen 75 g und 85 g. Die genannten Angaben beziehen sich auf mittlere Schädelgrößen von ausgewachsenen Böcken und berücksichtigen weder Übergröße noch auffallende Knochendichte. Letztere findet sich übrigens immer wieder bei alten Böcken. Wie viel nun im Einzelnen abgezogen werden sollte, das verraten Bilder mehr als Worte. Und auch, dass man sich künftig kein X für ein U vormachen lassen muss. Dafür genügt nämlich fortan ein Blick.

Zwei alte Böcke. Unterschiedlich große Schädel, doch einheitlicher Abzug von 90 Gramm

Im Bockparadies

Reife Böcke in allen Güteklassen satt, Niederwildbesätze wie in alten Zeiten und Fluren, die allein dem Jäger gehören. So präsentiert sich eines der besten Bockreviere Rumäniens.

„Bock", flüstert Christian, „versuch ihn mit dem Dreibein anzugehen." Der Auserkorene steht im Weizen, nur Gehörn und Lauscher ragen aus den Ähren. Pechschwarze, fein geperlte Stangen, Masse von den Rosen bis zu den Enden. 500 Gramm Trophäengewicht hat der leicht. Lediglich 50 Meter trennen mich am Ende der gebuckelten Pirsch von der begehrenswerten Beute. Mein Absehen zeigt mir alle Einzelheiten des Gehörns, für einen Moment schimmert der Windfang durch. Soll ich pfeifen und auf den Träger zielen, sobald sich die Chance bietet? Eine gefühlte Ewigkeit hatte ich schon gewartet, doch bevor ich das Gesetz des Handelns in die Hand nehmen kann, tut es der Bock. Ein paar hohe Fluchten – und weg ist er.

Minuten zuvor war ein anderer nicht minder begehrenswerter Bock beim Annähern des Pickups in den schützenden Akazienwald geflüchtet. Glutrot taucht nun die Sonne in den Horizont, als wir ein paar Zeigerumdrehungen später Bock Nummer drei an einer Hecke fegen sehen. Ein Bekannter, den wir bei der Morgenrundfahrt bereits ansprechen konnten und ohne Chance einer Schussabgabe ziehen lassen mussten. Geschätzte Stangenlänge 27 bis 28 Zentimeter, mächtige, weiß blitzende Vereckung, rau geperlte, schwarze Stangen bester Güte. Wir können ihn auf Schussentfernung anpirschen, er steht breit und frei.

„Schießen!", zischt Jagdführer Alex. Mein Absehen steht hinter dem Blatt, doch ich verkneife mir den Schuss. Ebenerdig abgefeuert wäre nämlich der Dorfrand der schlechtest möglichste Kugelfang. Der Versuch wiederum, den Bock zu umschlagen, scheitert. Meter um Meter sehen wir fortan Haupt und Träger Richtung Wald entschwinden. Wir schreiben den 7. Juni. Mein zweiter anblickreicher

Diese beiden gehören zu den 35 am Morgen gezählten Böcken

Ein braver Bock, doch das Revier beherbergt stärkere

In dieser abwechslungsreichen Vegetation fühlt sich Rehwild wohl

Jagdtag geht zur Neige. Feuerrot leuchteten die Böcke aus dem hohen Grün von Raps, Weizen und Mais. Jahreszeitbedingt ist die Vegetation hoch, für eine saubere Schussabgabe meistens zu hoch.

Pünktlich war am Vortag die Lufthansa-Maschine aus München am Flughafen von Debrecen gelandet, und aufgrund der überschaubaren Passagierzahl klappte es mit der Gepäckausgabe wie am Schnürchen. Christian Pfitzmaier, Inhaber von Pfitzmaier Jagd(reisen) erwartete mich bereits und chauffierte mich über die nahe rumänische Grenze. Von da ab sollte uns noch eine dreiviertel Autostunde vom Revier trennen. Das ungarische Debrecen liegt nur halb so weit von den Jagdgefilden entfernt wie das rumänische Timisoara, deshalb hatte mir Christian diese Option per Flugzeug empfohlen.

Bei meinem Besuch bei „Innogun" und Test des „Hybrids" tauschten wir uns auch über Jagd aus. Christian hatte von seinem Geheimtipp geschwärmt und mir den Mund wässrig gemacht. Doch alle rumänischen Böcke, die ich bis dato gesehen hatte, waren hoch, mit glatten hellen Stangen, bleischwer und somit budgetschädlich. Das verhehlte ich keineswegs und bekam die Information nebst Fotobeweisen, dass Objekte von jedermanns Begierde und für alle Börsen im Großraum Oradea ihre Fährte ziehen.

Passkontrolle an der rumänischen Grenze, ein Blick des Beamten in Wagen und Kofferraum, und weiter geht's. Rumänien gehört zwar der EU an, aber nicht dem Schengenraum. Nachdem ich weder Waffe noch Munition einführe, sich Christians Innogun „Impuls" im Kaliber .308 Win. bereits im Revier befindet, spare ich mir möglicherweise zeitraubende Formalitäten.

Kaum haben wir die von Lastwagen frequentierte Hauptstraße nach Oradea verlassen, gewähren die geteerten, mit Schlaglöchern übersäten Nebenstraßen im Landkreis Bihor (Kreischgebiet) weitgehend freie Fahrt. Wenn wir Gefährte überholen, dann werden sie in aller Regel von

Begehrenswert! In zwei Jahren ein Spitzenbock

Alt und abnorm. Mein erster Rumäne

Pferden gezogen. Bei Salard erreichen wir die südliche Reviergrenze, und der Ort Rosior liegt bereits mittendrin. Und dann beginnt eine Reise in die Vergangenheit. Störche nisten inmitten der Dörfer auf den niedrigen Stromleitungsmasten, der Ackergaul zieht den einscharigen Pflug. Dessen Haltegriffe wiederum balanciert der Kleinbauer.

Nach Feierabend gehört die Flur allein dem Jäger und der reichen Fauna. Fasane und Hasen suchen beiderseits der geschotterten, mit Schlammpfützen garnierten Piste Deckung. Längst hat unser Wagen die baum- und straucharme Tiefebene mit Feldern bis zum Horizont passiert und holpert durch Obstgärten und Weinanlagen bergwärts zum Jagdhaus. Remus, der Jagdherr, hat es vor vier Jahren mit allem Komfort gebaut. Dort sollen wir uns die nächsten Tage wohlfühlen und eine himmlische Ruhe vom Lärm der Zivilisation genießen. Für Hintergrundmusik aber sorgen die Vielzahl der gefiederten Sänger und die für unsere Ohren selten gewordenen Rufe von Fasan, Rebhahn und Wachtel.

Nach einem Selbstgebrannten zur Begrüßung, dem Beziehen der Zimmer und einer erfrischenden Dusche geht es zur Sache. Das heißt, es sollte zur Sache gehen. Doch da entdecken wir von der Terrasse aus zwei Böcke, die es wert sind, das Spektiv aufzubauen. Nach diesem unerwarteten Appetitanreger und vor einem opulenten Mahl mit allerbester Hausmannskost instruiert uns der Chef der kleinen Jagdgesellschaft über das Revier und seine Besonderheiten. Zwei aneinandergrenzende Flächen mit zusammen 23.000 ha hat er gepachtet.

Im brettebenen südlichen Teil haben Italiener und Österreicher riesige Flächen fruchtbarsten Bodens gekauft, bauen Getreide, Mais und Rüben an und bewirtschaften sie mit modernster Maschinentechnik. Im zweiten, nordwestlich gelegenen hügeligen Part dominieren kleinparzellierte Felder, gesäumt von Rainen, und geschützt durch Hecken sowie Akazienhaine. Tief haben sich Rinnsale in den fruchtbaren Löß gegraben, und an ihren Flanken gedeihen Laubbäume. Alles in allem finden sich beste Biotope für Rehwild, Hase, Fasan, Rebhuhn, Taube und Wachtel. Sie bieten Sauen und Rotwild ebenfalls Einstand. 80 Böcke und keinen mehr lässt Remus alljährlich erlegen. Auf 23.000 ha ist das nichts und der Garant, dass viele Trophäenträger reif und teils richtig alt werden können.

60 Bocktrophäen aus der jungen Saison bleichen bereits, und was mir Remus an Bildern auf seinem Handy zeigt, lässt den Mund trocken werden und den Adamsapfel tanzen. Die Spitze repräsentiert ein 705-g-Gehörn, ein Abnormer ist nicht weit weg davon, ansonsten Böcke aller erdenklicher Gehörntypen: hohe, krumme, glatte, geperlte, teils mit riesigen Rosen und Gewichten von 300 Gramm aufwärts. Viele davon sind wirklich alt. Jährlinge werden nur ausnahmsweise geschossen und bei den jüngeren Mehrjährigen allein Selektionsböcke.

Remus züchtet Kurz- und Drahthaar, richtet sie zum Teil ab und frönt vorzugsweise seiner Passion, der Suche mit der Flinte. Bei behutsamer Bejagung von Hase und Fasan, kommen alljährlich ca. 1.000 Löffelmänner und 500 naturerbrütete Gockel im Revier zur Strecke. 100 Hasen mit sechs Flinten an einem Tag sind durchaus realistisch. Bei dem Gedanken, 20 oder mehr von ihnen auf der Streife erlegen zu können, ziehe ich Geschmacksfäden, zumal das Vergnügen durchaus bezahlbar ist.

Ohne den firmen Kurzhaar hätte ich diesen starken Bock nicht gefunden

Anfang Mai, wenn sich die Feldfrüchte noch niedriger präsentieren, jagt es sich natürlich leichter. Dafür sind Anfang Juni die Böcke rot und ihre Gehörne nachhaltig eingefärbt. Einige wenige werden noch in der Brunft oder beim Blatten fallen. Ende des Monats lässt sich die Bockjagd mit der Suche auf die durchziehenden Wachteln kombinieren, die Nachlese im September wiederum mit der Hirschbrunft und dem Ansitz auf dicke Keiler in den westlichen Karpaten. Ihre Ausläufer erkennen wir vom Jagdhaus aus, und laut Christian ist man in knapp zwei Stunden vor Ort.

Zwar gibt es an strategisch interessanten Punkten Hochsitze und Kanzeln, in der Regel werden jedoch große Flächen mit dem Pickup abgefahren. Bei unseren Rundfahrten abends und morgens waren wir nicht selten 25 und mehr Kilometer vom Jagdhaus entfernt und mehr als einmal am Versacken. In Nullkommanix verwandelte nämlich der sintflutartige Gewitterregen den Löß zur Schmierseife und die Abfahrten im kupierten Terrain in die reinsten Bobpisten. Erstaunlich schnell trocknet jedoch der Untergrund wieder ab.

Exakt 35 Böcke beobachteten und fotografierten wir zum Teil am ersten Morgen. Davon wurden 15 von den Jagdführern der Klasse zwischen 350 und 450 Gramm zugeordnet. Den Selektionsbock am Dorfrand pirschen wir erfolgreich durch die Vorgärten an. Für den Gast eine neue Erfahrung und als Lohn eine überreife Trophäe mit riesigen Rosen. Auf 380 Gramm schätzte ich sie, und zehn Gramm weniger sollte sie am Ende wiegen. Bei einem zweiten im Nieselregen des Morgengrauens war der Zeigefinger zu flink und die Trophäe geringer als es die schwarz-nassen Stangen vorgegaukelt hatten. Beim dritten Bock verhielt es sich umgekehrt. 600 schrieb der Jagdführer mit dem Zeigefinger auf seine Handfläche, nachdem Christians Kurzhaar den auf große Distanz suboptimal getroffenen Recken im Raps gefunden hatte. Und Recht sollte er mit seiner Einschätzung meines Lebensbockes behalten.

Drei Böcke in drei Jagdtagen erlegt, jede Menge gesehen. Ich kann mir beim besten Willen nicht vorstellen, dass es woanders noch ein besseres Bockrevier gibt, und muss konstatieren, dass Christian bei seinen Prognosen deutlich untertrieben hat. Wenn Gleiches für das Karpatenrevier zutrifft, dann birgt Rumänien gleich zwei Paradiese, in die man sich über www.pfitzmaier-jagd.de einloggen kann.

Puszta-Gold

Viele Jäger träumen von der kapitalen Rehbockkrone. In der ungarischen Tiefebene soll sich ein Traum erfüllen.

Stopp! Energisch trommle ich mit den Fingerknochen auf das Dach des Pickup, denn ca. 250 Meter entfernt steht vor einem Schilfstreifen ein starkrumpfiges Reh. Was dann die 15fache Vergrößerung meines Fernglases zeigt, lässt den Adamsapfel hüpfen: Turmhoch! 32 Zentimeter und keiner weniger. Eng gestellt, nahezu parallele Stangen, gute Rosen, ordentliche Basis. Als der graue Bock sein Haupt dreht, blitzt weit über den Lauschern eine Vereckung, dass mir die Spucke weg bleibt. Sofort erkenne ich in ihm die Nummer zwei im Skizzenblock des ungarischen Vermittlers, und auch die Anmerkung ist mir nicht entfallen: über 500 g, 32 cm. Soll ich meinem Vorsatz untreu werden, der da lautet: Windmühle statt Funkturm? Will heißen: Masse zwischen den Lauschern und nicht prahlende Höhe. „Goldmedaille", flüstert Robert, einer der begleitenden Berufsjäger.

Im selben Moment kommt Bewegung in den mächtigen Körper, doch nicht wir sind der Grund, sondern ein Rivale. Nachdem er diesen gestampert hat, empfiehlt sich der Herr der Schilfwiesen. Doch wir nehmen seine Fährte nicht auf, sondern die des Verfolgten. Ebenfalls ein guter Bock, wie wir wenig später konstatieren, und nach Roberts Meinung auch einer der obersten Kategorie. Mich macht er allerdings nicht im geringsten an. Meine Gelüste gelten nämlich einem ganz anderen. Schwarz im Skizzenblock eingezeichnet, mit riesigen Rosen und walzenförmigen Stangen, die sich erst zur mächtigen Vereckung hin etwas verjüngen. „Ist nur 22 cm hoch, aber hat viel Masse", so der Kommentar des obersten Jägers des Komitats Szolnok. Ihn hatte ich ausdrücklich noch einmal nach zu erwartenden Gehörngewicht gefragt, um mich vor unliebsamen Überraschungen zu schützen. „Ist mit 600 g gedeckelt", lächelte der Ungar. Nun gut, dann soll, nein, muss er es sein.

Nach gründlichem Studium der Referenzliste in Ungarn gestreckter Goldmedaillenböcke hatte ich mein Limit von 520 g auf 550 g erhöht. Ungeachtet dessen muss ich immer noch vertragsgemäß 15 Prozent Abweichung vom geschätzten Trophäengewicht akzeptieren. Wiegt nun die Trophäe statt 550-Gramm deren 632,5 g dann bedeutet das einen Aufpreis von 3.420 €. Denn jedes Gramm über 500 schlägt mit 40 € zu Buche. So steht es schwarz auf weiß in der Preisliste. Wahnsinn, jawohl! Aber einmal möchte man halt, und wenn einem zum 60. Geburtstag der Teufel reitet und alle Geladenen sich ohnehin den Kopf über Mitbringsel zerbrechen, sollen sie Banknoten in einen Umschlag stecken und nicht Geschenkpapier über eine Schnapsflasche rollen. Damit schlage ich zwei Fliegen mit einer Klappe: Die Leber dankt es, außerdem wird das Begehren legitimiert und zumindest ansatzweise finanziert. Man muss ja nicht jedem auf die Nase binden, was so ein Bock kostet, vor allem, wenn er mit der Jagd nichts am Hut hat.

Ursprünglich sollte es ein Steinbock werden, genauer einer der Alpen, doch 8.500 € Vorauskasse mit der Option einer partiellen Rückerstattung, falls es mit der Trophäenqualität hapere, ließen rasch den „Stein" abbröckeln, und übrig blieb der Bock.

Natürlich keiner der Sorte, wie sie im eigenen Revier zu Dutzenden ihre Fährte ziehen, sondern ein richtiger „Kracher". Ein solcher siedelt nach meinem Verständnis jenseits der 500-g-Schallmauer und gehört der Goldmedaillenklasse an. Dafür braucht es halt auch einer gehörigen Portion an Gehörnvolumen. Genau dieses sieht nun der Betrachter und nicht das Gewicht.

Um in Ungarn einen Bock dieser Güte zu erbeuten, braucht es großes Glück und Vitamin B

Jenes fließt nur als zweitgrößter Posten in die Bewertung ein, macht aber ausschließlich den Preis. Kurzum: Es geht nicht um Edelmetall, sondern um das, wofür es steht.

500-g-Böcke sind bei ersten Auskünften der Vermittler offenbar kein solange kein Problem, bis der Kunde angebissen hat. Geht es dann jedoch ins Eingemachte, erscheinen die Wenn und Abers. „Heutzutage ist in Europa die Luft in der 500-g-Liga einfach dünn", brachte ein intimer Kenner der Szene die Sache auf den Punkt.

In Deutschland sind Böcke über 130 CIC-Punkte, der Mindestanforderung für eine Goldmedaille, rar und für einen zahlenden Gast ganz schwer zu kriegen. Die Schweden verlangen inzwischen für ihre kapitalen Trophäenträger Mondpreise und bejagen diese erst nach der Brunft in der zweiten Augusthälfte. Das birgt neben den exorbitanten Abschussgebühren das Risiko, für den sicheren Erfolg zu spät zu kommen. Die besten Reviere Südenglands sind in aller Regel in der optimalen Jagdzeit auf Jahre ausgebucht und überdies keine Garanten mehr für Spitzenböcke. In Polen braucht man Zeit, Glück und Vitamin B, um einen der fraglos vorkommenden kapitalen Trophäenträger zu erbeuten. In der Vojvodina muss man sie offenbar mit der Lupe suchen. So meinte denn auch die redliche serbische Haut, auf 500 g angesprochen: „Vielleicht möglich". Rumänische und bulgarische Böcke zeichnen sich in aller Regel durch besonders hohes spezifisches Gewicht aus, machen also optisch nicht immer das her, was sich der Kunde vom offerierten Trophäengewicht verspricht. Bleibt noch Ungarn. Wenn der Faktor Zeit eine wichtige, das Geld jedoch eine untergeordnete Rolle spielt, dann sind die Reviere an der Theiß die allererste Adresse. „Nirgendwo in Europa werden alljährlich so viele Goldmedaillenböcke gestreckt wie in Ungarn, und nirgendwo ist der Jagderfolg sicherer", hatte mir ein Insider der Vermittlerbranche gesteckt und auch, dass unabhängig vom Anbieter die meisten Fäden bei der Forst Hungaria AG in Budapest zusammenlaufen. Unwillkürlich fällt einem da das Sprichwort vom Schmiedl und vom Schmied ein.

Die Jagdzeit auf Rehböcke startet in Ungarn am 15. April. Obwohl die Böcke noch grau sind und ihre Gehörne hell leuchten, zieht es alljährlich betuchte blaublütige sowie geldadelige Grünröcke in die 100 km südöstlich von Budapest gelegene Region von Szolnok an der Theiß. Neben den imposanten Kronen der Pusztafürsten locken natürlich auch die frühe Jagdzeit sowie der Umstand, dass die Feldrehe sich noch nicht zur Gänze in der Vegetation verschlüpfen können. Dafür nehmen die Trophäen-Enthusiasten den Preis der mangelnden Färbung billigend in Kauf. Immerhin werden zwei Drittel der Bockabschüsse noch im April vollzogen.

Natürlich machen auch mich rote Böcke mit schwarzen Stangen mehr an als noch nicht verfärbte mit porzellanfarbener Wehr. Aber wenn Zeit und Gelegenheit zusammentreffen, wäre es leichtfertig, die sichere Chance irgendwelchen Grundsätzen zu opfern. Handicaps kann ich mir nämlich zu Hause, dazu noch umsonst, nach Belieben auferlegen.

Nach neun Stunden Autofahrt von Nürnberg gen Szolnok hatte ich mich im altehrwürdigen Hotel „Tisza" umgezogen und weiter auf den Weg in das 30 km östlich gelegene Fegyvernek begeben. Dort sollte die Bockjagd stattfinden und der avisierte „Klopper" auf mich warten. Links und rechts der sehr frequentierten Fernstraße nach Debrecen breitet sich die Tiefebene aus. Brettleben zwar, doch bei weitem nicht so monoton, wie ich sie mir vorgestellt habe. Immer wieder begrenzten Wallhecken die riesigen Feldschläge, durchschneiden zahlreiche schilfbewachsene Abzugsgräben Weiden sowie Ackerland und säumen Dörfer oder Laubholzinseln den Horizont. An Niederwild herrscht offenbar kein Mangel wie überfahrene Hasen und Fasane am Fahrbahnrand bezeugen.

Nach kurzer Begrüßung starten wir zur Revierrundfahrt. Schnell wird mir dabei klar, dass sich die Kommunikation aufgrund mangelnder Kenntnisse der jeweiligen Landessprache auf wenige Brocken Deutsch und viele Gesten beschränken würde. Ich vertraue ganz darauf, dass die beiden Jäger klare Weisungen erhalten haben, zeige ihnen mehrmals die Handskizze des ausgewählten Bockes und sage: „schießen". Die Ungarn nicken jedes Mal fleißig.

Die Inspektionsfahrt führt uns nicht zum Gesuchten, zeigt uns aber wohl an die 50 vorwiegend junge Trophäenträger, verteilt auf Schilfwiesen, Getreideschläge oder schwarzbraune, noch nicht eingesäte Äcker im 6.000 ha großen Revier. „Morgen wir sehen", lautete der Abschiedsgruß.

Eigentlich kehre ich für das Abendessen zu spät zurück, doch das freundliche Personal heizt noch einmal Tiegel und Pfannen an. Zum Glück bin ich nicht allein. Der zweite Gast, der sich gerade auftragen lässt, entpuppt sich als Koryphäe in Sachen Kapitalböcke, selektiert alljährlich in der absoluten Spitze und blickt auf jahrzehntelange Erfahrung in der Gehegehaltung von Rehwild zurück. Einige seiner Ratschläge hinsichtlich meiner Bockjagd greife ich dankbar auf. „Die Rehe der Tiefebene haben ein anderes Aussehen. Die Schädel sind größer, die Proportionen weichen vom Gewohnten ab. Das erschwert dem Außenstehen, Trophäenträger qualitativ einzuordnen. Aufgrund der langen Jagdzeit bis in den Februar ist die Fluchtdistanz der Sprünge sehr hoch. Stellen Sie sich auf Schussentfernungen zwischen 200 und 300 Meter ein. Außerdem: Die Jäger zeigen Ihnen die Böcke. Sie müssen entscheiden, ob sie den einen oder anderen erlegen und wie sie dabei vorgehen wollen", ergänzt er.

Im Osten graut der junge Morgen ziemlich genau eine Stunde früher als zu Hause. Wir starten mit Büchsenlicht um 5.30 Uhr. Zielgerichtet steuern die Jäger einen Nebenfluss der Theiß an. Von der erhöhten Warte des Dammes glasen wir sodann die Flächen ab, entdecken diverse Sprünge sowie einzelne Rehe als winzige graue Tupfer im zarten Grün und rollen ihnen im Schritttempo entgegen. Dann entnehme ich den Gesten, dass es sich bei dem Reh, das das Weite sucht und sich an einem Windschutzstreifen einstellt, um den gesuchten Bock handelt. Wir umschlagen weiträumig das Terrain und nähern uns vorsichtig dem, wie ich meine, Auserwählten. Als wir nahe genug heran sind, um ihn anzusprechen, erkenne ich im sehr hohen, gut vereckten Gehörn Bastfetzen, suche aber vergebens nach großen Rosen sowie klobigen

15. April: Die Bockjagd in der ungarischen Tiefebene wird zum Wettlauf mit der Vegetation

Stangen. Dennoch beharren beide Jäger auf „Goldmedaille". Nachdem sich mein Interesse in Grenzen hält, verlassen wir den Revierteil, um unser Glück anderswo zu versuchen. Unweit des Jagdhauses fesselt ein Bockduo meine Aufmerksamkeit. Dem einen spreche ich 300 Gramm zu, dem anderen 350. Bei letzterem korrigiert der Jäger um 50 Gramm nach oben, also 400 Gramm.

Dann geht alles rasend schnell. Aus einem Windschutzstreifen flüchtet ein großrahmiger Bock und verhofft kurz. Gerade so lange, dass ich riesige, nach hinten ragende Perlen an den bereits braunen Stangen erkenne. Die wiederum, so der flüchtige Eindruck, scheinen nicht von schlechten Eltern zu sein. „Goldmedaille", flüstert der Jäger, und ich gebe ihm zu verstehen, dass ich diesen Bock erlegen möchte. Wir warten, bis er in eine 500 Meter entfernte Wallhecke eintaucht und nähern uns gegen den Wind. Pech nur, dass der Bock nicht mehr auf den Läufen ist, sondern sich niedergetan hat, wir letztendlich auf 10 Meter auflaufen und sich der Trophäenträger geschickt unseren Nachstellungen zu entziehen weiß. Eine Stunde später ruht er schon wieder schier unerreichbar in einer Ackermulde. „Morgen", höre ich und frage zurück: „Warum nicht heute Abend? Erneut zeige ich meine Handskizze, wieder nicken die Jäger und deuten in eine andere Richtung.

Mit Beginn der Abendpirsch, gegen 18.30 Uhr, lassen sie den in der Früh bestätigten, wieder an gewohnter Stelle ruhenden Bock unbeachtet und chauffieren mich in den Revierteil des Vorabends. Dort soll der gewünschte Kapitale in einem größeren Laubwaldkomplex seinen Einstand haben. Im letzten Licht schließlich fegt ein Gehörnträger an einem Busch, und die Jäger sprechen ihn als den von ihnen gesuchten an. „Ist das der Bock?", frage ich. Robert nickt. „Goldmedaille?" Der Berufsjäger bestätigt und drückt mir das Spektiv in die Hand. Ich wehre ab. Wie soll ich bitteschön auf über 300 Meter bei einbrechender Dunkelheit die Trophäe eines Bockes ansprechen, den ich noch nie gesehen habe. „Du schießen?", will Robert wissen. Ich bejahe.

Wir pirschen uns auf gute 200 Meter heran. „Gute" deshalb, weil mir der Entfernungsmesser aufgrund ungünstiger Geländeformation fortwährend differierende Werte angibt. Um auf Nummer sicher zu gehen, halte ich hoch an und schicke die .22-250 auf die Reise. Der Bock liegt im Knall. Kein Wunder, denn die Kugel fasste den Ziemer. Als ich dann an den Gestreckten trete und einen Blick auf das Gehörn werfe, beiße ich auf die Lippen: Vor mir liegt ein guter Bock mit wohl 500 Gramm plus, aber nie und nimmer der mir angebotene, verheißene und von mir gewünschte. „Goldmedaille", bekunden beide Jäger und schütteln mir die Hand. Als letzten Bissen versuchen sie ihm ein paar Getreidesprossen in den Äser zu stecken. In Ermanglung brauchtumsgerechter Baumarten einigen wir uns schnell auf einen Trieb des befegten Busches. Mit Beginn der letzten Nachtstunde treffe ich im Hotel ein, kriege tatsächlich ein warmes Essen serviert und finde den jagenden Globetrotter noch wach vor. „Waidmannsheil zum kapitalen Bock mit über 500 Gramm", gratuliert er angesichts des Hauptes und forscht sogleich: „Sind Sie damit zufrieden?" – „Den Umständen gemäß, ja", entgegnete ich. Dann erzählt er mir von seinem Waidmannsheil und zeigt mir im Display seiner Kamera das Bild eines schier unglaublichen Trophäenträgers: Wahnsinnig dick, gnadenlos hoch, tierisch vereckt die Krone und vermutlich kaum weniger als 700 Gramm schwer. Mein Waidmannsheil kommt von Herzen, und entsprechend fällt auch der Händedruck aus. Denn: So eine Trophäe siedelt weit weg von meinem finanziellen Horizont und fern jeglicher Erwartung. Und die meine? Bei der Abreise tappe ich noch im Ungewissen und erhalte neun Tage später das Bewertungsprotokoll: 493 Gramm, 135 CIC-Punkte. Also Goldmedaille zu durchaus erfreulichen Konditionen.

Schottische Schnäppchenböcke

Mit Glück kann man in ausgesuchten schottischen Revieren Bocktrophäen erbeuten, die qualitativ den berühmten südenglischen nicht nachstehen, aber nur einen Bruchteil kosten. Doch Fortuna ist launisch.

„Hier, schau hin!", macht mich Björn aufmerksam. Ich werfe auf und denke, mich trifft der Schlag. Da stehen wir morgens um sieben Uhr an der Wildkammer des Estates, laden einen braven Bock aus dem Jeep, und einen Steinwurf weiter „hetzt" ein mächtiger Artgenosse seinen schmächtigeren Rivalen durch die Rinderkoppel. Im Nu ist das Fernglas vor den Augen, und die zehnfache Vergrößerung verrät: Das wäre einer. Auf meinen fragenden Blick hin winkt der Gamekeeper ab und kommentiert: „Not in the cattle area". Es ist erst der zweite Morgen unserer Bockwoche. Der wolkenverhangene Himmel beginnt aufzureißen, der Wind flaut ab, die Sonne kommt durch, und das Firmament der Hoffnungen hängt voller Geigen. Weil der Stalker signalisiert, dass er seinen Job erstmal getan habe, beschließen wir, eine kleine Beobachtungstour auf öffentlichen Wegen dranzuhängen.

Bei einsetzendem Morgengrauen, Schnürlregen und leichtem Wind hatten wir uns pünktlich um vier Uhr Ortszeit am vereinbarten Treffpunkt eingefunden und waren von unserem Jagdführer zu einem Gehöft am Rande eines Auwaldes chauffiert worden. Von dort aus pirschten wir so leise wie es der schlammige Weg zuließ, ca. 100 Meter weit hinein in den Bestand zu einer hohen Leiter. Hier sollten wir bis 6.30 Uhr sitzen bleiben, vorzeitigen Erfolg wiederum per Handy mitteilen.

Bock der 500g-Klasse. In England und Schottland noch bezahlbar

Guter Bock in den Lowlands

Der Sitzkomfort überraschte angenehm und stand damit im krassen Gegensatz zu dem der kleinen Eisenleiter vom Vortag, deren „Rückenlehne" aus einer fingerdicken Querverstrebung bestand und bei der Schraubenfragmente das Kreuz punktierten, sobald es hinten Anlage suchte: Auch eine Methode, sich wachzuhalten, wenn aufgrund einer kleinen Mütze voll Schlaf Zentner auf die Augenlider drücken.

Monoton klatschten Regentropfen auf die wasserdichte Überjacke, deren Halsabschluss und Ärmelbündchen auf engste Stufe gedrückt waren, und unentwegt starrte ich auf den Weg, der sich nach fünfzig Metern mit einer Rechtskurve im undurchsichtigen Unterholz verabschiedete. Den Wind spürte ich im Gesicht. Sollte rechts Wild ziehen, würde es nicht unentdeckt bleiben, links gewährte eine winzige Blöße Schussfeld im Blätterdschungel und wollte überwacht sein, ansonsten musste ich die Chance auf Erfolg auf dem Pfad vor uns suchen. Fünf Uhr, der Regen lässt nach. Mit einem Mal verhofft ein Schmalreh auf dem Weg, überquert ihn und zieht links in das Dickicht. Eine winzige Bewegung rechts lässt mich erst das 10 x 32 Leica heben und fast gleichzeitig zur Büchse greifen: Bock! Ich bringe ihn gerade noch ins Absehen, bevor er in die Blätter auf der anderen Wegseite eintaucht, registriere den massigen Wildkörper, schwarze Masse zwischen den Lauschern und lasse fliegen. Im Schuss kippt der Bock zurück auf den Weg. Nichts hält mich in diesem Moment mehr auf dem luftigen Ausguck.

Wenn Wind und Wetter mitspielen, erbeutet man auch solche Böcke

Kaum bin ich am Boden, fallen Myriaden von Stechmücken über mich her und scheren sich den Teufel um das vorsorglich aufgetragene Schutzmittel. Das erste, was ich beim Nähertreten von dem von mir abgewendeten Gehörn entdecke, sind dünne Sprossen. Sollte ich mich so getäuscht haben? Nein. Die Stangen sind noch dicker als es der flüchtige Eindruck suggerierte und die Rosen riesig. Schwarze Farbe und grobe Perlen zieren zudem die reife Trophäe. Ein Klotz von einem Bock und uralt dazu. Mein Herz beginnt im Dreivierteltakt zu schlagen. In diesem Moment tritt Björn hinzu. Mit „Dunnerwetter, Waidmannsheil!", drückt er mir die Hand. Wir freuen uns einfach. Immer wieder heben wir das Haupt, greifen in die Stangen und sind uns einig, eine 400-Gramm-Trophäe erbeutet zu haben.

Nicht die Aussicht auf Jagderlebnisse allein hatte mich nach Schottland geführt, auch nicht die Option, ein halbes Dutzend Böcke in fünf Jagdtagen erlegen zu können, von denen vier bis 350 Gramm in der Pauschale enthalten und weitere dieses Kalibers mit fünfzig Pfund pro Stück abzugelten waren. Nein, etwas anderes übte, angetörnt durch Bilder von den Wochenstrecken der Vorjahre, einen unwiderstehlichen Reiz aus: Die realistische Chance, hier zu unwahrscheinlich günstigen Konditionen einen wirklichen „Klopper" zu kriegen. Im jeweils aufgereihten halben Dutzend ausgekochter Trophäen prahlte nämlich eigentlich immer eine der Güteklasse um die 500 Gramm. Dafür wären dreihundert Pfund Aufpreis fällig, bis 450 Gramm zweihundert und bis 400 Gramm einhundert. Ein Bock über 550 Gramm schließlich würde ungeachtet des tatsächlichen Gewichtes pauschal 500 Pfund Abgabe fordern. Gemessen an schwedischen und südenglischen Preisen sind das Peanuts.

Goldmedaillenböcke schießen hier in den Lowlands nahe Perth natürlich auch nicht wie die Pilze aus dem Boden, aber unter dem guten Dutzend von Böcken, die alljährlich auf dem Estate gestreckt werden, befinden sich immer einige reife Trophäenträger der internationalen Medaillenklasse. Aus dem Munde des Gamekeepers hört sich dabei das Geheimnis der Stärke und Nachhaltigkeit recht einfach an: Über das Revier verteilt gibt es zahlreiche Deckungsinseln mit jeweils mehreren Einständen. Sie ermöglichen eine schier unglaubliche Populationsdichte von durchschnittlich 10 Böcken pro 100 Hektar. Davon werden gleichmäßig übers Revier verteilt und ungeachtet des Alters maximal zwei der Wildbahn entnommen. Bei dieser äußerst zurückhaltenden Bejagung erreichen nicht wenige Böcke ein Greisenalter – falls sie es verstehen, sich in den zwei kritischen Maiwochen unsichtbar zu machen und nicht doch irgendwann in einem Nachbar-Estate oder – viel wahrscheinlicher – auf der Straße ihr Leben aushauchen müssen. Allein schon vor diesem Hintergrund wäre vielleicht eine intensivere Bewirtschaftung überdenkenswert.

Aber die will der Großgrundbesitzer nicht, weil ihm an den Böcken nichts liegt. Seine Passion gehört nämlich allein der Flugwildjagd. Somit besteht die vorrangige Aufgabe der Gamekeepers im Aufziehen und Auswildern von Fasanen, der Erhaltung eines guten Besatzes und dem Kurzhalten seiner Fressfeinde. Die Bockjagd scheint da eher eine lästige Pflichtübung zu sein, die in möglichst kurzer Zeit und ausschließlich in der zweiten und dritten Maiwoche erledigt sein will. Dass sich hier zudem kaum Jagddruck aufbaut, leuchtet ein. Natürlich profitieren die Böcke auch von den vielen Hegebüschen sowie den ständig mit Weizen beschickten zahlreichen Schütten und schieben daher im Schnitt für unsere Begriffe schier unglaubliche Gehörne.

Es ist schon komisch. Manchmal fallen einem zu den unmöglichsten Anlässen irgendwelche Aussprüche ein, die irgend jemand irgendwann gemacht hat. Auf der Forth-Road Bridge waren es mit einem Mal die Worte von Michael Roberts, dem schottischen Partner des deutschen Vermittlers, Jagdbüro Kahle, die ich wieder mit dem inneren Ohr hörte. Ich hatte ihn anlässlich der Jagd und Hund in Dortmund kennen gelernt und Gefallen an seiner Offerte gefunden. Er garantiere nichts, ich möge mir die Streckenfotos anschauen, die Ergebnislisten studieren, mir mein eigenes Urteil bilden und mich schnellstmöglich entscheiden, wenn ich einer von zwei Gästen sein wolle, die das Estate im Mai 2002 aufnimmt. Ich wollte, flog am 18. Mai von München nach Edinburgh, traf mich dort mit Björn und überließ es seinem Geschick, den Leihwagen durch den Linksverkehr zu manövrieren. Nach gründlichem Abwägen hatte ich dieser Variante den Vorzug der Anreise mit eigenem Auto und Fähre gegeben, weil sie unterm Strich kaum teurer ist und zwei Tage Zeitgewinn gewährt.

Bei Bullenhitze war ich in München in den Flieger gestiegen und bei Schafskälte und Regenwind gelangte ich am Zielflughafen an, mit reichlich Regenzeug und zu wenig langärmligen Hemden im Gepäck. Nach zwei Wochen Sonne hätte sich ein Tief in Schottlands Mitte eingenistet, und es würde wohl die ganze Woche regnerisch und windig bleiben, antwortete meine Hauswirtin, als wir die Farm nördlich von Perth erreicht und nach den Wetteraussichten gefragt hatten. Das konnte ja heiter werden, zumal wenig später der Gamekeeper erklärte, dass die Rehe bei Regen ihre Einstände nicht verlassen würden. Daher sei nicht Stalken, sondern Sitzen angesagt. Die vielen Krähen, Möven, Karnickel und Fasane, die wir auf dem Weg zur Unterkunft in Wiesen und Äckern sitzen gesehen hatten, verrieten zudem, dass die Vegetation wenigstens vier Wochen hinter der in Deutschland zurückhinkte. Im offenen Gelände brauchten wir demnach die Böcke nicht zu suchen.

Schlagartig änderten sich die Verhältnisse, als am zweiten Tag ab sieben Uhr die Sonne zu dominieren begann. Überall dort, wo an den beiden Tagen zuvor gähnende Leere herrschte, stand mit einem Mal Rehwild. So konnten wir von den öffentlichen Straßen aus nicht weniger als acht Böcke ansprechen, deren Trophäen um und über geschätzte 400 Gramm lagen. Auch unser Bekannter befand sich darunter. Soeben hatte ich das Auto verlassen, um ein dringendes Bedürfnis zu verrichten, da scheuchte er einen weiteren Konkurrenten durch den Raps. Die wilde Jagd steuerte auf mich zu und sprang in rasenden Fluchten um Armeslänge an mir vorbei. Nur die hüfthohe Steinmauer trennte mich letztlich von den Kontrahenden. Irgend etwas hatte der Verfolger doch von mir mitgekriegt, denn plötzlich stoppte er, schlug um, passierte mich erneut, verhoffte auf zwanzig Meter und empfahl sich abgrundtief schreckend im leichten Troll. Diesen Bock hätte ich allzu gerne erlegt. Er war nicht nur sehr stark, sondern sichtlich alt und mit Sicherheit leicht zu kriegen. Den Platz dafür spähte ich sogleich aus. Allein der (abends) daraufhin angesprochene Stalker teilte meine Begeisterung nicht und meinte, an all den Plätzen, wo wir Böcke gesehen hätten, seien schon welche geschossen worden. Daher kämen sie für die Bejagung nicht mehr in Frage. Er habe andere Revierteile im Sinn. Ehrlich gestanden hätte ich den so erfolgversprechenden Sonnentag lieber mit Pürschen als mit Sightseeing verbracht, und der pünktlich gegen 18 Uhr einsetzende Regen ließ ein Versäumnis erahnen.

Wie bei den drei vorangegangenen Ansitzeinheiten blieb auch an diesem Abend der Erfolg nicht aus. Hier allerdings hatte der Jagdführer zum Abschuss eines jungen Bockes gedrängt. Im Gespräch konnte ich ihm übrigens entlocken, dass in der Woche vorher ein spanischer Jagdgast einen Bock gestreckt habe, der alles Dagewesene in den Schatten stellte: Netto weit über 600 Gramm Gehörngewicht, uralt, mit völlig geschlossenen Rosen, die man gerade noch mit beiden Händen umfassen konnte, rauen Perlen und einer Höhe von 25 cm. Eine erste Auspunktung deutete zudem auf den sagenhaften Wert von 180 CIC hin. Natürlich wollte ich wissen, ob er diesen Bock bestätigt und gezielt gesucht habe. Zur Antwort hob der Gamekeeper die Schultern und meinte nur, dass er in der betreffenden Ecke – wie anderswo auch – mehrere Böcke gesehen und dort auf gut Glück den Erfolg gesucht hätte. „You need luck", schloss er seine Ausführungen und ergänzte „a little bit at least". Drei volle Jagdtage warteten noch, und auf das bissschen Glück hoffte ich.

Der nächste Morgen jedoch riss mich brutal aus allen Träumen und auf den Boden der Tatsachen zurück: Sturm und Regen. Ein Wetter, bei dem man keinen Hund vor die Tür schicken würde. Trotzdem harrten wir ebenso tapfer wie fruchtlos bis 6.30 Uhr (dem verabredeten Zeitpunkt) auf der Leiter aus und baumten bis auf die Haut durchnässt sowie mit klammen Fingern ab. Hundegeknurre und -gebell in meinem Rücken ließen mich plötzlich in Habacht-Stellung gehen. Ein Jogger mit seinem Fixköter näherten sich. Der entgegen der Hinweistafel am Weg nicht angeleinte Mischling machte alle Anstalten, seiner Aggression freien Lauf zu lassen, und sein Herr startete lautstark hektische Versuche, ihn wieder in seine Gewalt zu bekommen, wohl fürchtend, dass die Büchse in der Hand des Gegenübers für Tatsachen sorgen könnte. Nachdem sich die Situation entspannt und wir unaufmerksam geworden, wenige Schritte zurückgelegt hatten, deutete Björn plötzlich in den Bestand und flüsterte: „Da, zwei

Mit etwas Glück liegt auch ein Abnormer auf der Strecke

Rehe!" Zunächst sah ich nichts, dann jedoch achtzig Meter seitlich zwei wippende Spiegel und kurz darauf ganz überraschend einen großen und einen kleineren Wildkörper mitten auf dem Weg. Das Glas hoch und ein Hundertstel später zur Büchse gegriffen: Das war der Wunschkandidat und kein Traum. Doch im Auffahren registrierte ich aus den Augenwinkeln eine „blaue" Bewegung links von den Rehen und sehr nahe dran: der Jogger! Sein Kommen hatte das Wild wohl zum Verhoffen und danach zwangsläufig zum Abspringen veranlasst. Immerhin, es gab jetzt einen Bock, auf den zu passen es sich lohnte. In den drei kurzen Stunden der folgenden Nacht schlief ich leicht, verschlief fast, und wir verspäteten uns um zehn Minuten. Bei leichtem Nieselregen, gutem Wind und einsetzendem Büchsenlicht pirschten wir sodann vorsichtig in Richtung Leiter. Ich war gerade im Begriff den Schuh auf die erste Sprosse zu setzen, als mir Björn zuzischte: „Am Zauneck steht ein Bock!" So sehr ich auch den Hals reckte, ich entdeckte ihn nicht. Wie auch, wenn ihn für mich die Bodenwelle überriegelte. Im Abspringen erst kam er für mich in Anblick, der Gesuchte! Dass ich die nächsten zwei Stunden auf der Leiter wie unter Strom stand, wird jeder nachvollziehen können, doch der Bock, der später flott auf dem Wechsel spitz in unsere Richtung zog, war ein anderer: phänotypisch uralt, mit riesigen Dachrosen, Björns Törn!

Im Moment der Freude ahnte ich nicht, dass ich damit das Blatt aus der Hand gegeben hatte. Ein Bock war gefallen, der Platz hatte seine Schuldigkeit getan. Der nächste Gast im kommenden Jahr aber, der hier ansitzen darf, wird davon profitieren, dessen bin ich mir sicher und er wird das bekommen, was mir wohl hauptsächlich des schlechten Wetters wegen in der Woche vorenthalten blieb.

Übrigens: Fallwildtrophäen, die wir am Nachmittag vor der Abreise (nicht früher!) gezeigt kriegten, bestätigten unsere am einzigen Sonnentag gemachten Beobachtungen. Hier gibt es wirklich dicke Böcke und nicht zu knapp!

Sibirisches Rehwild: Der große Vetter im Osten

Von Frank Rakow

Das Reh ist keine ausschließlich europäische Angelegenheit. Hinter dem Ural auf asiatischem Terrain lebt der große Vetter unserer grazilen europäischen Waldgazelle – das Sibirische Reh. Es wurde früher derselben Art (*Capreolus capreolus*) zugeordnet, gilt heute richtigerweise als eigenständig (*Capreolus pygargus*). Und damit stellt sich auch gleich die Frage, lassen sich europäische und sibirische Rehe kreuzen? Versuche sind gemacht worden, zum Beispiel in der DDR. Die Nachkommen mussten jedoch teilweise wegen ihrer Größe mit Kaiserschnitt zur Welt gebracht werden, häufig überlebten Ricke und Kitz diesen Vorgang nicht. Überlebende Exemplare waren meist unfruchtbar. Also viele Gründe, um von solchen Experimenten die Finger zu lassen.

Als einfache Formel für das Einschätzen des Sibirischen Rehwildes aus europäischer Sicht kann man den „Faktor 2“ nennen. Das Sibirische Reh ist gut doppelt so groß und schwer wie sein europäischer Vetter (Kopf-Rumpflänge max. 150 Zentimeter, Schulterhöhe 100 Zentimeter, Gewicht bis 50 Kilogramm, manchmal auch darüber). Die Trophäe bringt es ebenso etwa auf das Doppelte hiesiger Dimensionen. Ab 700 Gramm kann man von einem braven Bock sprechen, ab 800 von gut, 900 sehr gut, und ab 1.000 Gramm werden sibirische Böcke als kapital eingestuft – mit beeindruckenden Ausreißern nach oben. Der Weltrekord liegt immerhin bei 1.650 Gramm.

Auf der Suche nach einer Braut – Sibirischer Rehbock mit extrem weiter Auslage in der Brunft

Zwei jagdbare Böcke, die aufs Blatten direkt zustanden

Es ist nicht überraschend, dass den Rehen des Ostens die anmutige und grazile Erscheinung, die unsere Rehe auszeichnet, fehlt. Bei den enormen Körperabmessungen wundert das nicht. Eingedenk der riesigen Flächen Asiens und den winterlichen Herausforderungen in ihrem Lebensraum brauchen die Sibirier diese Statur, um Schnee- und Frostperioden

Nicht besonders hoch für einen Sibirischen Rehbock, aber mit reichlich Masse

Typische Szene aus den Birkenwäldern in Kurgan: Ein starker Bock sichert zu den Jägern

Ein Mordsbock mit schwarzem Nasenstrich am Anfang der Brunft

Fast 100 Hektar umfasste dieser Luzerne-Wildacker. Auf dem Ertrag des ersten Schnittes ergibt sich ein kuscheliges Ansitzplätzchen

sowie dem großen Raubwild dieser Regionen zu trotzen. Deshalb sind auch die Lauscher im Verhältnis zum Körper etwas kleiner. Eine weitere Anpassung ist die Zahl ihrer Nachkommen, die im Schnitt mit 2–3 Kitzen höher liegt als in unseren Breiten.

Das Sibirische Reh hat einen sehr großen Verbreitungsraum, der vom Ural bis an den Pazifik reicht. Vorwiegend besiedelt es die Tiefebenen Russlands, kommt aber ebenso in den Vorbergen und Bergen des Ostens vor. Neben Russland beherbergen China, Kasachstan, Korea und die Mongolei größere Bestände. Die Grenze zu den Permafrost-Gebieten beschränken die Ausdehnung Richtung Norden. Als ein Zentrum von starkem Sibirischem Rehwild gelten vor allem der Oblast Kurgan östlich von Ekatarinenburg mit seinen fruchtbaren Schwarzerde-Böden und das nördliche Kasachstan. Dort sind auch die Wilddichten erfreulich hoch.

Auch in Russland gibt es gute und nicht so gute Reviere. Wilddichten sind nicht immer gleichzusetzen mit dem Vorkommen von reifen, starken Böcken. Aber reichlich Wildanblick motiviert den Gastjäger. Wer seinen Blatter erfolgreich einzusetzen weiß, hat zudem die Chance, in den weitläufigen Revieren willige Brautwerber auf den Plan zu rufen. Es ist nicht ungewöhnlich, am Ende einer ausgiebigen Pirsch von dreißig bis vierzig Rehen in der Unterkunft berichten zu können.

Für Kenner des hiesigen Rehwildes stellt das Ansprechen der Maxi-Version im Osten kein großes Problem da. Das Verhalten ist fast durchgehend identisch. Im Winter rudeln sich die Stücke, im Sommer beziehen die Böcke ein Territorium, das sie durch Plätzen, Fegen und Schrecken gegen Rivalen im Zweifel durch Kampf verteidigen. Die Brunft beginnt etwa einen Monat später als im Westen und erstreckt sich von Mitte August bis Mitte September. Die Laute dabei sind ähnlich, wodurch Blatten mit den uns bekannten Methoden möglich ist. Diese Art der Lockjagd war in Russland bisher unbekannt. Die Gehörne der Sibirischen Rehböcke sind meistens nicht so stark geperlt und haben wenig ausgeprägte Rosen. Stangenlängen bis über 40 Zentimeter und mehr als acht Enden kommen vor, so dass das Gehörn wie ein kleines Geweih wirkt. Nicht wenige Böcke weisen einen deutlichen schwarzen Strich auf dem Nasenrücken auf.

Nach dem Ende der Sowjetunion um 1990 öffnete sich für interessierte Jäger aus dem Westen die Möglichkeit, in den riesigen Weiten des größten Landes der Erde zu jagen. Maral, Bär, Keiler, Auerhahn, Steinbock und Marco Polo Argali locken Auslandsjäger und natürlich auch der Sibirische Rehbock. Der Beginn der Jagd mit ausländischen Jagdgästen bedeutete eine erhebliche Umstellung für die einheimischen Berufsjäger. Zuvor war ihre Aufgabe einzig und allein die Fleischbeschaffung, die Trophäe war uninteressant. Sie mussten lernen, das ausländische Jäger von weit her viel Geld dafür bezahlten, das einzige mitzunehmen, was man nicht essen kann: den Kopfschmuck. Und der sollte außerdem noch möglichst prächtig ausfallen.

Dieser Lernprozess vollzog sich allerdings recht schnell, denn es eröffnete sich eine attraktive Einnahmequelle. Auf dem flachen Land besonders wichtig. Das Fleisch landet trotzdem in den heimischen Töpfen. In gut geführten Revieren wurde die eigene Bejagung auf diese Bedürfnisse ausgerichtet und sogar Wildäcker und Hochsitze etabliert. Ungenutzte Flächen gibt es genug, so dass Äsungsflächen mit Luzerne oder Raps angelegt wurden – mit russischen Ausmaßen: 50 Hektar sind gar nichts, und einige erreichen sogar 100 Hektar und mehr. Auf den fruchtbaren Böden ein Selbstgänger.

Nach anfänglichen Schwierigkeiten hat sich die Gästejagd fest etabliert. Vor allem im vorderasiatischen Teil. Verantwortungsvolle Vermittler schafften es, durch gute Organisation und Revierbetreuung das Produkt „Rehwildjagd“ seriös zu etablieren, wobei die Trophäenjagd nur zwei Prozent des genehmigten Gesamtabschusses ausmacht. Eine gute Basis für Jagdgesellschaften vor Ort. Sie setzten einen Teil des Geldes für den Bau komfortabler Unterkünfte ein, damit sich die Gäste auch außerhalb der Jagd wohlfühlen. Während sonst bei Auslandsjagen selbst schmales Englisch weiterhilft, scheitert ein solcher Kommunikationsversuch in russi-

Aufnahme von dem „Luzerne-Hochsitz“: Drei stramme Kitze stärken sich mit ihrer Mutter auf dem Wildacker

Westsibirien ist an vielen Stellen viel lieblicher als man annimmt

schen Landen. Deshalb wird jede Jagdgruppe von einem Dolmetscher begleitet. Im Revier zeigt sich, Jäger, egal welcher Couleur, schaffen es immer, sich über die wesentlichen Dinge schnell zu verständigen.

Nicht nur das Rehwild passte sich mit seiner Größe den russischen Dimensionen an. Auch die Reviere haben für westeuropäische Verhältnisse unvorstellbare Größen. Mindestpachtfläche sind 25.000 Hektar, die meisten Reviere liegen jedoch eher bei 100.000 Hektar, und das kann sich bis zu 500.000 Hektar steigern. Nicht nur die Größe ist im Vergleich beeindruckend. Es handelt sich meistens um komplett unberührte Landstriche, teilweise Acker oder Grünland, in vielen Fällen aber von Menschen ungenutzte Lebensräume.

Der Vorteil für einen Rehwildjäger aus dem Westen: Die meisten seiner Kenntnisse mit den hiesigen Rehen kann er auch in Sibirien anwenden. Die wesentlichen Verhaltensformen ähneln sich, so dass man sich beim Ansprechen nicht allein auf seinen Jagdführer verlassen muss. Bewaffnet ist der Gastjäger am besten mit einem rasanten Kaliber à la .300 Winchester Magnum, denn auf großen Offenflächen muss mitunter deutlich über 200 Meter hingelangt werden. Ein Entfernungsmesser ist deshalb eine wertvolle Hilfe, um den richtigen Haltepunkt zu finden. Aber Achtung: Für Nachsuchen auf angeschweißtes Wild stehen so gut wie keine

Der Weltrekord mit sagenhaften 1.650 Gramm wurde mit den Waffen einer Frau gestreckt

brauchbaren Schweißhunde zur Verfügung. Unterdessen ist in den Quartieren eine gute Auswahl an modernen Repetierern vorhanden, was den komplizierten Transport einer eigenen Waffe erspart. Aufgrund professioneller Jagdführung darf übrigens der Gast in einer Woche realistisch mit zwei bis fünf Böcken und Trophäengewichten zwischen 800 und 1.100 Gramm rechnen. Ein 1.000-Gramm-Bock schlägt in etwa mit 1.300–1.500 Euro Abschussgebühr zu Buche. Wenn man überlegt, was ein vergleichbarer Europa-Bock mit 500 Gramm kostet, eine interessante Alternative.

Vorwiegend wird gepirscht oder vom Boden aus geblattet. Zum Schießen sind Zielstöcke vor Ort parat. Funkverbindung zur Helfercrew ist praktisch, wenn man am Ende einer langen Pirsch angekommen ist oder ein Stück geborgen werden muss. Außerhalb der Blattzeit lässt sich noch gut um die Monatswende September/Oktober jagen. Dann herrscht schon der goldene Herbst, nachts kann es bereits frieren. Das Rehwild rudelt sich in dieser Zeit, und wenn es gelingt, an eine Bockgesellschaft heranzukommen, hat man gute Vergleichsmöglichkeiten und kann sich den Top-Bock heraussuchen. Kombinieren lässt sich der Aufenthalt in dieser Zeit mit Jagd auf brunftende Elche, die in der westsibirischen Region Trophäengewichte bis zu 20 Kilogramm erreichen.

Altersklassen des Sibirischen Rehbocks

Literaturverzeichnis

ANDERSEN, J. (1953): Analysis of an Danish Roe deer population. Danish Rev. of game biology, Copenhagen

BAYERN, A. u. J. von (1975): Über Rehe in einem steirischen Gebirgsrevier. Verlag Johannes Bauer, Hamburg

BIEGER, W. (1932): Die Auswertung der Wildmarkenforschung. Allgemeiner Deutscher Jagdschutzverein, Berlin

BIEGER, W. (1931): Beiträge zur Wild- und Jagdkunde. Paul Parey, Berlin

BÖHM, A. (1975): Zu hohe Wilddichten, eine der Ursachen für Parasitenbefall bei Schalenwild. Allgem. Forstzeitung 30: 272

BRAUNSCHWEIG, A. v. (1974): Altersbestimmung beim Schalenwild. Der Hessische Jäger 18 (11): 162

BREM, G. (1984): Vererbung des Geweihgewichts beim Reh: Hessenjäger 3 (1)

CAMERON P., STROHHÄCKER, U. (1983): Untersuchungen zur Effizienz verschiedener Wildrettersysteme. BELF

EISFELD, D. (1975): Wie viel Eiweiß brauchen Reh und Hirsch im Winter? Die Pirsch 27 (1): 12

ELLENBERG, H. (1978): Zur Populationsökologie des Rehes in Mitteleuropa. Spixiana Supplement 2

ELSSMANN, H. (1971): Rehwildhege und das Knopfbockproblem. München

GEORGII, B. (1974): Auch Tiere leiden unter Stress. Die Pirsch 26 (14): 669–673

HEINZERLING, D. (1922): Das Erstlingsgehörn des Rehbockes. Jahrbuch Jagdkunde, 6

HESPELER, B. (1988): Rehwild heute. BLV München

HOFMANN, R. R. (1978): Die Ernährung des Rehwildes im Jahresablauf. Allgemeine Forstzeitschrift 44

HOFMANN, R. R., Herzog, A.: 5 Jahre Rehwildbewirtschaftung in Hessen

HOFMANN, R. R., KIRSTEN, N. (1982): Die Herbstmastsimulation. Ferdinand Enke Verlag, Stuttgart

JELINEK, R. (1989): Hege und Bewirtschaftung des Rehwildes in der Kulturlandschaft. Leopold Stocker Verlag, Graz

KALCHREUTHER, H. (1976): Jedes zweite Reh geht ein. Die Pirsch 28 (4): 161–163

KREBS, H. (1962): Jung oder alt? F. C. Mayer, München

KURT, F. (1970): Rehwild, BLV München

MEUNIER, K. (1979): Wann trägt der Bock sein bestes Geweih? Jagd und Hege 11 (1)

NEUHAUS, A. H., BAUER, J., SCHNIEPP, E., STROHHÄCKER, U., SUCHAKT, J. (1986): Moderne, flexible Rehwildhege. Manuskript für Sonderschau LJV-Baden Württemberg, Wildtier und Umwelt, in Nürnberg

OSGYAN, W. (1989) Auf Kitze im September I, Wild und Hund 12/1989, 11 ff.

OSGYAN, W. (1989) Auf Kitze im September II, Wild und Hund 13/1989, 36 ff.
OSGYAN, W. (1989) Rot schieß tot!, Wild und Hund 14/1989, 26 ff.
OSGYAN, W. (1990) Das Ende einer Geiß, Wild und Hund 9/1990, 16 ff.
OSGYAN, W. (1990) David und Goliath, Wild und Hund 14/1990, 38 ff.
OSGYAN, W. (1992) Im Reiche des Knickohr, Wild und Hund 14/19920, 6 ff.
OSGYAN, W. (1992) Wo Deutschlands stärkste Böcke wachsen, Wild und Hund 11/1992, 20 ff.
OSGYAN, W. (1992) Wohin verschwinden die Jährlinge?, Wild und Hund 14/1992, 4 ff.
OSGYAN, W. (1992) Geißen tragen keine Hörner, Wild und Hund 18/1990, 24 ff.
OSGYAN, W. (1993) Warum Rehwild nicht füttern?, Wild und Hund 4/1993, 20 ff.
OSGYAN, W. (1993) Bockrevier oder Jährlingsbleibe?, Wild und Hund 10/1993, 6 ff.
OSGYAN, W. (2001) Götterblick oder Lotterie?, Wild und Hund 9/2001, 24 ff
OSGYAN, W. (1993) Wahl vor Zahl, Wild und Hund 9/1993, 28 ff.
OSGYAN, W. (2002) Schottische Schnäppchenböcke Wild und Hund 15/2002, 42 ff
OSGYAN, W. (2010) Puszta-Gold Wild und Hund 4/2010, 42 ff
OSGYAN, W. (2014) Beschiss mit Kalkül Wild und Hund 11/2014, 42 ff
OSGYAN, W. (2015) St. Capreolus, hilf! Wild und Hund 13/2015, 46 ff
OSGYAN, W. (2017) Im Bockparadies Wild und Hund 16/2017, 78 ff
OSGYAN, W. (2020) Schreck(en) lass nach! Wild und Hund 8/2020, 20 ff
PRIOR, R. (1978): Biologie und Bewirtschaftung des Rehwildes in Großbritannien. Niedersächsischer Jäger (10)
RAESFELD, F. v./ NEUHAUS, H., SCHAICH, K. (1985): Das Rehwild, 9. Auflage, Paul Parey, Hamburg und Berlin
RAYNIK, F. (1979): Zuverlässige Altersbestimmung bei Rehen. JÄGER 97 (5): 68–72
RIECK, W. (1955): Wildmarkenforschung. Dt. Jagdkalender, Tiz-Verlag Berlin
RIECK, W. (1955): Die Setzzeit bei Reh-, Rot- und Damwild in Mitteleuropa. Z. Jagdwiss. 1(2)
RIECK, W. (1970): Alter und Gebissabnutzung beim Rehwild. Z. Jagdwiss. 16 (1): 1–7
RIEGER, F. (1985): Äsungsverbesserung in einem Ostalbrevier. Ein Dia-Vortrag im Auftrag des Landesjagdverbandes Baden-Württemberg
RIEGER, F. (1984): Rehbrunft auf Abwegen. Die Pirsch 37 (16)
RIEGER, F. (1981): Erfolgreiche Hege – mehr Freude am Rehwild. Sonderdruck. Die Pirsch
SAAR, M. (1991) Altersabhängige Veränderungen am Schädel und den Zähnen des Rehes. Inaugural-Dissertation zur Erlangung eines Doktors der Medizin, Göttingen
SÄGESSER, H., KURT, F. (1966): Über die Setzzeit 1965 beim Reh. Mitteilung

Naturforsch. Gr. Bern. Neue Folge
SCHÄFER, E. (1973): Hegen und Ansprechen von Rehwild. BLV München
SCHMID, E. (1972): Zeitgemäße Rehwildhege. Die Pirsch 24 (3–5)
SIEBER, A. (1983): Gesundes Wild durch Äsungsverbesserung. Eigenverlag 7906 Blaustein-Bermaringen
STRANDGAARD, H. H. (1972): The roe-deer (*Capreolus capreolus*) population at Kalø and a factors regulating its size. Danish Review of game biology 7 (1)
STROHHÄCKER, U. (1988): Rehgeißen und Kitze. Der Jäger Baden-Württemberg (1)
STROHHÄCKER, U., BAUER, J., RIEGER, F. (1986): Die Neubesetzung verwaister Territorien durch Rehböcke. Der Jäger Baden-Württemberg (6)
STUBBE, H., PASSARGE, H. (1979): Rehwild. VEB Deutscher Landwirtschaftsverlag. Lizenzausgabe Neumann-Neudamm, Melsungen
UECKERMANN, E. (1971): Die Fütterung des Schalenwildes, 2. Auflage. Paul Parey, Hamburg und Berlin
VOGT, F. (1937): Neue Wege der Hege. Neumann-Neudamm
VOGT, F., SCHMID, E. (1950): Das Rehwild.Österr. Jagd- u. Fischereiverlag, Wien
WAGENKNECHT, E. (1983): Die Rehwildhege mit der Büchse, 2. neubearbeitete Auflage. Neumann-Neudamm, Melsungen
WANDELER, I. (1975): Die Fortpflanzungsleistung des Rehs (*Capreolus capreolus*) im Berner Mittelland. Dissertation, Bern
WEIS, G. B. (1983): Futterbau auf Wildäsungsflächen. Lehrstuhl für Grünland und Futterbau der T. U. München in Freising-Weihenstephan
WEIS, G. B. (1997): Anlage und Pflege von Wildäsungsflächen. nimrod-verlag, Suderburg
WÖLFEL, H. (1987): Altersansprache: Was die Erfahrung lehrt. JÄGER 105 (8)
WOTSCHIKOWSKY, U. (1981): Wanderlust mit Risiko. JÄGER 99 (4)

BREITH, S., BOZOKI, L. WINNSMANN-STEINS, B. (2010)
Europäischer Trophäenkatalog EUJÄGER H-Balatonföldvar

Sachregister

Abgänge 28, 29, 154, 163, 187
Abschussgebühren 81, 280, 294
Abschussplan 187, 196
Abschussrichtlinien 58, 108
Abwanderung 64, 66, 71, 146
Abwerfen 81 ff., 109, 113 ff., 126, 229, 247
Abwurf 113
Abzüge 275 ff., 277 ff., 285 ff.
Aggressivität 63, 70
Altersklassen 69, 84, 88, 90, 107, 113, 136 ff., 162, 163, 248, 265, 310
Altersschätzung 94, 107, 267 ff., 274
Annehmen 28
Ansitz 166, 174, 181, 182, 214, 218 ff., 223, 291
Ansprechen 14, 54, 67, 101 ff., 198, 199, 223 ff., 306 ff.
Äsungsflächen 10, 34, 74, 156, 199 ff., 217, 219, 231, 235 ff., 241, 244, 307
Äsungsperioden 172
Äsungsverbesserung 10, 163, 195, 227 ff.
Aufzucht 179
Auslage 119, 275, 277 ff., 281 ff., 303
Auspunktung 301
Auswandern 64

Bast 43, 50, 110 ff., 111 ff., 124, 127, 129, 151, 197
Beobachtbarkeit 118, 181, 185 ff., 199
Beschlag 136 ff., 149, 165 ff.
Bestand 114, 38, 53, 142, 154, 165 ff., 184 ff., 195, 201, 208, 221, 259, 297, 301
Bestandsermittlung 181
Bewegungsjagden 10, 150, 223, 225 ff.
Blatten 280, 291, 304, 306
Blattzeit 69, 101, 131, 135, 309
Brunft 56 ff., 107, 126, 131 ff., 165 ff., 228, 234, 242, 248, 280, 291, 294, 305 ff.
Bulgarien 279 ff.

China 306
CIC 281 ff.

Decke 13, 50, 189, 196, 204, 211, 213
Dolmetscher 308
Dominanz 168 ff.
Dorset 278 ff.
Drohne 35 ff.

Drückjagd 187, 221 ff.
Duftmarken 63, 79 ff.
Durchfall 77, 161 ff., 213 ff.
Durchschnittsgewicht 54, 89, 149, 177
Durchschnittsalter 64

Einstand 59 ff., 80, 132 ff., 162, 167 ff., 175 ff., 216, 223, 227, 257, 290, 296
Einstandskämpfe 70 ff., 155
Eiruhe 166
Eiweißbedarf 257
Entfernungsmesser 296, 308
Erhaltungsbedarf 253, 259
Ernährung 148, 151, 180, 209, 242, 245 ff.
Ernährungsversuche 248
Erstlingsgehörn 43
Europäischer Trophäenkatalog 313

Färbung 42, 109, 122, 156, 279, 294
Fallwildtrophäen 302
Fegen 108 ff., 129, 135, 152, 287, 306
Fegyvernek 294
Feldrehe 153 ff., 174, 294
Feuchtblatt 165
Fleischjagd 81
Fluchtdistanz 74, 155, 183, 215, 258, 295
Folgegehörne 129, 152
Fortpflanzung 136
Futterautomaten 54, 217, 251 ff., 263
Fütterung 10, 84, 89, 111, 126, 145 ff., 187 ff., 217, 245 ff., 263

Gatterrehe 247
Gaumenplatte 286
Gebiss 88, 164, 272
Geburtsgewicht 186
Gehörn 8, 13 ff., 42 ff., 80 ff., 101 ff., 119 ff., 134, 146 ff., 194, 219, 249 ff., 262, 275 ff., 296 ff., 306
Gehörnte Geiß 163
Gehörnvolumen 127, 275 ff., 279 ff., 292
Gehörnwachstum 115 ff., 151
Gemenge 240 ff.
Genotyp 144 ff.
Geruchspartikel 216
Gesäuge 167 ff., 197 ff.
Geschlechterverhältnis 67, 74, 140 ff., 168, 194, 199, 249, 263

Geschmack 254
Geweihmasse 246 ff.
Gewöhnung 257
Goldener Herbst 309
Goldmedaillenböcke 292, 300
Grind 60 101 ff.
Großbritannien 279, 312
Gülle 10, 34

Haarwechsel 43, 107, 116 ff., 181, 208, 212 ff., 242
Habitat 208
Hege 7 ff., 13 ff., 38, 50, 82, 110, 194 ff., 311 ff.
Hegegemeinschaft 17, 160
Herbstmastsimulation 311
Heritabilität 147
Heuernte 33
Hinterhauptbein 285
Höchstalter 160 ff.
Homerange 68, 171, 173
Hormonelle Steuerung 63

Identifizierung 15 ff., 133

Jagdabgabe 37
Jagddruck 142, 174, 187 ff., 203, 214 ff., 300
Jagdzeit 33, 50 ff., 124, 195, 201 ff., 294 ff.

Kalk 239 ff., 272
Kasachstan 306
Kitzsuche 19, 27, 37, 263
Kitzverluste 29
Klagen 30
Klimawandel 8
Knochengerüst 245, 272
Knopfböcke 50 ff., 156
Konzentratselektierer 172
Korea 306
Korkenziehergehörne 128
Körpergewicht 60, 135, 172 ff., 245 ff.
Kraftfutter 94 ff., 156, 203, 250 ff.
Kurgan 305 ff.
Kurz gekappt 58, 279, 283 ff.

Laktation 179

Lauschermarke 23, 57, 61, 77 ff., 91 ff., 118, 119 ff., 182, 218
Lebendgewicht 180
Lebensdauer 159 ff.
Lebensraum 75, 93, 146, 154, 157, 162, 171, 186 ff., 268, 304
Lowlands 298, 300
Luzerne 240 ff., 306 ff.

Maske 60
Mähtod 291 ff.
Marke 10 ff., 60, 67, 126, 161, 167, 183, 280 ff.
Markieren 13 ff., 112, 265
Mast 51, 256
Medaillenrang 281
Milch 53, 162, 176 ff., 208, 242 ff.
Mongolei 306
Muffelfleck 60, 101 ff.
Molar 267

Nachbrunft 165 ff.
Nasenbein 95, 272 ff., 285
Nasenscheidewand 285
Nebenbrunft 165 ff.
Normschnitt 285

Oberkieferbein 285

Pansen 54, 172, 200, 228, 251 ff.
Pansenzotten 172
Parasiten 54, 213
Perlen 84, 101, 114, 122 ff., 150, 277, 279, 296 ff.
Perlung 59, 91, 126, 129, 152, 156, 275 ff., 279 ff.
Perth 300
Phänotyp 66, 106 ff., 144
Phosphorsäure 242 ff.
Phosphorsaurer Kalk 250
Pirsch 174, 214 ff., 287, 306 ff., 311 ff.
Population 81, 140 ff., 154 ff., 185 ff., 203, 311, 312
Prämolar 167
Preisliste 283, 292
Puszta 292, 312

Raps 229 ff., 249 ff., 267, 280, 289, 291, 301, 307
Raubwild 306
Raufutter 251

Reduktion 52, 142, 184, 196, 201, 224 ff.
Reinsaat 236 ff.
Rosen 43, 59, 122, 152, 265, 275 ff., 279 ff., 287 ff., 292 ff.
Rosenstöcke 59, 121 ff., 265, 274 ff.
Rumänien 279, 289 ff.
Russland 306

Sachsen 281
Saftfutter 248, 253, 254 ff.
Säugen 21, 179 ff.
Schädel 90, 93, 268 ff., 283 ff., 295, 312
Scheinäsen 201, 218
Scheitelbein 285
Schläfenbein 285
Schlüpfer 153
Schönheitspunkte 275 ff.
Schottland 297, 299
Schrecken 21, 102, 129, 201, 218 ff., 306
Schutzmaßnahmen 189
Schweden 53, 81, 223, 274, 278 ff., 294
Selektionsböcke 290
Serbien 279
Sesam 250 ff.
Setzakt 24
Setzen 26 ff., 131, 154, 165, 173, 238
Setzzeit 21 ff., 63, 69, 171 ff., 201, 312
Sibirisches Rehwild 10, 303
Siedlungsdichte 142
Silage 31, 253
Silageschnitt 33, 187
Silo 248
Sippe 63, 69, 173 ff., 198, 203 ff., 259
Skelett 157, 164, 246
Sowjetunion 307
Sozialverhalten 140, 142, 153
Spiegel 10, 43, 155, 212, 301
Sprung 67, 79, 85, 94 ff., 126, 141 ff., 173 ff., 212, 220
Stärkewert 248 ff.
Stangen 43, 50 ff., 71 ff., 101 ff., 121 ff., 153 ff., 246, 265, 275 ff., 283 ff., 292 ff.
Styroporeffekt 114
Szolnok 292 ff.

Territorialität 93, 259
Territorialverhalten 124, 155

Territorium 13, 63 ff., 92 ff., 109, 124 ff., 140 ff., 166, 173, 259, 306
Theiß 294 ff.
Todesursache 29, 157, 162
Tragzeit 25 ff., 166
Treiben 46, 136 ff., 221
Treibjagd 187, 194, 223
Trophäe 8 ff., 53 ff., 81 ff., 101 ff., 144, 151 ff., 217, 245, 265 ff., 279 ff., 303 ff.
Trophäengewicht 56 ff., 90, 120 ff., 134, 253, 281 ff., 292 ff.
Trophäenschau 77, 90 ff., 144
Trophäenjagd 82 ff., 160, 175, 187, 260, 265, 307

Umfärben 29, 117 ff., 210
Ungarn 84, 278 ff., 292 ff.
Unterkiefer 59, 92, 106 ff., 124, 144, 158 ff., 167, 265 ff.

Vegetation 34, 61, 7, 74, 155, 171, 259, 280, 288 ff., 294 ff., 301
Vegetationsgutachten 191, 263
Verbiss 9, 184, 191, 200, 217, 231 ff., 257 ff.
Verbissgarten 244

Verbissschaden 184
Vereckung 50, 60, 95 ff., 115, 287, 292
Vererbung 144 ff., 311
Verfärben 54, 117 ff., 201 ff.
Verhalten 21, 33, 42, 63, 106 ff., 152 ff., 172 ff., 216 ff., 259, 306
Verrechnungsgewicht 283 ff.
Verwertung 81, 128, 164 ff., 205
Vielendigkeit 127
Vojvodina 280, 294

Wärmebildkamera 35, 220
Wahlabschuss 147 ff., 194, 201 ff., 224
Waldsilage 257
Wallhecke 296
Weiden 127, 244, 294
Weiserpflanzen 241
Weißling 184
Weltrekord 274 ff., 281 ff., 303, 309
Widdergehörn 126
Wiederaufforstung 9
Wiederkäuen 258, 266
Wildacker 198, 228 ff., 306 ff.
Wildäsungsfläche 313
Wilddichte 38, 51 ff., 71 ff., 93, 153, 171 ff., 184 ff., 217, 263

Wildmarke 33, 56 ff., 84
Wildbret 28, 43, 50 ff., 70, 81, 101, 151 ff., 204, 210, 217, 226
Wildbretgewicht 58, 82 ff., 117, 134, 142, 148, 161, 247
Wildretter 30
Wildschadenersatz 184
Windschutzstreifen 244, 295 ff.
Wildkameras 261
Windfang 29, 101 ff., 166, 218, 272, 287
Witterung 10, 20 ff., 53, 99, 108, 153 ff., 166
Wittrung 20 ff., 54, 216 ff.
Wohnraum 68, 171 ff.

Zahnabschliff 90, 92, 160, 265 ff.
Zahnwechsel 167
Zahnzementzonenverfahren 164
Zeichnen 235, 294
Zielalter 84, 92ff., 265
Zurücksetzen 88, 160
Zuwachs 29, 67, 94 ff., 142 ff.
Zwischenfrucht 231